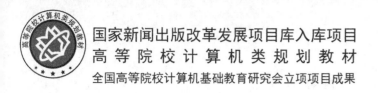

国家新闻出版改革发展项目库入库项目

高等院校计算机类规划教材

全国高等院校计算机基础教育研究会立项项目成果

SQL Server数据库应用与实践教程

（第2版）

黄 慧 吕树红 肖 璞◎编著

U0290921

北京邮电大学出版社

www.buptpress.com

内 容 简 介

本书为 SQL Server 实践类教材,系统全面地介绍了 SQL Server 及 SQL 语言的各类知识。本书结合了实际开发中的案例,以深入浅出的方式讲解了 SQL Server 的相关知识点。全书共分为 13 章,内容包括数据库基础、SQL Server 安装与简介、数据库管理、表的管理、索引与视图、表达式与流程控制、存储过程、事务、触发器、游标、SQL Server 安全管理、综合案例和 ADO. NET 访问数据库。全书的重难点知识均配有微视频,并且每章内容都与实例紧密结合,第 1～11 章配备了实验环节,有助于学生对知识点的理解和应用。

本书内容丰富,注重实训,可作为普通高等院校计算机相关专业的课程教材,也可作为 SQL Server 数据库管理员、数据库开发人员、数据库爱好者及其他数据库从业人员的参考用书。

图书在版编目(CIP)数据

SQL Server 数据库应用与实践教程 / 黄慧,吕树红,肖璞编著. -- 2 版. -- 北京:北京邮电大学出版社,2021.11 (2024.6 重印)

ISBN 978-7-5635-6545-0

Ⅰ. ①S… Ⅱ. ①黄… ②吕… ③肖… Ⅲ. ①关系数据库系统—教材 Ⅳ. ①TP311.132.3

中国版本图书馆 CIP 数据核字 (2021) 第 216155 号

策划编辑:马晓仟   责任编辑:廖 娟   封面设计:七星博纳

出版发行:北京邮电大学出版社

社   址:北京市海淀区西土城路 10 号

邮政编码:100876

发 行 部:电话:010-62282185   传真:010-62283578

E-mail:publish@bupt.edu.cn

经   销:各地新华书店

印   刷:河北虎彩印刷有限公司

开   本:787 mm×1 092 mm   1/16

印   张:18

字   数:445 千字

版   次:2017 年 5 月第 1 版   2021 年 11 月第 2 版

印   次:2024 年 6 月第 4 次印刷

ISBN 978-7-5635-6545-0   定价:47.00 元

前　言

  SQL Server 是由美国微软公司制作并发布的一种性能优越的关系型数据库管理系统（Relational Database Management System,RDBMS）,其具有良好的数据库设计、管理与网络功能,因此成为数据库产品的首选。目前,普通高等院校计算机相关专业和 IT 培训机构都将 SQL Server 作为必修内容之一,这对培养计算机人才起到了重要的作用。

  本教程的编写是为了完善计算机专业人才培养模式,配合新的课程体系,在讲解理论知识的基础上优化实践教学环节,提高读者的实践应用能力,同时也形成了如何开展计算机系统能力培养的实践方案。本教程在实训环节上既重视理论知识的重现,又注重读者数据库设计与应用能力的培养,让读者在实训中去体会和验证理论知识。

  本教程着眼于教学内容,力求能够优化实践教学环节,提高读者的实践应用能力。因此,本教程在内容的选择和深度的把握上力求做到深入浅出、循序渐进。每个章节都结合大量的示例和任务,其中复杂的案例以任务的方式分解成若干子任务,以求逐步引导读者掌握和灵活运用相关知识点。同时,设计了 11 个实验以巩固和加深读者对理论知识的理解。本教程每个章节的源程序都已上机调试通过。为适应多媒体教学的需要,我们为使用本教程的教师制作了配套的电子课件以及实验部分的源代码。如有需要,可以通过北京邮电大学出版社的网站 http://www.buptpress.com 下载。同时,基于本教程,我们在中国大学MOOC 平台开设了"数据库原理与应用"课程,可以通过网址 https://www.icourse163.org/登录平台首页,搜索"数据库原理与应用(三江学院 主讲人:黄慧)",或者直接通过网址 https://www.icourse163.org/course/SJU-1464539181？from＝searchPage 学习。

  本教程由三江学院黄慧、吕树红和肖璞编写,其中第 2、3、5、6 章由吕树红编写,第 11、13 章由肖璞编写,第 1、4、7、8、9、10、12 章和实验内容由黄慧编写。刘亚军教授为本教程的编写提供了宝贵的意见和大力协助。三江学院计算机科学与工程学院数据库兴趣小组为本教程的编写做了大量的资料收集和整理工作。本教程是作为全国高等院校计算机基础教育研究会的计算机系统能力培养教学研究与改革的课题出版的,在编写过程中,编者参考了大量的相关技术资料和程序开发源码资料,以及网上的各种有益资料,在此对众多资料作者一并表示感谢！

  由于编者水平有限,书中难免存在错误或不足之处,敬请读者批评指正。如果读者在使用本教程的过程中有任何问题,可直接与编者联系(E-mail:1245910439@qq.com)。

目　　录

第1章　数据库基础

本章目标：

1. 数据库系统简介
2. 关系运算
3. 概念模型与关系模式设计
4. 范式与非范式化
5. 数据库系统设计

数据库技术是信息系统的一个核心技术，是一种计算机辅助管理数据的方法，它研究如何组织和存储数据，如何高效地获取和处理数据；是通过研究数据库的结构、存储、设计、管理以及应用的基本理论和实现方法，并利用这些理论来实现对数据库中的数据进行处理、分析和理解的技术。数据库技术作为数据库管理的最新技术，目前已广泛应用于各个领域。

本章将介绍数据库系统的基本概念、关系运算、常见的数据模型与关系数据库的规范化等概念。

1.1　数据库系统简介

1.1.1　数据库系统基本概念

数据库的基本概念

信息：人脑对现实世界中的客观事物以及事物之间联系的抽象反映。信息向我们提供了关于现实世界实际存在的事物及其联系的有用知识。

数据（Data）：人们用各种物理符号把信息按一定格式记载下来的有意义的符号组合。数据可以是数字，也可以是文字、图形、图像、声音、语言等，数据有多种形式，它们都可以经过数字化后存入计算机。数据的含义称为数据的语义，数据与语义是不可分的。

数据库（Database，DB）：存储数据的仓库，可长期存放在计算机内、有组织、可共享的大量互相关联的数据的集合。数据库中的数据按照一定数据模型组织、描述和存储，具有较小的冗余度、较高的独立性和易扩展性，并为各种用户共享，即数据库有永久存储、有知识和可共享三个基本特点。

数据库管理系统（Database Management System，DBMS）：位于用户与操作系统之间的一层数据管理软件。它的主用功能包括以下几个方面。

- 数据定义功能：提供数据定义语言（Data Definition Language，DDL），让用户方便地对数据库中数据对象进行定义。

1

- 数据组织、存储和管理功能：提高存储空间利用率和存储效率。
- 数据操纵功能：提供数据操纵语言（Data Manipulation Language，DML），实现对数据库基本操作，如增删改查等。
- 数据库的建立和维护功能：统一管理控制，以保证安全、完整、多用户并发使用。
- 其他功能：与网络中其他软件系统通信功能，异构数据库之间的互访和互操作功能。

数据库系统（Database System，DBS）：在计算机系统中引入数据库后的系统，一般由数据库、数据库管理系统、应用系统、数据库管理员（Database Administrator，DBA）构成，简称数据库。

1.1.2　数据库技术的发展阶段

数据库技术是现代信息科学与技术的重要组成部分，是计算机数据处理与信息管理系统的核心。数据库技术研究和解决了计算机信息处理过程中大量数据有效地组织和存储的问题，在数据库系统中减少数据存储冗余、实现数据共享、保障数据安全以及高效地检索数据和处理数据。数据库技术的根本目标是要解决数据的共享问题。

数据库技术研究和管理的对象是数据，所以数据库技术所涉及的具体内容主要包括：通过对数据的统一组织和管理，按照指定的结构建立相应的数据库和数据仓库；利用数据库管理系统和数据挖掘系统设计出能够实现对数据库中的数据进行添加、修改、删除、处理、分析、理解、报表和打印等多种功能的数据管理和数据挖掘应用系统；并利用应用管理系统最终实现对数据的处理、分析和理解。

数据管理技术的发展大致划分为以下四个阶段：人工管理阶段、文件系统阶段、数据库系统阶段和高级数据库阶段。

1．人工管理阶段

20 世纪 50 年代以前，计算机主要用于数值计算，计算机的软硬件均不完善。硬件存储设备只有纸带、卡片、磁带，没有直接存取设备；从软件看（实际上，当时还未形成软件的整体概念），没有操作系统以及管理数据的软件；从数据看，数据量小，数据无结构，由用户直接管理，且数据间缺乏逻辑组织，数据依赖于特定的应用程序，缺乏独立性。这个阶段由于还没有软件系统对数据进行管理，程序员在程序中不仅要规定数据的逻辑结构，还要设计其物理结构，包括存储结构、存取方法、输入输出方式等。当数据的物理组织或存储设备改变时，用户程序就必须重新编制。由于数据的组织面向应用，不同的计算程序之间不能共享数据，使得不同的应用之间存在大量的重复数据，很难维护应用程序之间数据的一致性。

这一阶段的主要特征可归纳为以下几点。
(1) 计算机中没有支持数据管理的软件。
(2) 数据组织面向应用，数据不能共享，数据重复。
(3) 在程序中要规定数据的逻辑结构和物理结构，数据与程序不独立。
(4) 数据处理方式——批处理。

2．文件系统阶段

20 世纪 50 年代中期到 60 年代中期，计算机大容量存储设备（如硬盘）的出现推动了软件技术的发展，而操作系统的出现标志着数据管理步入一个新的阶段。这一阶段的主要标志是计算机中有了专门管理数据库的软件——操作系统（文件管理）。

在文件系统阶段,数据以文件为单位存储在外存,且由操作系统统一管理。操作系统为用户使用文件提供了友好界面。文件的逻辑结构与物理结构脱钩,程序和数据分离,使数据与程序有了一定的独立性。用户的程序与数据可分别存放在外存储器上,各个应用程序可以共享一组数据,实现了以文件为单位的数据共享。

数据处理系统把计算机中的数据组织成相互独立的数据文件,系统可以按照文件的名称对其进行访问,对文件中的记录进行存取,并可以实现对文件的修改、插入和删除,这就是文件系统。文件系统实现了记录内的结构化,即给出了记录内各种数据间的关系,但是,文件从整体来看却是无结构的。其数据面向特定的应用程序,因此数据共享性、独立性差,且冗余度大,管理和维护的代价也很大。

由于数据的组织仍然是面向程序,所以存在大量的数据冗余。而且数据的逻辑结构不能方便地修改和扩充,数据逻辑结构的每一点微小改变都会影响到应用程序。由于文件之间互相独立,因而它们不能反映现实世界中事物之间的联系,操作系统不负责维护文件之间的联系信息。如果文件之间有内容上的联系,那也只能由应用程序去处理。

3. 数据库系统阶段

20 世纪 60 年代后期,随着计算机在数据管理领域的普遍应用,人们对数据管理技术提出了更高的要求:希望面向企业或部门,以数据为中心组织数据,减少数据的冗余,提供更高的数据共享能力,同时要求程序和数据具有较高的独立性,当数据的逻辑结构改变时,不涉及数据的物理结构,也不影响应用程序,以降低应用程序研制与维护的费用。数据库技术正是在这样一个应用需求的基础上发展起来的。

数据库中的数据不再只针对某一特定应用,而是面向全组织,具有整体的结构性,共享性高,冗余度小,具有一定的程序与数据间的独立性,并且实现了数据的统一控制。数据库技术有以下特点。

(1) 面向企业或部门,以数据为中心组织数据,形成综合性的数据库,为各应用共享。

(2) 采用一定的数据模型。数据模型不仅要描述数据本身的特点,而且要描述数据之间的联系。

(3) 数据冗余小、易修改、易扩充。不同的应用程序根据处理要求,从数据库中获取需要的数据,这样就减少了数据的重复存储,也便于增加新的数据结构,便于维护数据的一致性。

(4) 程序和数据有较高的独立性。

(5) 具有良好的用户接口,用户可方便地开发和使用数据库。

(6) 对数据进行统一管理和控制,提供了数据的安全性、完整性以及并发控制。

从文件系统发展到数据库系统,这在信息领域中具有里程碑的意义。在文件系统阶段,人们在信息处理中关注的中心问题是系统功能的设计,因此程序设计占主导地位;而在数据库方式下,数据开始占据了中心位置,数据的结构设计成为信息系统首先关心的问题,而应用程序则以既定的数据结构为基础进行设计。

4. 高级数据库系统阶段

20 世纪 80 年代以来,关系数据库理论日趋完善,逐步取代网状和层次数据库而占领了市场,并向更高阶段发展。目前,数据库技术已成为计算机领域中最重要的技术之一,它是软件科学中的一个独立分支,正在朝分布式数据库、数据库机、知识库系统、多媒体数据库方向发展。特别是现在的数据仓库和数据挖掘技术的发展，大大推动了数据库向智能化和大容量化的发展趋势，充分发挥了数据库的作用。

由于互联网的普及，Web 和数据仓库等应用兴起，数据的绝对量在以惊人的速度迅速膨胀；同时，移动和嵌入式应用快速增长。针对市场的不同需求，数据库正在朝系列化方向发展。数据库管理系统是网络经济的重要基础设施之一，支持 Internet（甚至于 Mobile Internet）数据库应用已经成为数据库系统的重要方面。

数据、计算机硬件和数据库应用，这三者推动着数据库技术与系统的发展。数据库要管理的数据的复杂度和数据量都在迅速增长；计算机硬件平台的发展仍然实践着摩尔定律；数据库应用迅速向深度、广度扩展。尤其是互联网的出现，极大地改变了数据库的应用环境，向数据库领域提出了前所未有的技术挑战。这些因素的变化推动着数据库技术的进步，出现了一批新的数据库技术，如 Web 数据库技术、并行数据库技术、数据仓库与联机分析技术、数据挖掘与商务智能技术、内容管理技术、海量数据管理技术等。限于篇幅，本章不可能逐一展开来阐述这些方面的变化，只是从这些变化中归纳出数据库技术发展呈现出的突出特点。

事实上，数据库系统的稳定和高效也是技术上长久不衰的追求。此外，从企业信息系统发展的角度上看，一个系统的可扩展能力也是非常重要的。由于业务的扩大，原来的系统规模和能力已经不再适应新的要求时，不是重新更换更高档次的机器，而是在原有的基础上增加新的设备，如处理器、存储器等，从而达到分散负载的目的。数据的安全性是另一个重要的课题，普通的基于授权的机制已经不能满足许多应用的要求，新的基于角色的授权机制以及一些安全功能要素，如存储隐通道分析、标记、加密、推理控制等，在一些应用中成为必须。

数据库系统要支持互联网环境下的应用，要支持信息系统间"互联互访"，要实现不同数据库间的数据交换和共享，要处理以 XML 类型的数据为代表的网上数据，甚至要考虑无线通信发展带来的革命性的变化。与传统的数据库相比，互联网环境下的数据库系统要具备处理更大量的数据以及为更多的用户提供服务的能力，要提供对长事务的有效支持，要提供对 XML 类型数据的快速存取的有效支持。

1.1.3　数据库系统的组成

数据库系统一般由以下四个部分组成。

1. 数据库

数据库中的数据按一定的数学模型组织、描述和存储，具有较小的冗余、较高的数据独立性和易扩展性，并可为各种用户共享。

2. 硬件

硬件是构成计算机系统的各种物理设备，包括存储所需的外部设备。硬件的配置应满足整个数据库系统的需要。

3. 软件

软件包括操作系统、数据库管理系统及应用程序。数据库管理系统是数据库系统的核心软件，是在操作系统的支持下工作，解决如何科学地组织和存储数据，如何高效获取和维护数据的系统软件。其主要功能包括：数据定义功能、数据操纵功能、数据库的运行管理和数据库的建立与维护。

4. 人员

人员主要有以下四类。

第一类为系统分析员和数据库设计人员。系统分析员负责应用系统的需求分析和规范说明,他们和用户及数据库管理员一起确定系统的硬件配置,并参与数据库系统的概要设计。数据库设计人员负责数据库中数据的确定、数据库各级模式的设计。

第二类为应用程序员,负责编写使用数据库的应用程序。这些应用程序可对数据进行检索、建立、删除或修改。

第三类为最终用户,他们利用系统的接口或查询语言访问数据库。

第四类为数据库管理员,负责数据库的总体信息控制。数据库管理员的具体职责包括:具体数据库中的信息内容和结构,决定数据库的存储结构和存取策略,定义数据库的安全性要求和完整性约束条件,监控数据库的使用和运行,负责数据库的性能改进、重组和重构,以提高系统的性能。

1.1.4 数据库系统的特征

1. 数据结构化

数据库系统实现了整体数据的结构化,这是数据库最主要的特征之一。这里所说的"整体"结构化,是指在数据库中的数据不再仅针对某个应用,而是面向全组织;不仅数据内部是结构化,而且整体是结构化,数据之间有联系。

2. 数据的共享性高,冗余度低,易扩充

因为数据是面向整体的,所以数据可以被多个用户、多个应用程序共享使用,可以大大减少数据冗余,节约存储空间,避免数据之间的不相容性与不一致性。

3. 数据独立性高

数据独立性包括数据的物理独立性和逻辑独立性。

物理独立性是指数据在磁盘上的数据库中如何存储是由 DBMS 管理的,用户程序不需要了解,应用程序要处理的只是数据的逻辑结构,这样一来当数据的物理存储结构改变时,用户的程序不用改变。

逻辑独立性是指用户的应用程序与数据库的逻辑结构是相互独立的,也就是说,数据的逻辑结构改变了,用户程序也可以不改变。

数据与程序的独立,把数据的定义从程序中分离出去,加上存取数据的由 DBMS 负责提供,从而简化了应用程序的编制,大大减少了应用程序的维护和修改。

4. 数据由 DBMS 统一管理和控制

数据库的共享是并发的(Concurrency)共享,即多个用户可以同时存取数据库中的数据,甚至可以同时存取数据库中的同一个数据。

DBMS 必须提供以下几方面的数据控制功能:数据的安全性保护、数据的完整性检查、数据库的并发访问控制和数据库的故障恢复。

1.1.5 数据库系统结构

1. 数据库系统模式的概念

在数据库模型中有型和值的概念。型是对某一数据的结构和属性的说明,值是型的一个具体赋值。

模式是数据库中全体数据的逻辑结构和特征的描述，它仅仅涉及型的描述，而不涉及具体的值。模式的一个具体值称为模式的一个实例。同一个模式可以有很多实例。

模式是相对稳定的，而实例是相对变动的。因为数据库中的数据是不断更新的。模式反映的是数据的结构及其联系，而实例反映的是数据库某一时刻的状态。

2. 数据库系统的三级模式结构

数据库技术中采用分级的方法，将数据库的结构划分为多个层次。最著名的是美国ANSI/SPARC 数据库系统研究组于 1975 年提出的三级划分法，如图 1-1 所示。

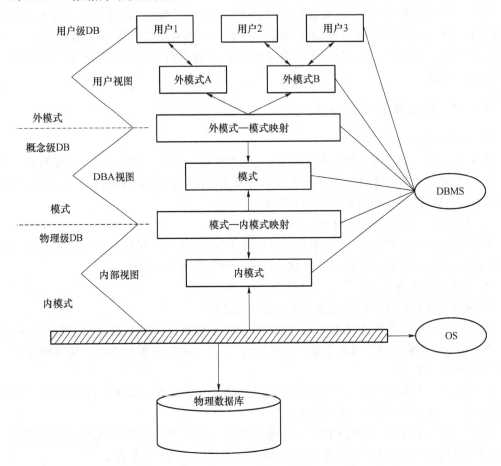

图 1-1　数据库系统结构层次图

数据库系统的三级模式结构（早期微机上的小型数据库系统除外）是指数据库系统由模式、外模式和内模式三级构成的。

（1）模式

模式也称概念模式，是数据库中全体数据的逻辑结构和特征的描述，是所有用户的公共数据视图。它是数据库系统中间层，既不涉及数据的物理存储细节和硬件环境，也与具体的应用程序、所使用的应用开发工具及高级程序语言无关。

模式实际上是数据库数据在逻辑级上的视图。一个数据库只有一个模式。数据库模式以一个数据模型为基础，统一综合地考虑了所有用户的需求，并将这些需求有机地结合成一个逻辑整体。定义模式时,不仅要定义数据的逻辑结构,而且要定义数据之间的联系,定义与数据有关的安全性、完整性要求。

（2）外模式

外模式也称用户模式,它是数据库用户包括应用程序员和最终用户能够看见和使用的局部数据的逻辑结构和特征的描述,是数据库用户的数据视图,是与某一应用有关的数据的逻辑表示。外模式通常是模式的子集。一个数据库可以有多个外模式。由于它是各个用户的数据视图,如果不同的用户在应用需求、看待数据的方式、对数据保密的要求等方面存在差异,则其外模式描述就是不同的。即使对模式中同一数据,在外模式中的结构、类型、长度、保密级别等都可以不同。另外,同一外模式也可以为某一用户的多个应用系统所使用,但一个应用程序只能使用一个外模式。外模式是保证数据库安全性的一个有力措施,每个用户只能看见和访问所对应的外模式中的数据,数据库中的其余数据对他们是不可见的。

（3）内模式

内模式也称存储模式,一个数据库只有一个内模式。它是数据物理结构和存储方式的描述,是数据在数据库内部的表示方式。例如,记录的存储方式是顺序结构存储还是 B 树结构存储;索引按什么方式组织;数据是否压缩,是否加密;数据的存储记录结构有何规定等。

在数据库系统中,外模式可有多个,而模式和内模式只能各有一个。

内模式是整个数据库实际存储的表示,而模式是整个数据库实际存储的抽象表示。外模式是模式的某一部分的抽象表示。

3. 数据库的二级映像功能与数据独立性

数据库的三级模式结构是对数据的三个抽象级别。为了能够在系统内实现这三个抽象层次的联系和转换,数据库管理系统在这三级模式之间提供了两层映像:外模式/模式映像;模式/内模式映像。这两层映像保证了数据库系统中的数据能够具有较高的逻辑独立性和物理独立性。

（1）外模式/模式映像

模式描述的是数据的全局逻辑结构,外模式描述的是数据的局部逻辑结构。对应于同一个模式可以有多个外模式。对于每一个外模式,数据库系统都有一个外模式/模式映像,它定义了该外模式与模式之间的对应关系。这些映像定义通常包含在各模式的描述中。

当模式改变时,由数据库管理员对各个外模式/模式映像做相应地改变,可以使外模式保持不变。应用程序是依据数据的外模式编写的,从而应用程序可以不必修改,保证了数据与程序的逻辑独立性,简称数据的逻辑独立性。

（2）模式/内模式映像

数据库中只有一个模式,也只有一个内模式,所以模式/内模式映像是唯一的,由它定义数据库全局逻辑结构与存储结构之间的对应关系。

模式/内模式映像定义通常包含在模式描述中。当数据库的存储设备和存储方法发生变化时,数据库管理员对模式/内模式映像要做相应的改变,使模式保持不变,从而应用程序也不必改变,保证了数据与程序的物理独立性,简称数据的物理独立性。

在数据库的三级模式中,数据库模式即全局逻辑结构是数据库的中心与关键。它独立于数据库的其他层次。因此，涉及数据库模式结构时应首先确定数据库的逻辑结构。

数据库的内模式依赖于它的全局逻辑结构，但独立于数据库的用户视图即外模式，也独立于具体的存储设备。它是将全局逻辑结构中所定义的数据结构及其联系按照一定的物理存储策略进行组织，以达到较好的时间与空间效率。

数据库的外模式面向具体的应用程序，它定义在逻辑模式之上，但独立于存储模式和存储设备。当应用需求发生较大变化，相应外模式不能满足其视图要求时，该外模式就得做相应改动，所以设计外模式时应充分考虑应用的扩充性。

特定的应用程序是在外模式描述的数据结构上编制的，它依赖于特定的外模式，独立于数据库的模式和存储结构。不同的应用程序有时可以共用同一个外模式。数据库的二级映象保证了数据库外模式的稳定性，从而从底层保证了应用程序的稳定性，除非应用需求本身发生变化，否则应用程序一般不需要修改。

数据库的三级模式是数据库在三个级别（层次）上的抽象，使用户能够逻辑地、抽象地处理数据而不必关心数据在计算机中的物理表示和存储。实际上，对于一个数据库系统而言，物理级数据库是客观存在的，它是进行数据库操作的基础，概念级数据库中不过是物理数据库的一种逻辑的、抽象的描述（即模式），用户级数据库则是用户与数据库的接口，它是概念级数据库的一个子集（外模式）。

一方面，用户应用程序根据外模式进行数据操作，通过外模式/模式映射，定义和建立某个外模式与模式间的对应关系，将外模式与模式联系起来，当模式发生改变时，只要改变其映射，就可以使外模式保持不变，对应的应用程序也可保持不变；另一方面，通过模式/内模式映射，定义建立数据的逻辑结构（模式）与存储结构（内模式）间的对应关系，当数据的存储结构发生变化时，只需改变模式/内模式映射，就能保持模式不变，因此应用程序也可以保持不变。

数据与程序之间的独立性，使得数据的定义和描述可以从应用程序中分离出去。另外，由于数据的存取由 DBMS 管理，用户不必考虑存取路径等细节，从而简化了应用程序的编制，大大减少了应用程序的维护和修改。

数据库的三层模式结构的优点如下。

（1）保证了数据的独立性：模式和内模式分开，保证数据的物理独立性，把外模式和模式分开，保证数据逻辑的独立性。

（2）简化用户接口：用户既不需要了解数据库实际存储情况，也不需要对数据库存储结构了解，只要按照外模式编写应用程序就可以访问数据库。

（3）有利于数据共享：所有用户使用统一概念模式导出的不同外模式，减少数据冗余，有利于多种应用程序间共享数据。

（4）有利于数据安全保密：每个用户只能操作属于自己的外模式数据视图，不能对数据库其他部分进行修改，保证了数据安全性。

1.2 数据模型

模型是所研究的系统、过程、事物或概念的一种表达形式，也可指根据实验、图样放大或缩小而制作的样品，一般用于展览或实验或铸造机器零件等用的模子。模型是对现实世界的抽象。在数据库技术中,表示实体类型及实习类型间联系的模型成为"数据模型"。

数据模型是数据库系统的核心和基础。各种机器上实现的 DBMS 软件都是基于某种数据模型的。

现实世界中的数据进入数据库需要经过人们的认识、理解、整理、规范和加工,可以把这个过程划分为三个主要阶段,即现实世界阶段、信息世界阶段和机器世界阶段。

1.2.1 现实世界

人们管理的对象存于现实世界中。现实世界的事物及事物之间存在着联系,这种联系是客观存在的,是由事物本身的性质决定的。例如,学校的教学系统中有教师、学生、课程,教师为学生授课,学生选修课程并取得成绩。在现实世界里,我们把客观存在并可以相互区分的事物称为实体。实体可以是实际事物,也可以是抽象事件。如一个职工、一场比赛等。

每一个实体都具有一定的特征。例如,对于学生实体,它具有学号、姓名、性别、出生日期、班级等特征。对于商品实体,它具有商品编号、名称、型号、产地、价格等特征。

具有相同特征的一类实体的集合构成了实体集。如所有的学生构成了学生实体集,所有的职工构成了职工实体集,所有的部门构成了部门实体集。

在一个实体集中,用于区分实体的特征称为标识特征。例如,对于学生实体,学号可以作为其标识特征,因为每个学生的学号是唯一的,可以通过学号区分不同的学生,而性别则不能作为其标识特征,因为通过性别(男或女)并不能识别出哪个具体的学生。

1.2.2 信息世界

人们对现实世界的对象进行抽象,并对其进行命名、分类,在信息世界里用概念模型对其进行描述。信息世界涉及的概念如下所示。

信息世界

1. 实体

对应于现实世界的实体。例如一名学生、一个职工、一门课程、一件商品等。

其中,实体又分为弱实体和常规实体。

(1) 弱实体

实体中实例的存在依赖于实体中的其他某个实例,称为弱实体。即一个实体集的码部分或全部来自另一个实体集。如员工与子女都是实体,但子女的存在依赖于员工(即员工离开了公司,子女的信息也被删除),因此子女是弱实体。

(2) 常规实体

常规实体指实体中实例的存在不依赖于其他实例。

2. 属性

描述实体的特性称为属性。例如职工的职工号、姓名、性别、出生日期、职称等属性。

3. 码

如果某个属性或属性组合的值能唯一地标识出实体集中的每一个实体,可以选作关键字。用作标识的关键字,也称为码。例如职工号就可作为职工的关键字。

4. 域

属性的取值范围称为该属性的域。例如年龄的域为不小于零的整数;性别的域为(男,女)。

5．实体型

具有相同属性的实体必然具有相同的特征和性质。用实体名和其属性名的集合来描述实体，称为实体型。例如，学生实体型描述为：学生（学号、姓名、性别、出生日期、班级）；课程实体型描述为：课程（课程号、课程名称、学分）。

6．实体集

同一类型的实体集合构成了实体集。例如，全体学生构成了学生实体集。

7．联系

联系

实体集之间的对应关系称为联系，它反映现实世界事物之间的相互关联，这种关联在信息世界中反映为实体内部的联系和实体之间的联系。这些联系总的来说可以划分为一对一联系、一对多联系和多对多联系。

（1）一对一联系

如果实体集 E1 与实体集 E2 之间存在联系，并且对于实体集 E1 中的任意一个实体，在实体集 E2 中最多只有一个实体与之对应；而对于实体集 E2 中的任意一个实体，在实体集 E1 中最多只有一个实体与之对应，则称实体集 E1 和实体集 E2 之间存在一对一的联系，表示为 1:1。

例如：系是一种实体，系主任也是一种实体，在现实世界里，一个系只能有一个系主任，而一个系主任只能管理某一个系，则系与系主任这两个实体之间的联系就是一对一的联系。一对一联系如图 1-2 所示。

（2）一对多联系

如果实体集 E1 与实体集 E2 之间存在联系，并且对于实体集 E1 中的任意一个实体，在实体集 E2 中可以有多个实体与之对应；而对于实体集 E2 中的任意一个实体，在实体集 E1 中最多只有一个实体与之对应，则称实体集 E1 和实体集 E2 之间存在一对多的联系，表示为 $1:m$。

例如：系是一种实体，学生也是一种实体，在现实世界里，一个系可以对应多个学生，而一个学生只能归属于某个系，则系与学生这两个实体之间的联系就是一对多的联系。一对多联系如图 1-3 所示。

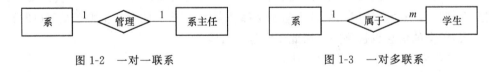

图 1-2　一对一联系　　　　　　　　图 1-3　一对多联系

（3）多对多联系

如果实体集 E1 与实体集 E2 之间存在联系，并且对于实体集 E1 中的任意一个实体，在实体集 E2 中可以有多个实体与之对应；而对于实体集 E2 中的任意一个实体，在实体集 E1 中也可以有多个实体与之对应，则称实体集 E1 和实体集 E2 之间存在多对多的联系，表示为 $m:n$。

例如：学生是一种实体，课程也是一种实体，在现实世界里，一个学生可以选修多门课程，而一个课程也可以有多个学生选修，则学生与课程这两个实体之间的联系就是多对多的联系。多对多联系如图 1-4 所示。

8. 概念模型

概念模型用于信息世界的建模,是现实世界到信息世界的第一层抽象,是数据库设计人员进行数据库设计的有力工具,也是数据库设计人员和用户之间进行交流的语言。建立数据概念模型,就是从数据的观点出发,观察系统中数据的采集、传输、处理、存储、输出等,经过分析、总结之后建立起来的一个逻辑模型。

概念模型有很多种表示方法,其中,最常用的是实体-联系方法(Entity Relationship Approach),简称 E-R 方法。E-R 方法用 E-R 图来描述现实世界的概念模型,E-R 图提供了表示实体、属性和联系的方法,其表示方法如下。

实体型:用矩形表示,矩形框内写明实体名。图 1-5 所示为系实体和学生实体。

图 1-4 多对多联系   图 1-5 系与学生实体

属性:用椭圆形表示,并用无向边将其与相应的实体连接起来。图 1-6 所示为学生实体及其属性。

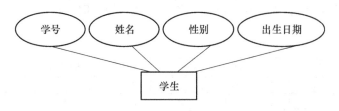

图 1-6 实体及其属性

联系:用菱形表示,菱形框内写明联系名,并用无向边分别与有关实体连接起来,同时在无向边旁标上联系的类型($1:1,1:n$ 或 $m:n$)。图 1-7 所示为实体之间的联系。

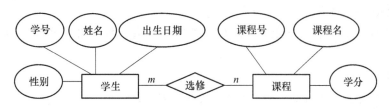

图 1-7 实体之间的联系

1.2.3 机器世界

当信息进入计算机后,则进入机器世界范畴。概念模型是独立于机器的,需要转换成具体的 DBMS 所能识别的数据模型,才能将数据和数据之间的联系保存到计算机中。在计算机中可以用不同的方法来表示数据与数据之间的联系,通常把表示数据与数据之间的联系的方法称为数据模型。

机器世界

数据库领域常见的数据模型有以下四种:

(1) 层次模型(Hierarchical Model)。

(2) 网状模型(Network Model)。

（3）关系模型（Relational Model）。

（4）面向对象的模型（Object-Oriented Model）。

其中，关系模型是目前应用最多，也最为重要的一种数据模型。因此，本书将只讨论关系模型。关系模型是在某种 DBMS 的支持下，用某种语言进行描述的，通过 DBMS 提供的功能实现对其进行存储和实施各种操作。我们把支持关系模型的数据库管理系统称为关系数据库管理系统，简称 RDBMS。

1.3　关系模型

关系模型是目前最重要的一种数据模型。关系数据库系统采用关系模型作为数据的组织方式。关系模型由关系数据结构、关系操作集合和关系完整性约束三部分组成。

1.3.1　关系数据结构

在关系模型中，现实世界的实体以及实体间的各种联系均用关系来表示。在用户看来，关系模型中数据的逻辑结构是一种二维数据结构，在数据库中表现为一个二维表，它由行和列组成。关系数据结构如图 1-8 所示。

关系数据结构

主键　　　　　　　　　　　　　　　　　　　　　外键

StuID	StuName	StuBirthDate	StuSex	StuCity	StuScore	DepID	
A00101	Mary	1994-02-03	女	BeiJing	600	1	元组
A00201	Tom	1995-01-01	男	ShangHai	650	2	

属性

图 1-8　关系数据结构

1．关系（Relation）

一个关系对应于一个二维表，每个关系都有一个关系名。如学生信息表可以取名为"Student"。

2．元组（Tuple）

表中的一行称为一个元组，对应于存储文件中的一条记录。

3．属性（Attribute）

表中的一列称为一个属性，给每个属性起一个名字，称为属性名。属性对应于存储文件中的字段。

4．候选码（Candidate Key）

如果在一个关系中，存在多个属性（或属性组合）都能用来唯一标识该关系的元组，这些属性（或属性组合）都称为该关系的候选码。例如"Student"关系中，如果 StuName 属性没有重复值，则 StuID 和 StuName 都是候选码。

5．主键（Primary Key）

在一个关系的若干候选码中指定其中一个作为码的属性（或属性组合），称为该关系的主键。例如图 1-8 中的学号，可以唯一确定一个学生，也就成为本关系的主键。

6. 域(Domain)

属性的取值范围,如人的年龄一般为 1～150 岁,性别的域是(男,女)。

7. 分量

元组中的一个属性值,如"Mary"。

8. 外键(Foreign Key)

主键与外键

在数据库中,相对主键而言的是外键(用于建立和加强两个表数据之间的链接的一列或多列)。如"Student"关系中的 DepID(系号)属性与"Department"关系的主键 DepID(系号)相对应,因此 DepID 是"Student"关系的外键,即"Student"中 DepID 字段的取值不具备随意性,其值必须为"空"或者等于"Department"关系中某个元组的主键值。这里"Department"关系是被参照关系(又称主表),"Student"关系是参照关系(又称从表)。

9. 全码(All Key)

如果一个关系模型的所有属性一起构成该关系的码,则称为全码。如存储学生的借书记录时,需要存放学号、书号及借书时间,借书关系为"BorrowBooks",表示为 BorrowBooks(StuID,BookID,BorrowTime),在该关系中,所有的属性一起构成了该关系的码。

10. 主属性

包含在候选码中的属性称为主属性,如学号。

11. 非主属性

不包含在任何候选码中的属性称为非码属性或非主属性,如性别和年龄。

12. 关系模式(Relation Schema)

对关系的描述称为关系模式,一般表示为:

关系名(属性 1,属性 2,…,属性 n)

例如,"Student"表的关系模式可以为:

Student(StuID、StuName、StuBirthDate、StuSex、StuCity、StuScore、DepID)

在关系模型中,实体与实体之间的联系都是用关系来表示的。如图 1-7 所表示的学生、课程、学生与课程之间的多对多联系在关系模型中可以表示为以下三个关系模式:

①学生信息(学号,姓名,性别,出生日期)。

②课程(课程号,课程名,学分)。

③选修(学号,课程号,成绩)。

关系模型要求关系必须是规范化的,即要求关系必须满足一定的规范条件。关系模型的分解及规范化见本章 1.5 节与 1.6 节。

1.3.2　关系操作

关系模型中常用的关系操作包括查询操作和插入、删除、修改操作两大部分。关系的查询表达能力很强,是关系操作中最主要的部分。查询操作可以分为:选择、投影、连接、除、并、差、交、笛卡儿积等。其中,选择、投影、并、差、笛卡儿积是五种基本操作。

关系数据库中的核心内容是关系,即二维表。而对这样一张表的使用主要包括按照某些条件获取相应行、列的内容,或者通过表之间的联系获取两张表或多张表相应的行、列内容。关系操作其操作对象是关系,操作结果亦为关系。

关系的完整性约束

1.3.3 关系完整性约束

关系完整性是为保证数据库中数据的正确性和相容性，对关系模型提出的某种约束条件或规则。完整性通常包括实体完整性、参照完整性和用户定义的完整性，其中实体完整性和参照完整性，是关系模型必须满足的完整性约束条件。用户定义的完整性是指针对具体应用需要自行定义的约束条件。

1. 实体完整性

实体完整性是指关系的主键不能重复，也不能取空值。

一个关系对应现实世界中一个实体集。现实世界中的实体是可以相互区分、识别的，即它们应具有某种唯一性标识。在关系模式中，以主键作为唯一性标识，而主键中的属性（称为主属性）不能取空值，否则，表明关系模式中存在着不可标识的实体（因空值是不确定的），这与现实世界的实际情况相矛盾，这样的实体就不是一个完整实体。按实体完整性规则要求，主属性不得取空值，如主键是多个属性的组合，则所有主属性均不得取空值。

如图 1-8 将学号作为主键，那么该列不得有空值，否则无法对应某个具体的学生，这样的表格不完整，对应关系不符合实体完整性规则的约束条件。

实体完整性是关系模型必须满足的完整性约束条件，目的是保证数据的一致性。

2. 参照完整性

参照完整性是定义建立关系之间联系的主键与外键引用的约束条件。

关系数据库中通常都包含多个存在相互联系的关系，在关系模型中实体与实体间的联系都是用关系来描述的。这样就自然存在着关系与关系间的引用。

例如，在 SchoolInfo 数据库中，"Student"和"Department"可以用下面的关系表示，其中主码用下划线标识。

Student(<u>StuID</u>、StuName、StuBirthDate、StuSex、StuCity、StuScore、DepID)

Department(<u>DepID</u>、DepName、Total)

这两个关系之间存在属性的引用，即"Student"关系引用了"Department"关系的主码"DepID"。显然，"Student"关系中的"DepID"的取值可以是两种情况之一：①取空值；②必须是确实存在的系号，即"Department"关系中有该系的记录。也就是说，"Student"关系中的"DepID"属性的取值需要参照"Department"关系的属性取值。

参照完整性要求关系中不允许引用不存在的实体。

3. 用户自定义完整性

用户自定义完整性指针对某一具体关系数据库的约束条件，它反映某一具体应用所涉及的数据必须满足的语义要求。

例如，要求"数据结构"课的分数以百分制计，在用户输入"数据结构"课的成绩时，需要对值进行用户自定义完整性检查，使得值只能介于 $0 \sim 100$，以确保满足特定的约束要求。

关系模型应提供定义和检验这类完整性的机制，以便用统一的系统方法处理它们，而不要由应用程序承担这一功能，可降低应用程序的复杂度。

1.3.4 对关系的限制

关系模型中数据的逻辑结构是一个二维表，但并不是所有的二维表都是关系，必须遵循以下几个方面。

（1）表中的每一个数据项必须是单值的,每一个属性必须是不可再分的基本数据项。

（2）每一列中的数据项具有相同的数据类型,且来自同一个域。例如,姓名都是字符类型,成绩都是整数类型。

（3）每一列的名称在一个表中是唯一的。

（4）列次序可以是任意的。

（5）表中的任意两行(即元组)不能相同。

（6）行次序可以是任意的。

> 【注】 丢失或未知信息可以用 NULL 表示。

1.4 关系运算

关系代数是一种抽象的查询语言,用对关系的运算来表达查询,作为研究关系数据语言的数学工具。关系代数的运算对象是关系,运算结果也是关系。

本节主要介绍并、交、差、笛卡儿积、除、选择、投影和连接 8 种运算符,如表 1-1 所示。

表 1-1 关系代数运算符

运算符		含义	运算符	含义
集合运算符	∪	并	比较运算符	>	大于
	∩	交		≥	大于等于
	−	差		<	小于
				≤	小于等于
				=	等于
				≠	不等于
关系运算符	×	笛卡儿积	逻辑运算符	¬	非
	÷	除		∧	与
	σ	选择		∨	或
	π	投影			
	⋈	连接			

1. 并运算

关系 R 和 S 具有相同的属性及域,它们的并运算将产生一个新关系,新关系具有和 R、S 相同的数据及域,新关系中包含 R、S 中所有不同的元组。记作:$R \cup S = \{t | t \in R \lor t \in S\}$。并运算可用图 1-9 表示。

2. 交运算

关系 R 和 S 具有相同的属性及域,它们的交运算将产生一个新关系,新关系具有和 R,S 相同的数据及域,新关系包含同时出现在 R,S 中的元组。记作:$R \cap S = \{t | t \in R \land t \in S\}$。交运算可用图 1-10 表示。

并、交、差运算

3．差运算

关系 R 和 S 具有相同的属性及域，它们的差运算将产生一个新关系，新关系具有和 R，S 相同的数据及域，新关系包含所有属于 R 但不属于 S 的元组。记作：$R-S=\{t \mid t \in R \wedge t \notin S\}$。差运算可用图 1-11 表示。

图 1-9　并运算　　　　图 1-10　交运算　　　　图 1-11　差运算

4．广义笛卡儿积

设关系 R 为 n 列、k_1 行，关系 S 为 m 列、k_2 行，则关系 R 和 S 的广义笛卡儿积是 R 中每个元组和 S 中每个元组连接产生的新关系。新关系中元组的前 n 列是关系 R 的一个元组，后 m 列是关系 S 的一个元组，若 R 有 k_1 个元组，S 有 k_2 个元组，则关系 R 和关系 S 的广义笛卡儿积有 $k_1 \times k_2$ 个元组。记作 $R \times S$。

【例 1-1】 关系 R 和 S 如图 1-12 所示，求 R 和 S 的并、交、差及广义笛卡儿积。

关系 R

A	B	C
a1	b1	c1
a1	b2	c2
a2	b2	c1

关系 S

A	B	C
a1	b2	c2
a1	b3	c2
a2	b2	c1

图 1-12　关系 R 和关系 S

关系 R 和 S 的并、交、差及广义笛卡儿积的运算结果如图 1-13 所示。

$R \cup S$

A	B	C
a1	b1	c1
a1	b2	c2
a1	b3	c2
a2	b2	c1

$R \cap S$

A	B	C
a1	b2	c2
a2	b2	c1

$R-S$

A	B	C
a1	b1	c1

$R \times S$

R.A	R.B	R.C	S.A	S.B	S.C
a1	b1	c1	a1	b2	c2
a1	b1	c1	a1	b3	c2
a1	b1	c1	a2	b2	c1
a1	b2	c2	a1	b2	c2
a1	b2	c2	a1	b3	c2
a1	b2	c2	a2	b2	c1
a2	b2	c1	a1	b2	c2
a2	b2	c1	a1	b3	c2
a2	b2	c1	a2	b2	c1

图 1-13　并、交、差及广义笛卡儿积的运算结果

5. 除运算

设两个关系 R 和 S 的元数分别为 r 和 s（设 $r>s>0$），那么 $R÷S$ 是一个 $(r-s)$ 元的元组集合。$R÷S$ 是满足下列条件的最大关系：其中每个元组 t 与 S 中的每个元组 u 组成的新元组 $<t,u>$ 必在关系 R 中。

除法运算

$R÷S$ 的具体计算过程如下：

（1）获取除法运算后新关系的属性结构，新关系的属性集合 X 为 R 的关系属性与 S 的关系属性做差运算；

（2）针对步骤（1）获取的属性，找出该属性在关系 R 中的所有取值情况；

（3）获取每种取值在关系 R 上的象集，象集属性由关系 R 和关系 S 的交集组成；

（4）计算关系 R 和 S 的属性交集在关系 S 上的取值情况，记为 Y；

（5）判断包含关系，$R÷S$ 其实就是判断关系 R 中 X 的各个值的象集是否包含关系 S 中属性 Y 的所有值。

【例 1-2】 关系 R 和 S 如图 1-14 所示，求 $R÷S$。

关系R

A	B	C
a1	b1	c2
a2	b3	c7
a3	b4	c6
a1	b2	c3
a4	b6	c6
a2	b2	c3
a1	b2	c1

关系S

B	C	D
b1	c2	d1
b2	c1	d1
b2	c3	d2

图 1-14 关系 R 和关系 S 的除运算

【解决方案】

除法运算步骤如下：

（1）获取除法运算后新关系的属性结构，新关系的属性集合 X 为 R 的关系属性与 S 的关系属性做差运算。因此，$R÷S$ 的结果集由 A 属性组成。

（2）针对步骤（1）获取的属性，找出 A 属性在关系 R 中的所有取值情况：A 属性可以取值 $\{a_1,a_2,a_3,a_4\}$。

（3）获取每种取值在关系 R 上的象集，象集属性由关系 R 和关系 S 的交集组成：a_1 的象集 $\{(b_1,c_2),(b_2,c_3),(b_2,c_1)\}$，$a_2$ 的象集 $\{(b_3,c_7),(b_2,c_3)\}$，a_3 的象集 $\{(b_4,c_6)\}$，a_4 的象集 $\{(b_6,c_6)\}$。

（4）计算关系 R 和 S 的属性交集在关系 S 上的取值情况，记为 Y：

Y 可以取值：$\{(b_1,c_2),(b_2,c_1),(b_2,c_3)\}$

（5）判断包含关系，$R÷S$ 其实就是判断关系 R 中 X 的各个值的象集是否包含关系 S 中属性 Y 的所有值。

$$R÷S=\begin{array}{|c|}\hline A \\ \hline a_1 \\ \hline \end{array}$$

【例 1-3】 有关系 S 和关系 C 如图 1-15 所示，求 $S \div C$。

关系 S

StuID	CourseID
12001	1
12001	2
12001	3
12002	1
12003	2
12004	3

关系 C

CourseID	CourseName
1	Math
2	English
3	Computer

图 1-15　关系 S 和关系 C 的除运算

【解决方案】 按照除法步骤执行，$S \div C = \{12001\}$。如果用语义解释 $S \div C$，可以解释为查找选修了全部课程的学生学号。

【注】 当查询的信息包含"全部""所有""至少""存在"这样的关键字时可以考虑使用除法。

6. 选择（Selection）

选择又称为限制（Restriction）。它是在关系 R 中选择满足给定条件的元组，是从"行"的角度进行筛选，如图 1-16 所示。选择运算记作：$\sigma_F(R) = \{t \mid t \in R \wedge F(t) = \text{'真'}\}$。其中 F 表示选择条件，它是一个逻辑表达式，取逻辑值'真'或'假'。

选择运算

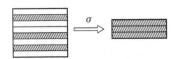

图 1-16　选择运算

【例 1-4】 根据 SchoolInfo 数据库，查询性别是"F"（F 为"女"，M 为"男"）的学生信息。

【解决方案】

$\sigma_{\text{StuSex} = \text{'F'}}(\text{Student})$

显示结果如表 1-2 所示。

表 1-2　选择性别是"F"的学生信息

StuID	StuName	StuBirthDate	StuSex	StuCity	StuScore	DepID
A00101	Mary	1990-01-01	F	BeiJing	720	1
A00302	Nancy	1991-02-20	F	ShangHai	630	4
...	...	...	...	...	...	...

7. 投影（Projection）

关系 R 上的投影是从 R 中选择若干属性列组成新的关系，是从"列"的角度进行筛选，如图 1-17 所示。投影运算记作：$\Pi_A(R) = \{t[A] \mid t \in R\}$。

【例 1-5】 查询学生的学号和姓名信息。

【解决方案】

$\Pi_{\text{StuID, StuName}}(\text{Student})$

显示结果如表 1-3 所示。

投影运算

图 1-17　投影运算

表 1-3 投影学生学号和姓名信息

StuID	StuName	StuID	StuName
A00101	Mary	A00301	Tom
A00201	Jack	⋯	⋯

8. 连接(Join)

连接包括 θ 连接、自然连接、外连接、半连接。它是从两个关系的笛卡儿积中选取属性间满足一定条件的元组,连接运算如图 1-18 所示。

连接运算

连接运算从 R 和 S 的笛卡儿积 $(R \times S)$ 中选取(R 关系)在 A 属性组上的值与(S 关系)在 B 属性组上的值满足比较关系 θ 的元组。

连接运算中有两种最为重要也最为常用的连接,一种是等值连接(equi-join),另一种是自然连接(natural join)。

θ 为"="的连接运算称为等值连接。它是从关系 R 与 S 的笛卡儿积中选取 A 属性、B 属性值相等的那些元组。

自然连接是一种特殊的等值连接,它要求两个关系中进行比较的分量必须是相同的属性组,并且要在结果中把重复的属性去掉。自然连接记作:$R \bowtie S = \{t \cup s : t \in R, s \in S, \text{fun}(t \cup s)\}$。

一般的连接操作是从行的角度进行运算,但自然连接还需要取消重复列,所以是同时从行和列的角度进行运算。若没做特殊说明,本书中的连接运算一般指自然连接。

【例 1-6】 有关系 R 和 S,以及 R 和 S 的自然连接运算如图 1-19 所示。

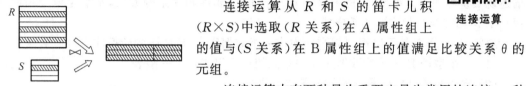

关系 R

A	B	C
a1	b1	5
a1	b2	6
a2	b3	8
a2	b4	12

关系 S

B	E
b1	3
b2	7
b3	10
b3	2
b5	2

$R \bowtie S$

A	B	C	E
a1	b1	5	3
a1	b2	6	7
a2	b3	8	10
a2	b3	8	2

图 1-19 关系 R 和关系 S 的自然连接运算

【例 1-7】 SchoolInfo 数据库中,查询选修了"2"号课程的学生学号。
【解决方案】

$$\Pi_{\text{StuID}}(\sigma_{\text{CousreID}=2}(\text{SC}))$$

【例 1-8】 查询选修了全部课程的学生号码和姓名。

【解决方案】

$$\Pi_{StuID, CourseID}(SC) \div \Pi_{CourseID}(Course) \bowtie \Pi_{StuID, StuName}(Student)$$

1.5 概念模型与关系模式设计

本节介绍了概念模型及 E-R 图的基础知识。概念模型有很多种表示方法，其中最常用的是实体-联系方法（Entity Relationship Approach），简称 E-R 方法。E-R 方法用 E-R 图来描述现实世界的概念模型，E-R 图提供了表示实体、属性和联系的方法，本节主要介绍如何根据 E-R 图转换为相应的关系模式。

通常，E-R 图总是可以根据规则转换成一组数据库表，E-R 图的转换注意以下七点：

（1）一个遵循 E-R 图的数据库在关系系统里可以表示为一组表。

（2）常规实体是构成数据库的最基本元素。

（3）每个常规实体都对应于一张表。

（4）属性对应表中的列。

（5）关系的每一种类型都以不同的方式映射为关系数据库管理系统里的表。

（6）表是用来存储和检索现实世界里的信息的，因此要以最优的方式来创建，最重要的原则是应使用尽量少的表及属性来描述现实世界。

（7）在关系系统里，连接操作通过两个或多个表格结合来检索所有信息。

本小节主要讨论以下五种 E-R 图的转换。

- 一对一联系；
- 一对多联系；
- 多对多联系；
- 常规实体与弱实体；
- 超类与子类。

一对一联系

1.5.1 一对一联系

图 1-20 为一对一联系的 E-R 图，解释为一个系只有一个系主任，一个系主任只能在一个系工作。

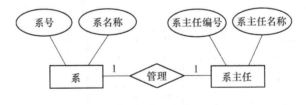

图 1-20 一对一联系

一对一联系的转换规则为：每个实体对应一个表，选中其中任意一个实体添加外键，该外键来自另一实体的主键。可以选择图 1-15 中的"系"实体添加外键"系主任编号"，而"系主任编号"又是"系主任"实体的主键。按照规则转换后的关系模式为：

系（系号，系名称，系主任编号）

系主任（系主任编号，姓名）

其中，_____表示主键，~~~~~~~~表示外键。

一对多联系

1.5.2　一对多联系

图 1-21 就是一对多联系的 E-R 图,解释为一个系有多名学生,一名学生只能属于一个系。

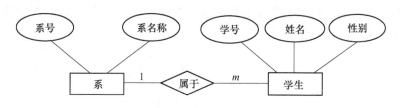

图 1-21　一对多联系

一对多联系的转换规则为:每个实体对应一个表,选中"多"对应的实体添加外键,该外键来自"一"对应实体的主键。根据规则,应选择"学生"实体添加外键"系号",而"系号"又是"系"实体的主键。按照规则转换后的关系模式为:

系(<u>系号</u>,系名称)

学生(<u>学号</u>,姓名,性别,系号)

1.5.3　多对多联系

图 1-22 就是多对多联系的 E-R 图,解释为一个学生可以选修多门课程,一门课程也可以被多个学生选修。

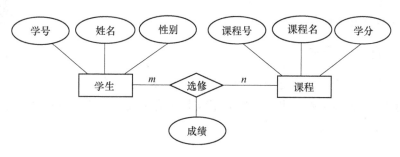

图 1-22　多对多联系

多对多联系的转换规则为:每个实体对应一个表且属性相同,其中"关系"也对应一个表,该表单主键来自两个实体的主键的组合。根据规则,该 E-R 图可以分解为三个表:学生、课程及选修。其中,学生和课程表不变,选修表的主键为(学号,课程号)的组合键。按照规则转换后的关系模式为:

学生(<u>学号</u>,姓名,性别)

课程(<u>课程号</u>,课程名,学分)

选修(<u>学号,课程号</u>,成绩)

其中,"选修"表中的"学号"和"课程号"又是外键,分别参照"学生"表的"学号"和"课程"表的"课程号"。

1.5.4 常规实体与弱实体

弱实体指实体中实例的存在依赖于实体中的其他某个实例。常规实体指实体中实例的存在不依赖于其他实例。

如员工与子女都是实体，但子女的存在依赖于员工（即员工离开了公司，子女的信息也被删除），因此子女是弱实体。常规实体用矩形框表示，弱实体用双矩形框表示，如图1-23所示。

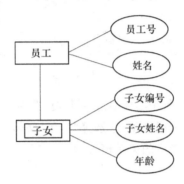

图1-23 常规实体与弱实体

常规实体与弱实体的转换规则为：每个实体对应一个表，其中弱实体添加一个外键，该外键来自于常规实体的主键。根据规则，"子女"实体需要添加外键"员工号"，同时"员工号"是"员工"表的主键。按照规则转换后的关系模式为：

员工（员工号，姓名）
子女（子女编号，子女姓名，年龄，员工号）

1.5.5 超类与子类

子类通常是另一个实体的子集。例如"小时工"和"全职员工"都是实体，但它们是"员工"实体的子集，因此"小时工"和"全职员工"实体称为子类，"员工"实体称为超类，超类与子类实体用"十"字相连，如图1-24所示。

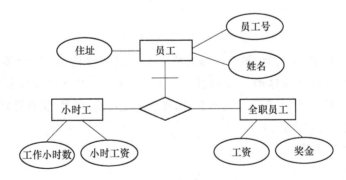

图1-24 超类和子类

超类与子类的转换规则为：每个实体对应一张表，每个子实体引入父实体的主键为自己的外键，同时这个外键又是子实体的主键。根据规则，"小时工"和"全职员工"需要添加外键

"员工号",同时"员工号"同时为三个实体的主键。按照规则转换后的关系模式为：

员工(<u>员工号</u>,姓名,住址)

小时工(<u>员工号</u>,工作小时数,小时工资)

全职员工(<u>员工号</u>,工资,奖金)

其中,"小时工"和"全职员工"实体中,"员工号"既是主键,又是外键,它们都参照"员工"表的主键。

1.5.6 数据库设计要点

在数据库设计过程中,有以下四点需要注意。

(1) 有些属性本身需要进一步用一些属性来自我界定,这些属性就变成了实体。其中"住址"需要描述国家、城市、社区、街道等信息,"住址"属性转换为实体,如图 1-25 所示。

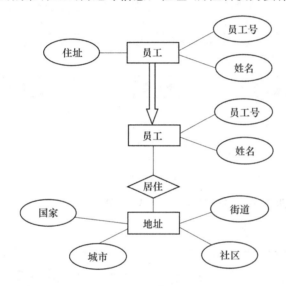

图 1-25　属性转换为实体

(2) 如果有两个实体属性完全相同,则将两个实体合并。图 1-26 中"故事书"实体与"教科书"实体都具有相同的三个属性：书名、书号和价格,则可以将两个实体合并成"书"。

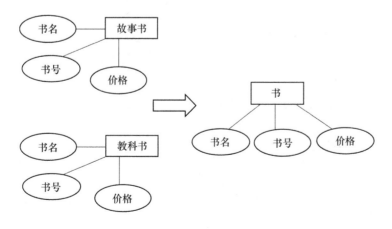

图 1-26　实体合并

（3）有时需要将实体进行特化处理，特化指通过抽取高层实体集的子集来组成低层实体集，如图1-27所示。

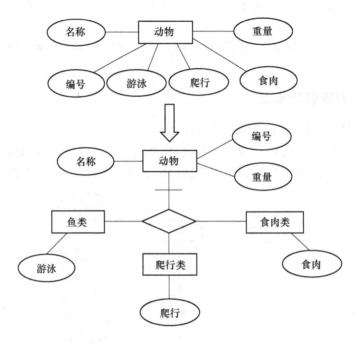

图 1-27　特化

（4）与特化相反，两个或多个实体有一些共有属性，我们建立一个新的超类来简化引用，称为泛化，如图1-28所示。

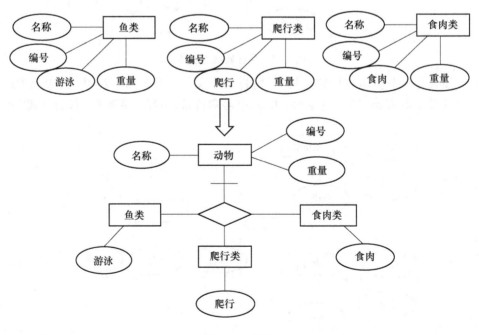

图 1-28　泛化

1.6　范式与非范式化

1.6.1　范式

【思考 1-1】　数据库中有关系 S 存放了学校相关信息，关系模式如下：

$S(StuID, DepName, DHName, CourseName, Grade)$

其中，StuID 是学生的学号，DepName 为学生所在系，DHName 为系主任名字，CourseName 为课程名，Grade 为课程成绩。

判断 S 是否是一个好的关系模式。

【分析】　该关系模式主要存在以下一些问题：

① 数据冗余太大，浪费大量的存储空间。每存放一个学生，系主任的姓名也需要存放一次，导致系主任的姓名重复出现。② 更新异常。某系更换系主任后，系统必须修改与该系学生有关的每一个元组，否则会导致该系主任的名字不一致。③ 插入异常，该插的数据插不进去。如果一个系刚成立，尚无学生，我们则无法把这个系及其系主任的信息存入数据库。④ 删除异常，不该删除的数据不得不删。如果某个系的学生全部毕业了，我们在删除该系学生信息的同时，把这个系及其系主任的信息也丢掉了。

综上所述，该关系模式不是一个好的关系模式。

经过分析，我们发现思考 1-1 中的关系模式并不是一个好的关系模式。那么，该如何判断一个关系模式是好是坏呢？通常来说，一个好的关系模式不会发生插入异常、删除异常、更新异常，且数据冗余应尽可能少。

为了构造一个好的数据库关系模式，人们研究了规范化理论。需要对关系数据库中的每个关系进行规范化，使之达到一定的规范化程度，从而提高数据的结构化、共享性、一致性和可操作性。

关系数据库中的关系是要满足一定要求的，满足不同程度要求的为不同范式。满足最低要求的叫第一范式（First Normal Form，1NF）。在第一范式中满足进一步要求的为第二范式，其余依此类推。

1971—1972 年，E. F. Codd 系统地提出了 1NF、2NF、3NF 的概念，讨论了规范化的问题。1974 年，Codd 和 Boyce 又共同提出了一个新范式，即 BCNF。1976 年，Fagin 又提出了 4NF。后来，又有人提出了 5NF。

对于各种范式之间的联系有 5NF⊂4NF⊂BCNF⊂3NF⊂2NF⊂1NF 成立。

一个低一级范式的关系模式，通过模式分解可以转换成若干个高一级范式的关系模式的集合，这种过程叫规范化。根据工程经验，通常只需判断到 BCNF，因此本章中主要介绍到 BCNF，有兴趣的读者可查阅 4NF 和 5NF 的其他资料。

1. 第一范式

如果表中的每个单元格都是单值的，即表不包含表，则称该表满足第一范式。表 1-4 的学生成绩表不满足第一范式，因为成绩单元格的值不是单值。

第一范式

表 1-4　不属于第一范式的学生成绩表

学号	姓名	成绩		
		数据库	操作系统	数据结构
001	张宏	85	78	90
002	刘清	76	80	89
003	李超	90	75	85
...	...	...	...	...

将表 1-4 规范化为满足第一范式，如表 1-5 所示。

表 1-5　属于第一范式的学生成绩表

学号	姓名	数据库	操作系统	数据结构
001	张宏	85	78	90
002	刘清	76	80	89
003	李超	90	75	85
...	...	...	...	...

满足第一范式的关系模式不一定是一个好的关系模式。例如思考 1-1 中的关系 S 满足第一范式，但存在删除、插入、更新等异常。因此，仅仅满足第一范式的关系模式还需要向第二范式转化。

2. 第二范式

在理解第二范式之前，先理解函数依赖的相关概念。

定义 1　设 $R(U)$ 是属性集 U 上的关系模式，X、Y 是 U 的子集。属性 Y 函数依赖于 X，当且仅当对每一个 X，恰有一个 Y 的值与之对应。属性 X 被称为决定因子。X、Y 满足函数关系 $Y = f(X)$，含义是 X 函数确定 Y，或 Y 函数依赖于 X。记作：$X \rightarrow Y$。

第二范式

若 Y 函数不依赖于 X，则记作：$X \nrightarrow Y$。

例如，关系模式 S(StuID，DepName，DHName，CourseName，Grade) 中，对于 StuID 是该关系的唯一标识号，且每个学生只有唯一的一个专业和系主任，则 StuID 决定 DepName 和 DHName 的值。因此存在函数依赖关系：StuID→DepName，StuID→DHName。同时，每个学生允许选修多门课程，则 StuID 不能唯一决定 CourseName 和 Grade 值。因此 StuID$\nrightarrow$CourseName，StuID$\nrightarrow$Grade。

【例 1-9】 关系 R 和关系 S 如图 1-29 所示，判断 ECode→EName 是否成立。

关系 R

ECode	EName
E1	Mac
E1	Jane
E2	Sandra
E3	Henry

关系 S

ECode	EName
E1	Mac
E2	Mac
E3	Sandra

图 1-29　关系 R 和关系 S

【解决方案】

根据定义 1,可以得出关系 R 中存在 EName 函数依赖于 ECode,即 ECode→EName 不成立,而关系 S 中 ECode→EName 成立。

定义 2 在关系模式中,若 $X→Y$,并且对于 X 的任何一个真子集 X',都有 $X' \nrightarrow Y$,则称 Y 完全函数依赖于 X,记作: $X \xrightarrow{f} Y$。

定义 3 若 $X→Y$,但 Y 不完全函数依赖于 X,则称 Y 部分函数依赖于 X,记作: $X \xrightarrow{P} Y$。

> **【注】** X 通常为关系的码,有时也可为非主属性,X' 通常为关系的码的一个部分,Y 通常为非主属性。

【例 1-10】 有关系学生选课(StuID,CourseID,CourseName,Grade),属性含义分别为学号、课程号、课程名和成绩。判断下列依赖关系是否成立,若成立,是完全依赖还是部分依赖?

(StuID,CourseID)→Grade

(StuID,CourseID)→CourseName

【解决方案】

不难判断,学生选课表的主键是(StuID,CourseID)的组合,函数依赖关系(StuID,CourseID)→Grade 成立,但 StuID $\nrightarrow$ Grade,CourseID $\nrightarrow$ Grade。因此,该依赖为完全依赖,写作(StuID,CourseID) $\xrightarrow{P}$ Grade。对于(StuID,CourseID)→CourseName,函数依赖关系也成立,同时 CourseID→CourseName。因此,该依赖为部分依赖关系,写作(StuID,CourseID) $\xrightarrow{P}$ CourseName

理解了函数依赖的相关概念,我们可以给出第二范式的定义:当关系模式 R 满足第一范式,且每一个非主属性完全函数依赖于码,则 R 满足第二范式。

【任务 1-1】 有关系模式 SLC(StuID, DepName, Sloc, CourseID, Grade),其中 StuID 为学生学号,DepName 为学生所在系名称,Sloc 为学生住处,假设每个系的学生住在同一个地方,CourseID 为课程号,Grade 为课程成绩。判断其是否满足第二范式。

要完成任务 1-1,可以将其分成三个步骤,任务列表如下:

(1)	寻找关系模式主键
(2)	写出所有可能的函数依赖关系
(3)	判断满足第几范式

【任务实现】

(1) 寻找关系模式主键

SLC 关系模式的主键为(StuID、CourseID)的组合。

(2) 写出所有可能的函数依赖关系

(StuID, CourseID) $\xrightarrow{f}$ Grade

StuID→DepName

(StuID, CourseID) $\xrightarrow{P}$ DepName

StuID→Sloc

(StuID, CourseID) $\xrightarrow{P}$ Sloc

DepName→Sloc

（3）判断满足第几范式

由于函数依赖中存在着部分依赖，因此不满足第二范式。

SLC 关系模式并不是一个好的关系模式，因为该关系模式会导致插入、删除等异常。当一个学生尚未选课，但因课程号是主键，因此该学生的信息无法存入 SLC 表而造成插入异常；当某个学生只选修了一门课程时，由于身体原因导致该门课程也取消了，但因课程号是主键，此操作将导致该学生信息的整个元组都要删除，从而造成删除异常；当学生转系，在修改此学生元组的 DepName 值的同时，还可能需要修改住处（Sloc）。如果这个学生选修了 K 门课，则必须无遗漏地修改 K 个元组中全部 DepName、Sloc 信息，如果忽略了某个 Sloc 的修改，会造成更新异常；当一个学生选修了 K 门课程，那么其 DepName 和 Sloc 值就要重复存储 K 次，导致数据冗余度大。

因此，不满足第二范式的关系模式不一定是一个好的关系模式，需要将其转化为第二范式。

要使 SLC 满足第二范式，根据第二范式定义，不能存在部分依赖关系，因此需要将部分依赖关系打破，才能使得第二范式成立。方法是将完全依赖的非主属性和主键存放一个表，将部分依赖的非主属性与其实际依赖的主属性存放另一个表。因此，SLC 可以分解为：

SC(StuID, CourseID, Grade)

SL(StuID, DepName, Sloc)

SC 和 SL 满足了第二范式的关系模式。观察 SL，当系的住址（Sloc）的值发生变化时，假设该系有 n 个人，则 Sloc 的值需要修改 n 次，容易发生更新异常。因此，满足了第二范式的关系模式不一定是一个好的关系模式，需要继续向第三范式转化。

3．第三范式

如果关系模式 R 是第二范式，且每个非主属性都不传递函数依赖于主码，则 R 属于 3NF。

第三范式

【任务 1-2】 判断任务 1-1 中分解后的关系 SC（StuID，CourseID，Grade）和 SL（StuID，DepName，Sloc）是否满足第三范式。

要完成任务 1-2，可以将其分成三个步骤，任务列表如下：

(1)	寻找关系模式主键
(2)	写出所有可能的函数依赖关系
(3)	判断满足第几范式

【任务实现】

（1）寻找关系模式主键

SC 关系的主键为（StuID、CourseID）的组合；SL 关系的主键为 StuID。

（2）写出所有可能的函数依赖关系

SC 的函数依赖关系：

(StuID, CourseID) $\xrightarrow{f}$ Grade

SL 的函数依赖关系：

StuID→DepName

DepName→Sloc

StuID→Sloc

（3）判断满足第几范式

由于 SC 中不存在传递依赖关系，因此 SC 满足第三范式；SL 中的 Sloc 传递依赖于 StuID，因此 SL 不满足第三范式。

SL 中，当系的住址更换了，假设这个系有 n 个人，则需要更换 n 次，易导致更新异常。

因此，不满足第三范式的关系模式不一定是一个好的关系模式，需要将其转化为第三范式。

要使得 SL 满足第三范式，根据第三范式定义，不能存在传递依赖于主码的关系，因此需要将传递依赖于主码的关系打破，才能使得第三范式成立。方法是将起到传递作用的属性 DepName 分别放置于两个表中，其中一个表加入主键，另一个表加入 DepName 能决定的属性 Sloc。因此，SL 可以分解为：

```
SD(StuID,DepName)
DL(DepName,Sloc)
```

4．BCNF

关系模式 R 中，若每一个决定因素都包含码，则 R 是 BCNF。

【任务 1-3】 判断关系模式 STJ(S, T, J)中，S 表示学生，T 表示教师，J 表示课程。每一教师只教一门课，每门课有若干教师，某一学生选定某门课，就对应一个固定的教师。判断 STJ 是否满足 BCNF。

要完成任务 1-3，可以将其分成三个步骤，任务列表如下：

（1）	寻找关系模式候选码
（2）	写出所有可能的函数依赖关系
（3）	判断满足第几范式

【任务实现】

（1）寻找关系模式候选码

STJ 关系的候选码为(S,J)或(S,T)。

（2）写出所有可能的函数依赖关系

$(S, J) \xrightarrow{f} T$

$(S, T) \xrightarrow{f} J$

$T \rightarrow J$

（3）判断满足第几范式

STJ 是第三范式，因为没有任何非主属性对码传递依赖或部分依赖。但 STJ 不是 BCNF 关系，因为 T 是决定因素，而 T 不包含码。

要使得 STJ 满足 BCNF 的关系模式，STJ 可分解为：

```
ST(S,T)
TJ(T,J)
```

1.6.2 非范式化

我们知道，连接运算非常耗费代价，当数据量较大时，应尽量避免连接运算。工程实践中，在保证数据完整性的基础上，达到 3NF 已经足够，有的甚至只到 2NF 就可以了。有时，为了提升查询效率，我们会在表中有意义地引入冗余的列以打破范式的规则，从而改进了性能，我们将这个过程称为非范式化。

【例1-11】 有两个关系 Orders 和 Products，如图1-30所示。

Orders

OrderID	ProductID	Qty
001	P1	2
002	P1	3
003	P2	2
004	P3	4

Products

ProductID	Cost
P1	10
P2	20
P3	30

图1-30 关系 Orders 和关系 Products

如果需要查询所有订单的总价格，则需要将 Orders 表与 Products 表进行连接运算以获取每条订单的价格，然后对每条订单的价格求和。假设每张表中都有数以万计的记录，要完成这样的连接运算将耗费巨大的代价。因此，为了提升查询效率，我们可以为 Orders 表有意义地引入冗余列 Cost，以避免连接运算耗费的时间。修改的 Orders 如表1-6所示。

表1-6 修改后的 Orders 表

OrderID	ProductID	Qty	Cost	OrderCost
001	P1	2	10	20
002	P1	3	10	30
003	P2	2	20	40
004	P3	4	30	120

新的表结构不需要再进行连接运算就可以获取订单的总价格，通过引入冗余的列提升了查询的处理速度。然而，引入冗余的列又造成了存储空间的增加以及数据的不一致问题。因此，工程实践中，我们需要根据实际情况决定是否进行非范式化的操作。

1.7 数据库系统设计

数据库系统设计

数据库设计的主要任务是通过对现实世界中的数据进行抽象，得到符合现实世界要求的、能被 DBMS 支持的数据库模型。在数据库设计阶段应该对需要存储的数据进行详细的调查、分析，识别出真正需要存储的原始数据，并根据这些数据设计出合理的表结构、表间关系以及其他数据库对象。

按照规范设计的方法，考虑到数据库及其应用系统开发的全过程，将数据库设计分为以下六个阶段：

- 需求分析阶段；
- 概念结构设计阶段；
- 逻辑结构设计阶段；
- 物理结构设计阶段；

- 数据库实施阶段；
- 数据库运行和维护阶段。

以上设计步骤既是数据库设计的过程,也是数据库应用系统的设计过程。在设计过程中,只有将这两方面有机结合起来,互相参照、互为补充,才可以设计出性能良好的数据库应用系统。

1.7.1　需求分析阶段

设计一个性能良好的数据库系统,明确应用环境对系统的要求是首要的和基本的。因此,应该把对用户需求的收集和分析作为数据库设计的第一步。

需求分析的主要任务是通过详细调查要处理的对象,包括某个组织、某个部门、某个企业的业务管理等,充分了解原手工或原计算机系统的工作概况及工作流程,明确用户的各种需求,产生数据流图和数据字典,然后在此基础上确定新系统的功能,并产生需求说明书。值得注意的是,新系统必须充分考虑今后可能的扩充和改变,不能仅仅按当前应用需求来设计数据库。

需求分析具体可按以下几步进行:

(1) 用户需求的收集；

(2) 用户需求的分析；

(3) 撰写需求说明书。

需求分析的重点是调查、收集和分析用户数据管理中的信息需求、处理需求、安全性与完整性要求。信息需求是指用户需要从数据库中获得的信息的内容和性质。由用户的信息需求可以导出数据需求,即在数据库中应该存储哪些数据。处理需求是指用户要求完成什么处理功能,对某种处理要求的响应时间,处理方式指是联机处理还是批处理等。明确用户的处理需求,将有利于后期应用程序模块的设计。

1.7.2　概念结构设计阶段

需求分析阶段描述的用户需求是面向现实世界的具体需求。将需求分析得到的用户需求抽象为信息结构即概念模型的过程就是概念结构设计。

概念结构设计的第一步就是对需求分析阶段收集到的数据进行分类、组织(聚集),形成实体、实体的属性,标识实体的码,确定实体之间的联系类型($1:1, 1:n, m:n$),设计分E-R图。

用E-R数据模型进行概念设计,首先必须根据需求说明,确认实体、联系和属性。采用E-R方法进行数据库的概念设计,可以分三步进行:

(1) 设计局部E-R图；

(2) 合并各局部E-R图,并解决可能存在的冲突,得到初步E-R图；

(3) 修改和重构初步E-R图,消除其中的冗余部分,得到最终的全局E-R图,即概念模式。

设计全局E-R模式的目的不在于把若干局部E-R模式形式上合并为一个E-R模式,而在于消除冲突使之成为能够被全系统总所有用户共同理解和接受的统一的概念模型。

在需求分析和逻辑设计之间增加概念设计阶段,使设计人员仅从用户角度看待数据及处理要求和约束,产生一个反映用户观点的概念模式。这样做有以下三个好处:

（1）数据库设计各阶段的任务相对单一化，设计复杂程度得到降低，便于组织管理；

（2）概念模式不受特定 DBMS 限制，也独立于存储安排，因而比逻辑设计得到的模式更为稳定；

（3）概念模式不含具体的 DBMS 所附加的技术细节，更容易为用户所理解，因而能准确反映用户的信息需求。

在初步 E-R 图中，可能存在一些冗余的数据和实体间冗余的联系。所谓冗余的数据是指可由基本数据导出的数据，冗余的联系是指可由其他联系导出的联系。冗余的数据和冗余联系容易破坏数据库的完整性，为数据库的维护增加困难，应当予以消除。消除了冗余后的初步 E-R 图称为基本 E-R 图。

但并不是所有的冗余数据与冗余联系都必须加以消除，有时为了提高效率，不得不以冗余信息作为代价。因此，在设计数据库概念结构时，需要根据用户的整体需求来确定哪些冗余信息允许存在。如果人为地保留了一些冗余数据，则应把数据字典中数据关联的说明作为完整性约束条件。

设计概念模型的最终目的是向某种 DBMS 支持的数据模型转换，因此概念模型是数据库逻辑设计的依据，是整个数据库设计的关键。

1.7.3 逻辑结构设计阶段

概念结构设计的结果是 E-R 模型，但是它独立于任何一种数据模型，也独立于任何一个具体的 DBMS。为建立用户所需的数据库，需要把概念模型转换成为某个具体的 DBMS 所支持的数据模型。数据库的逻辑结构设计就是把概念结构设计阶段设计好的基本 E-R 图转换为与选用的 DBMS 产品所支持的数据模型相符合的逻辑结构。

逻辑结构是独立于任何一种数据模型的，在实际应用中，一般所用的数据库环境已经给定（如 SQL Server 或 Oracle 或 MySql）。由于目前使用的数据库基本上都是关系数据库，因此首先需要将 E-R 图转换为关系模型，然后根据具体 DBMS 的特点和限制转换为特定的 DBMS 支持下的数据模型，最后进行优化。

数据库的逻辑结构设计，可以分三步进行。

（1）将概念结构转换为一般的关系、网状、层次模型。关系模型是由一组关系（二维表）的结合，而 E-R 模型则是由实体、实体的属性、实体间的关系三个要素组成。所以要将 E-R 模型转换为关系模型，就是将实体、属性和联系都要转换为相应的关系模型。

（2）将转换来的关系、网状、层次模型向特定 DBMS 支持下的数据模型转换。可借助设计工具完成向特定 DBMS 规定的模型进行转换。

（3）对数据模型进行优化。得到初步数据模型后，还应该适当地修改、调整数据模型的结构，以进一步提供数据库应用系统的性能，关系数据模型的优化以规范化理论为指导考察关系模式的函数依赖关系，确定范式等级。

将概念模型转换为全局逻辑模型后，还应根据局部应用需求，结合具体 DBMS，设计用户的外模式，即用户可直接访问的数据模式。可利用关系数据库管理系统的视图来完成外模式。定义用户外模式时应注重考虑用户的习惯和方便，主要包括以下三点。

（1）使用符合用户习惯的别名。

（2）针对不同级别的用户定义不同的外模式，以满足对安全性的要求。

(3) 简化用户对系统的使用:将经常使用的某些复杂查询定义为视图,以简化用户对系统的使用。

1.7.4 物理结构设计阶段

数据库物理结构设计阶段的任务是根据具体计算机系统(DBMS 和硬件等)的特点,为给定的数据库模型确定合理的存储结构和存取方法。所谓的"合理"主要有两个含义:一个是要使设计出的物理数据库占用较少的存储空间,另一个是对数据库的操作具有尽可能高的速度。

为了设计数据库的物理结构,设计人员必须充分了解所用 DBMS 的内部特征;充分了解数据系统的实际应用环境,特别是数据应用处理的频率和响应时间的要求;充分了解外存储设备的特性。数据库的物理结构设计大致包括确定数据的存取方法和确定数据的存储结构。

物理结构设计阶段实现的是数据库系统的内模式,它的质量直接决定了整个系统的性能。因此,在确定数据库的存储结构和存取方法之前,对数据库系统所支持的事务要进行仔细分析,获得优化数据库物理设计的参数。

对于数据库查询事务,需要得到如下信息:要查询的关系、查询条件(即选择条件)所涉及的属性、连接条件所涉及的属性、查询的投影属性等。

对于数据更新事务,需要得到如下信息:要更新的关系、每个关系上的更新操作的类型、删除和修改操作所涉及的属性、修改操作要更改的属性值。

上述这些信息是确定关系存取方法的依据。除此之外,还需要知道每个事务在各关系上运行的频率,某些事务可能具有严格的性能要求。例如,某个事务必须在 20 秒内结束。这种时间约束对于存取方法的选择有重大的影响。需要了解每个事务的时间约束。值得注意的是,在进行数据库物理结构设计时,通常并不知道所有的事务,上述信息可能不完全。所以,以后可能需要修改根据上述信息设计的物理结构,以适应新事务的要求。

在初步完成物理结构的设计之后,还需要对物理结构进行评价,评价的重点是时间和空间效率。如果评估结果满足原设计要求,则可进入数据库实施阶段,否则就需要重新设计或修改物理结构,有时甚至要返回到逻辑设计阶段,修改数据模型。

1.7.5 数据库实施阶段

根据逻辑结构设计和物理结构设计的结果,在计算机系统上建立起实际数据库结构、装入数据、测试和试运行的过程称为数据库的实施阶段。实施阶段主要包括以下内容。

(1) 建立实际数据库结构。对描述逻辑设计和物理设计结果的程序即"源模式",经DBMS 编译成目标模式并执行后,便建立了实际的数据库结构。

(2) 装入试验数据对应用程序进行调试。试验数据可以是实际数据,也可由手工生成或用随机数发生器生成。应使测试数据尽可能覆盖现实世界的各种情况。

(3) 装入实际数据,进入试运行状态。测量系统的性能指标,是否符合设计目标。如果不符,则返回到前面,修改数据库的物理模型设计甚至逻辑模型设计。其主要工作如下:

① 功能测试:实际运行数据库应用程序,执行对数据库的各种操作,测试应用程序的功能是否满足设计要求。如果不满足,对应用程序部分则要修改、调整,直到达到设计要求。

② 性能测试：测量系统的性能指标，分析是否达到设计目标。如果测试的结果与设计目标不符，则要返回物理设计阶段，重新调整物理结构，修改系统参数，某些情况下甚至要返回逻辑设计阶段，修改逻辑结构。

需要注意的是，重新设计物理结构甚至逻辑结构，会导致数据重新入库。可采用分期分批的方式组织数据入库。先输入小批量数据供调试用，待试运行基本合格后再大批量输入数据，逐步增加数据量，逐步完成运行评价。由于数据入库工作量实在太大，费时、费力，所以应分期分批地组织数据入库。

在数据库试运行阶段，系统还不稳定，硬、软件故障随时都可能发生。系统的操作人员对新系统还不熟悉，误操作也不可避免。因此必须做好数据库的转储和恢复工作，尽量减少对数据库的破坏。

1.7.6　数据库运行和维护阶段

数据库系统正式运行，标志着数据库设计与应用开发工作的结束和维护阶段的开始，在数据库系统运行过程中必须不断地对其进行评价、调整与修改。运行维护阶段的主要任务有以下四点。

1. 维护数据库的安全性与完整性：检查系统安全性是否受到侵犯，及时调整授权和密码，实施系统转储与备份，发生故障后及时恢复。

2. 监测并改善数据库运行性能：对数据库的存储空间状况及响应时间进行分析评价，结合用户反应确定改进措施。

3. 根据用户要求对数据库现有功能进行扩充。

4. 及时改正运行中发现的系统错误。

实验一 数据库基础

【任务1】 学校需要将系、学生、课程、成绩等信息进行有效管理,试设计关系模式。

需求分析结果:

(1) 系(Department)需要记录的信息包括系号(DepID)、系名称(DepName)和系总人数(Total),如表1-7所示。

表1-7 Department

DepID	DepName	Total
1	Computer Science	100
2	Math	100

(2) 每个系包含多个学生,但学生只能在一个系。学生(Student)的信息包括学号(StuID)、姓名(StuName)、年龄(StuAge)、性别(StuSex)、籍贯(StuCity)和入学成绩(StuScore),如表1-8所示。

表1-8 Student

StuID	StuName	StuAge	StuSex	StuCity	StuScore
A00101	Mary	21	女	BeiJing	600
A00201	Tom	20	男	ShangHai	650

(3) 一名学生可以选择多门课程,每门课程可以由多个学生选择。课程(Course)信息包括课程号(CourseID)、课程名(CourseName)和学分(Credit),如表1-9所示。

表1-9 Course

CourseID	CourseName	Creidt
1	DataBase	3
2	Data Structure	4

(4) 系统需要记录每个学生每门课程的成绩。

根据需求分析结果,画出E-R图及设计关系模式。

【分析】

要完成任务,可以将其分成三个步骤,任务列表如下:

1	画出E-R图
2	根据分解规则将E-R图分解成关系模式
3	找出主键和外键

【解答】

按照任务分步完成：

1. 画出 E-R 图

由"一个系包含多名学生"可知系与学生间为 $1:n$ 联系；由"每个学生可以选择多门课程，每门课程可以由多个学生选择"可知学生与课程间为 $m:n$ 联系。实体联系图如图 1-31 所示。

图 1-31　实体联系图

2. 根据分解规则将 E-R 图分解成关系模式

系和学生是一对多的关系，根据规则：多对应的实体（Student）需要引入外键，该外键来自于一对应实体（Department）的主键（DepID）；学生（Student）与课程（Course）是多对多关系，根据规则：Student 和 Course 各自对应一张表，且属性不变，而他们之间的关系（选修）也产生一张选修表（SC），该表的主键为 Student 和 Course 的主键的组合，且该表需要记录学生的课程成绩（Score）。

完整的关系模式如下：

Department（DepID，DepName，Total）

Student（StuID，StuName，StuAge，StuSex，StuCity，StuScore，DepID）

Course（CourseID，CourseName，Credit）

SC（StuID，CourseID，Score）

3. 找出主键和外键

根据步骤 2 的分析，可以确定各关系的主键和外键如表 1-10 所示。

表 1-10　各关系的主键和外键

关系	主键	外键
Department	DepID	无
Student	StuID	DepID
Course	CourseID	无
SC	StuID CourseID	StuID CourseID

【任务 2】　某集团公司拥有多个大型连锁商场，公司需要构建一个数据库系统便于管理其业务运作活动。

需求分析结果：

（1）商场需要记录的信息包括商场编号（商场编号不重复）、商场名称、地址和联系电话。某商场信息如表 1-11 所示。

表 1-11 商场信息表

商场编号	商场名称	地址	联系电话
PS2101	淮海商场	淮海中路 918 号	021-64158818
PS2902	西大街商场	西大街时代盛典大厦	029-87283220
PS2903	东大街商场	碑林区东大街 239 号	029-87450287
PS2901	长安商场	雁塔区长安中路 38 号	029-85264953

（2）每个商场包含不同的部门,部门需要记录的信息包括部门编号(不同商场的部门编号不同)、部门名称、位置分布和联系电话。某商场的部门信息如表 1-12 所示。

表 1-12 部门信息表

部门编号	部门名称	位置分布	联系电话
DT002	财务部	商场大楼六层	82504342
DT007	后勤部	商场地下负一层	82504347
DT021	安保部	商场地下负一层	82504358
DT005	人事部	商场大楼六层	82504446

（3）每个部门雇用了多名员工处理日常事务,每名员工只能属于一个部门(新进员工在培训期不隶属于任何部门)。员工需要记录的信息包括员工编号、姓名、岗位、电话号码和工资。员工信息如表 1-13 所示。

表 1-13 员工信息表

员工编号	姓名	岗位	电话号码	工资
XA3310	周超	理货员	13609257638	1500.00
SH1075	刘飞	防损员	13477293487	1500.00
XA0048	江雪花	广播员	15234567893	1428.00
BJ3123	张正华	经理	13345698432	1876.00

（4）每个部门的员工中有一个是经理,每个经理只能管理一个部门。系统要记录每个经理的任职时间。

概念模型设计

根据需求阶段收集的信息,设计的实体联系(如图 1-32 所示)和关系模式(不完整)。

图 1-32 实体联系图

关系模式设计：

商场（商场编号，商场名称，地址，联系电话）

部门［部门编号，部门名称，位置分布，联系电话,(a)］

员工［员工编号，姓名，岗位，电话号码，工资,(b)］

经理［(c),任职时间］

根据问题描述，完善实体联系图；然后根据完善的实体联系图，将关系模式中的空(a)～(c)补充完整，并分别给出部门、员工和经理关系模式的主键和外键（选自2009年数据库系统工程师试题）。

【分析】

要完成任务，可以将其分成三个步骤，任务列表如下：

1	画出 E-R 图
2	根据分解规则将 E-R 图分解成关系模式
3	找出主键和外键

【解答】

按照任务分步完成。

1. 画出 E-R 图

由"每个商场包含有不同的部门"可知商场与部门间为 1:n 联系；由"每个部门雇用了多名员工处理日常实务"可知部门与员工间为 1:n 联系；由"每个部门的员工中有一个经理，每个经理只能管理一个部门"可知部门与经理间为 1:1 联系，并且员工是经理的超类型，经理是员工的子类型。完善的实体联系图如图 1-33 所示。

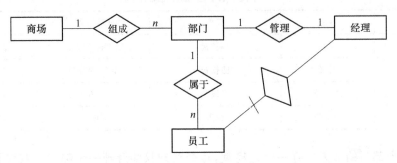

图 1-33　完善的实体联系图

2. 根据分解规则将 E-R 图分解成关系模式

商场和部门是一对多的关系，根据规则：多对应的实体（部门）需要引入外键，该外键来自一对应实体（商场）的主键（商场编号），因此空(a)填商场编号。部门与员工是一对多关系，根据规则：多对应的实体（员工）需要引入外键，该外键来自一对应实体（部门）的主键（部门编号），因此空(b)填部门编号。员工与经理是超类与子类的关系，根据规则：子类需要引入主键（同时作为子类的外键），该主键是来自超类的主键（员工编号），因此空(c)填员工编号。

完整的关系模式如下：

商场(商场编号,商场名称,地址,联系电话)

部门(部门编号,部门名称,位置分布,联系电话,商场编号)

员工(员工编号,姓名,岗位,电话号码,工资,部门编号)

经理(员工编号,任职时间)

3. 找出主键和外键

根据步骤2的分析,可以确定各关系的主键和外键,如表1-14所示。

表1-14　各关系的主键和外键

关系	主键	外键	关系	主键	外键
商场	商场编号	无	员工	员工编号	部门编号
部门	部门编号	商场编号	经理	员工编号	员工编号

【任务3】　M公司为某宾馆设计宾馆机票预订系统,初步的需求分析结果如下:(1)客户可以在提前预订或直接入住时向宾馆提供相关信息,宾馆登记的客户信息包括:客户编号、姓名、性别、类型、身份证号、联系方式、预订日期、入住时间和离开时间等信息。其中,类型字段说明客户是普通客户或VIP客户,不同的客户类型享受订票的折扣额度不同。直接入住的客户其预订日期取空值。(2)需要预订机票的客户信息应填入"机票预订"表,提供飞行日期、出发地、目的地、出发时间、到达时间、航班号等信息,如表1-15所示。宾馆根据客户订票信息购票后,生成"客户订单"表,并根据客户类型确定相应的折扣额度,如表1-16所示。

表1-15　机票预订

客户编号	A10001		机票订单号	90001	
飞行日期	出发地	目的地	出发时间	到达时间	航班号
2009.5.1	西安	张家界	10:00	10:00	AZ100
2009.5.3	张家界	杭州	17:00	18:30	AC400
2009.5.5	杭州	西安	18:00	20:10	KC560

表1-16　客户订单

客户编号	飞行日期	航班号	机票订单号	折扣额度
A10001	2009.5.1	AZ100	90001	0.8
A10001	2009.5.3	AC400	90001	0.8
A10001	2009.5.5	KC560	90001	0.8
A10001	2009.8.6	AZ100	90001	0.8
A10002	2009.5.1	AZ100	90002	0.9
A10002	2009.5.3	AC400	90002	0.9
B10001	2009.5.5	BC600	90003	0.9

续表

客户编号	飞行日期	航班号	机票订单号	折扣额度
B10002	2009.5.5	BC600	90004	0.85
...	...	...	...	...
B10001	2009.8.9	AZ320	91206	0.9
B10002	2009.9.5	KC560	91207	0.85
...	...	...	...	...

逻辑结构设计

根据需求阶段收集的信息，设计的关系模式如下所示：

客户（客户编号，姓名，性别，身份证号，联系方式，类型，预订日期，入住时间，离开时间）

机票预订（客户编号，航班名，飞行日期，折扣额度，机票订单号）

航班（航班名，飞行日期，航空公司名称，出发地，出发时间，目的地，到达时间）

关系模式的主要属性、含义及约束如表 1-17 所示。

表 1-17 主要属性、含义及约束

属性	含义和约束
机票订单号	唯一标识每一个客户在一次预订中的订单号，一份订单号可以有一个或多个订单明细，如表 1-16 客户订单示例中"90001"有 4 个订单明细
客户编号	唯一标识入住宾馆的每一位客户的编号
身份证号	唯一识别身份的编号

【问题 1】

对关系"客户"，请回答以下的问题：

（1）若选定（客户编号，预订日期）作为主码，未预订而直接入住的客户信息能否录入客户表？如不能，请说明原因。

（2）对"客户"关系增加一个流水号属性作为主码，"客户"关系属于第几范式？还存在哪些问题？

（3）将"客户"关系分解为第三范式，分解后的关系名依次为客户 1、客户 2……

【问题 2】

对关系"航班"，请回答以下问题：

（1）列举出"航班"关系中所有不属于任何候选码的属性（非码属性）。

（2）该关系模式可达到第几范式？用不超过 60 个字的内容叙述理由。

【问题 3】

对于没有预订客房或入住宾馆的客户，需要在 ___(a)___ 关系中修改其 ___(b)___ 属性的值域，以满足这类客户在宾馆预订机票的需求。

【分析】

【问题 1】

（1）若选定（客户编号，预订日期）作为主码，未预订而直接入住的客户信息是不能记入客户表的。因为预订日期是主属性,直接入住客户的预订日期应该取空值,这违反实体完整性约束,所以对直接入住的客户信息记录是无法插入到客户表中。

(2)对"客户"关系增加一个流水号属性作为主码,"客户"关系主键为流水号,不存在非主属性对码的部分依赖,但存在非主属性对主码的传递依赖,如流水号→客户编号,客户编号→(姓名,性别,身份证号,类型,联系方式)。因此,不满足第三范式,最高属于第二范式,还存在姓名、性别、身份证号等数据冗余问题,如表 1-18 所示。

表 1-18 "客户"关系举例

流水号	客户编号	姓名	性别	身份证号	类型	预订日期	联系方式	入住时间	离开时间
10001	A10001	李军	男	400111801201211	VIP	2009.5.1	38001221	2009.5.1.08.30	2009.5.6.12.00
10002	A10001	李军	男	400111801201211	VIP	2009.5.13	38001221	2009.5.13.14.00	2009.5.18.09.00
10003	A10001	李军	男	400111801201211	VIP	2009.7.5	38001221		
10004	A10002	张晓丽	女	610151830306112	普通	2009.8.6	56732222		
10005	A10003	王向东	男	320211780911321	普通	2009.5.11	71628354	2009.5.11.09.20	2009.5.21.11.30
10006	A10003	王向东	男	320211780911321	普通	2009.8.3	71628354		
…	…	…	…	…	…	…	…	…	…

从表所示的例子可以看出,A10001 客户有三次预订信息,则其姓名、性别、身份证号、联系方式和类型信息将重复 3 次。

(3)存在函数依赖关系。

流水号→(客户编号,预订日期,入住时间,离开时间)

客户编号→(姓名,性别,身份证号,类型,联系方式)

客户编号起到了传递的作用,因此根据分解规则,可以将客户编号拆分到多个客户表,以打破传递依赖关系。

【问题 2】

(1)包含在任何一个候选码中的属性叫作主属性,否则叫作非主属性或称为非码属性。对于"航班"关系模式的候选码为(航班号,飞行日期),故非码属性为:航空公司名称、出发地、出发时间、目的地、到达时间。

(2)若关系模式 $R \in 1NF$,且每一个非主属性完全依赖于码。则关系模式 $R \in 2NF$。但是"航班"不属于 2NF。因为该关系模式存在航班号→(航空公司名称,出发地,目的地)函数依赖,非主属性航空公司名称、出发地、目的地部分函数依赖于候选码(航班号,飞行日期),故"航班"是属于 1NF 的。

【问题 3】

根据题意类型字段说明客户是普通客户或 VIP 客户。不同的客户类型享受订票的折扣额度不同,这样对于没有预订客房或入住宾馆的客户,需要在"客户"关系中修改其"类型"属性的值域,即可以通过在"类型"属性中增加"非入住"标识属性以满足这类客户在宾馆订机票的需求。

【解答】

【问题 1】

（1）不能，因为预订日期是主属性，直接入住客户的预订日期应该取空值，这违反实体完整性约束，记录无法插入客户表。

（2）"客户"关系属于 2NF，存在数据冗余等问题，若某一客户有多次预订及入住信息，则其姓名等信息将重复多次。

（3）"客户"关系分解为第三范式如下所示：

客户 1（客户编号，身份证号，姓名，性别，联系方式，类型）

客户 2（流水号，客户编号，预订日期，入住时间，离开时间）

【问题 2】

（1）"航班"关系模式的候选码为（航班号，飞行日期），非码属性为：航空公司名称、出发地、出发时间、目的地、到达时间。

（2）"航班"是属于 1NF 的。因为非主属性航空公司名称、出发地、目的地等不完全函数依赖于候选码（航班号，飞行日期）。该关系模式存在如下函数依赖：航班号→（航空公司名称，出发地，目的地）；（航班号，飞行日期）→出发时间、到达时间。

【问题 3】

（a）客户　（b）类型

第2章 SQL Server 安装与简介

SQL Server 数据库是美国微软公司发布的一款 RMDBS 数据库,也就是关系型数据库系统,其中数据库引擎是 SQL Server 系统的核心服务,负责完成数据的存储、处理和安全管理。有了微软技术团队的强大支持,SQL Server 数据库的性能和功能相较于其他数据库都有了很大优势,让其在数据库领域独占鳌头,成为最受用户欢迎的数据库系统。

2.1 SQL Server 的发展

SQL Server 数据库最初是由 Microsoft Sybase 和 Ashton-Tate 三家公司共同开发的,于 1988 年推出了第一个 OS/2 版本。1992 年,它们将 SQL Server 移植到了 Windows NT 平台上。1996 年,Microsoft 公司推出了 SQL Server 6.5 版本。1998 年,又推出了具有巨大变化的 7.0 版,这一版本在数据存储和数据库引擎方面发生了根本性的变化。

Microsoft 公司于 2000 年 9 月布了 SQL Server 2000,其中包括企业版、标准版、开发版、个人版四个版本。从 SQL Server 7.0 到 SQL Server 2000 的变化是渐进的,没有从 SQL Server 6.5 到 SQL Server 7.0 变化那么大,只是在 SQL Server 7.0 的基础上进行了增强。

2008 年,SQL Server 2008 正式发布,该版本功能可以用来存储和管理许多数据类型,包括 XML、E-mail、时间/日历、文件、文档、地理等,同时提供一个丰富的服务集合来与数据进行交互:搜索、查询、数据分析、报表、数据整合、强大的同步功能。用户可以访问从创建到存档于任何设备的信息,从桌面到移动设备的信息。

2012 年,SQL Server 2012 在原有的 SQL Server 2008 的基础上又做了更大的改进,除了保留 SQL Server 2008 的风格外,还在管理、安全以及多维数据分析、报表分析等方面有了进一步的提升。

2.2 SQL Server 2012 简介

微软公司于 2012 年推出 SQL Server 2012 数据库产品,是一种基于客户机/服务器模式的关系数据库管理系统,它采用 Transact_SQL 在客户机和服务器之间传递信息,扮演者后端数据库的角色,是数据的汇总与管理中心。作为新一代的数据平台产品,SQL Server 2012 不仅延续现有数据平台的强大能力,全面支持云技术与平台,并且能够快速构建相应的解决方案实现私有云与公有云之间数据的扩展与应用的迁移。SQL Server 2012 提供对企业基础架构最高级别的支持,即专门针对关键业务应用的多种功能与解决方案可以提供最高级别的可用性及性能。在业界领先的商业智能领域,SQL Server 2012 提供了更多更全面的功能以满足不同人群对数据以及信息的需求,包括支持来自不同网络环境的数据的交互,全面的自助分析等创新功能。针对大数据以及数据仓库,SQL Server 2012 提供从数 TB 到数百 TB 的全面端到端解决方案。

SQL Server 2012 的主要有以下特点:

(1) 安全性和高可用性。提高服务器正常运行时间并加强数据保护,无须浪费时间和金钱即可实现服务器到云端的扩展。

(2) 超快的性能。在业界首屈一指的基准测试程序的支持下,用户可获得突破性的、可预测的性能。

(3) 企业安全性及合规管理。内置的安全性功能及 IT 管理功能,能够在极大程度上帮助企业提高安全性能级别并实现合规管理。

(4) 快速的数据发现。通过快速的数据探索和数据可视化,对成堆的数据进行细致深入的研究,从而能够引导企业提出更为深刻的商业洞见。

(5) 可扩展的托管式自助商业智能服务。通过托管式自主商业智能、IT 面板及 SharePoint 之间的协作,为整个商业机构提供可访问的智能服务。

(6) 可靠、一致的数据。针对所有业务数据提供一个全方位的视图,并通过整合、净化、管理帮助确保数据置信度。

(7) 全方位的数据仓库解决方案。凭借全方位数据仓库解决方案,以低成本向用户提供大规模的数据容量,能够实现较强的灵活性和可伸缩性。

(8) 根据需要进行扩展。通过灵活地部署选项,根据用户需要实现从服务器到云的扩展。

(9) 解决方案的实现更为迅速。通过一体机和私有云/公共云产品,降低解决方案的复杂度并有效缩短其实现时间。

(10) 工作效率得到优化提高。通过常见的工具,针对在服务器端和云端的 IT 人员及开发人员的工作效率进行优化。

(11) 随心所欲扩展任意数据。通过易于扩展的开发技术,可以在服务器或云端对数据进行任意扩展。

2.3 SQL Server 2016 安装

SQL Server 2016 安装需要以下三个步骤:

(1) 安装 Oracle JDK7 以上版本,并配置环境变量。

(2) 安装 SQL Server 2016 服务器。

(3) 安装 SSMS 管理软件。

安装中使用的软件及版本如图 2-1 所示。

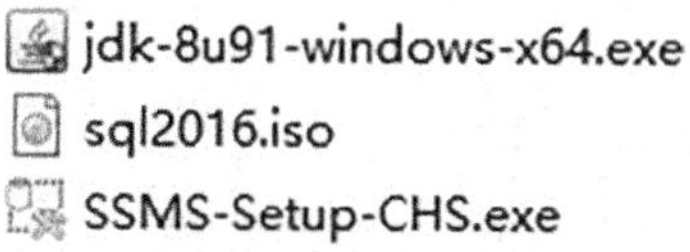

jdk-8u91-windows-x64.exe
sql2016.iso
SSMS-Setup-CHS.exe

图 2-1　安装中使用的软件及版本

以下就三个步骤的安装进行详细说明。

1. 安装 Oracle JDK7 以上版本,并配置环境变量

(1) JDK 官方下载地址 https://www.oracle.com/cn/java/technologies/oracle-java-archive-downloads.html。

(2) 安装 JDK。

(3) 配置环境变量。右击"计算机－属性－高级系统配置",单击"环境变量",如图 2-2、图 2-3 所示。

图 2-2　"高级"选项卡

图 2-3　环境变量设置

这里的 JAVA_HOME 为 JDK 的安装路径,是默认未修改的 JDK 安装路径。再次单击"新建"(系统变量),添加 CLASSPATH,并指定变量值,如图 2-4 所示。

图 2-4 系统变量设置

在系统变量中找到 Path，并在尾部添加最后两个变量值，如图 2-5 所示。

图 2-5 设置 Path 值

（4）测试 JDK 安装是否成功。Win＋r 打开命令对话框，输入 cmd 并回车。在命令窗口输入 java-version，成功显示版本号，说明 JDK 安装成功。

2. 安装 SQL Server 2016 服务器

（1）运行 SQL Server 2016 镜像文件（sql2016. iso）中的 setup. exe，单击"安装"，如图 2-6 所示。

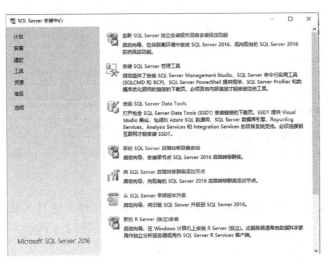

图 2-6 SQL Server 安装中心

（2）输入产品密钥，如图 2-7 所示。

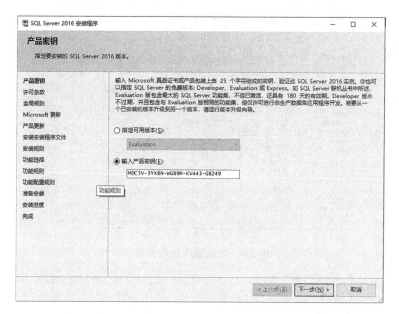

图 2-7 输入产品密钥

（3）勾选"我接受许可条款"，单击"下一步"，如图 2-8 所示。

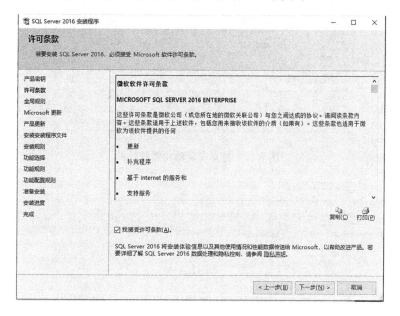

图 2-8 许可条款

（4）安装程序规则检查，如图 2-9 所示。

（5）单击"下一步"，进入"功能选择"，选择需要安装的功能模块，如图 2-10 所示。

（6）单击"下一步"，进入"实例配置"。在这里可以设置数据库实例 ID、实例根目录，如图 2-11 所示。

图 2-9　安装程序规则检查

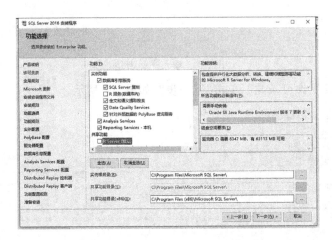

图 2-10　选择安装的功能模块

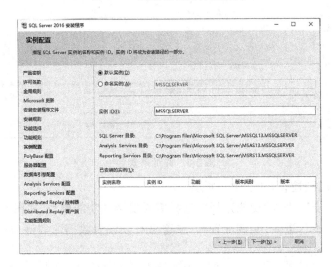

图 2-11　配置数据库实例

（7）单击"下一步"，进入"PloyBase 配置"，如图 2-12 所示。

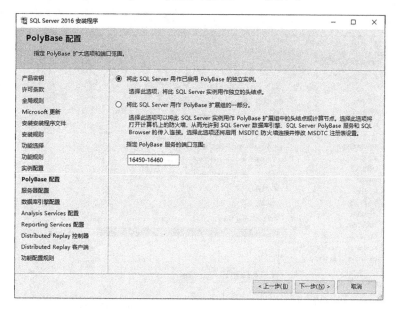

图 2-12　"PloyBase 配置"窗口

（8）单击"下一步"，进入"服务器配置"，如图 2-13 所示。

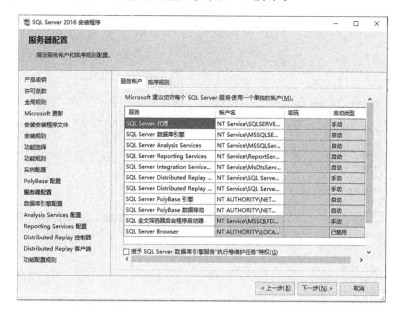

图 2-13　"服务器配置"窗口

（9）单击"下一步"，进入"数据库引擎配置"，如图 2-14 所示。

（10）单击"下一步"，进入"Analysis Services 配置"，如图 2-15 所示。

（11）单击"下一步"，进入"Reporting Services 配置"，如图 2-16 所示。

（12）单击"下一步"，进入"Distributed Replay 控制器"，如图 2-17 所示。

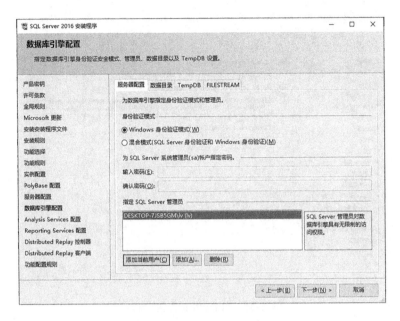

图 2-14 "数据库引擎配置"窗口

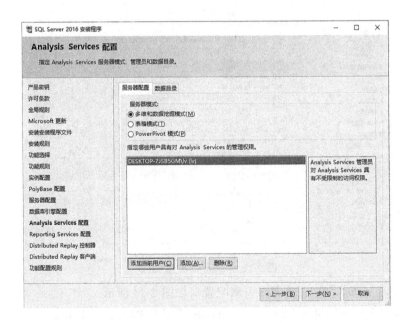

图 2-15 "Analysis Services 配置"窗口

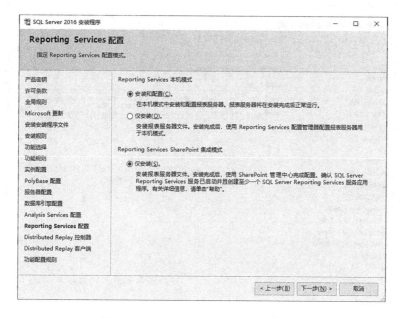

图 2-16 "Reporting Services 配置"窗口

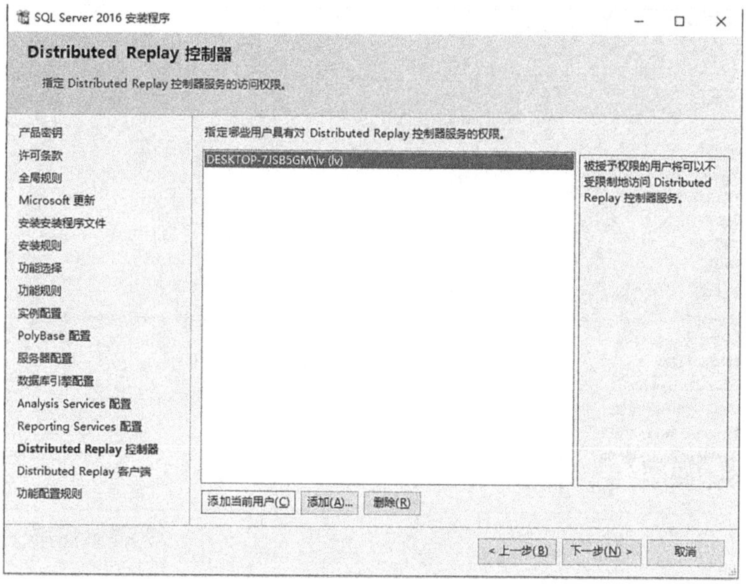

图 2-17 "Distributed Replay 控制器"窗口

（13）单击"下一步"，进入"Distributed Replay 客户端"，如图 2-18 所示。

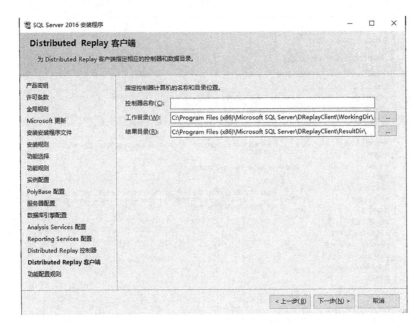

图 2-18 "Distributed Replay 客户端"窗口

（14）单击"下一步"，进入准备安装窗口，窗口中显示准备安装的摘要信息，如果确认这些配置信息都正确，则单击"安装"，开始安装 SQL Server 2016，如图 2-19 所示。

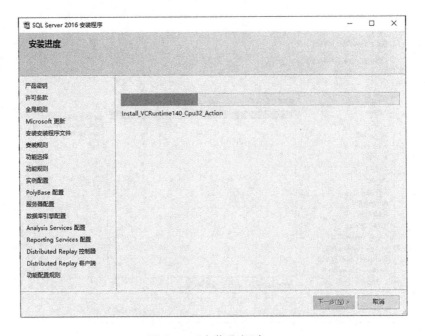

图 2-19 "安装进度"窗口

（15）单击"完成"，结束安装，如图 2-20 所示。

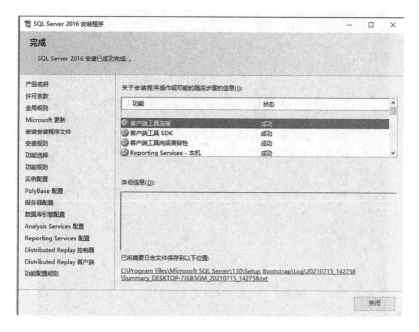

图 2-20 "安装完成"窗口

3. 安装 SSMS 管理软件

(1) 进入 SSMS 管理软件界面,如图 2-21 所示。

图 2-21 SSMS 管理软件界面

(2) 单击"安装",完成 SSMS 管理软件安装,如图 2-22 所示。

图 2-22　SSMS 管理软件安装进度

2.4　SQL Server Management Studio 简介

　　SQL Server 包含了很多数据库管理和配置工具，它们是用户与 SQL Server 数据库沟通的桥梁。本节将主要介绍 SQL Server Management Studio 的作用和使用方法。

　　SQL Server Management Studio 是 SQL Server 数据库系统中最重要的管理工具，是数据库管理的核心。它将企业管理器和查询分析器结合在一起，能够对 SQL Server 数据库进行全面的管理。

　　首先在桌面上选择"Microsoft SQL Server 2016"图标，打开连接到 SQL Server 服务器对话框，如图 2-23 所示。

图 2-23　连接到 SQL Server 服务器

SQL Server 提供了两种身份验证方式,Windows 身份验证和 SQL Server 身份验证。为了安全性,一般使用 SQL Server 身份验证方式,需要输入用户名和密码登录。在安装 SQL Server 时,安装程序会提示用户输入用户名和密码。

单击"连接"按钮,进入 SQL Server Management Studio 窗口。窗口的左侧是树形结构,用来显示 SQL Server 数据库中的对象。在对象资源管理器中展开"数据库"项,可以查看系统数据库和用户自定义数据库。

单击工具栏中的"新建查询"图标,打开脚本编辑窗口,系统自动生成一个脚本的名称,以. sql 为后缀名。执行 SQL 语句通常要针对指定的数据库,在工具栏中有一个数据库的下拉列表框,可以从中选择当前脚本对应的数据库。默认数据库为 master。

可以在编辑窗口中输入对应的 SQL 语句,单击"执行"按钮,结果将显示在窗口右下方的位置。

SQL Server Management Studio 窗口如图 2-24 所示。

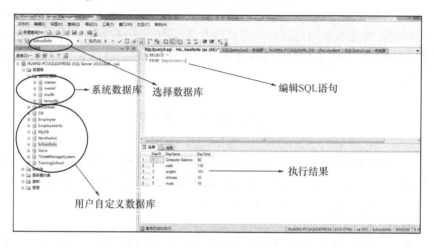

图 2-24　SQL Server Management Studio 窗口

2.5　SQL Server 系统数据库

SQL Server 2012 包含五个系统数据库,主要用于保存 SQL Server 的系统信息,它们是 master、model、msdb、Resource 和 tempdb 数据库。

1. master 数据库

master 数据库记录 SQL Server 系统的所有系统级信息。这包括实例范围的元数据(如登录账户)、端点、链接服务器和系统配置设置。此外,master 数据库还记录了所有其他数据库的存在、数据库文件的位置以及 SQL Server 的初始化信息。因此,如果 master 数据库不可用,则 SQL Server 无法启动。

【注】　不要在 master 数据库中创建任何用户对象(如表、视图、存储过程和触发器等)。

2. model 数据库

model 数据库用作 SQL Server 实例上创建的所有数据库的模板。对 model 数据库进

行的修改(如数据库大小、排序规则、恢复模式和其他数据库选项)将应用于以后创建的所有
数据库。

3．msdb 数据库

msdb 数据库是代理服务数据库,用于为调度警报、作业和记录操作员的信息提供存储
空间。

4．Resource 数据库

Resource 数据库是只读数据库,包含 SQL Server 的系统对象。系统对象在物理上保
留在 Resource 数据库中,但在逻辑上显示在每个数据库的 sys 架构中。Resource 数据库
取决于 master 数据库的位置,如果移动了 master 数据库,则必须将 Resource 数据库移动
到同一个位置。

5．tempdb 数据库

tempdb 数据库用于为所有的临时表、临时存储过程提供存储空间,它还用于任何其他
的临时存储要求,如存储 SQL Server 生成的工作表。tempdb 数据库是全局资源,所有连接
到系统的用户的临时表和存储过程都存储在该数据库中。tempdb 数据库在 SQL Server 每
次启动时都重新创建,因此该数据库在系统启动时总是干净的,临时表和存储过程在连接断
开时自动除去。

2.6　SQL Server 系统表

SQL Server 及其组件所用的信息存储在称为系统表的特殊表中。任何用户都不应直
接修改系统表。例如,不要尝试使用 DELETE、UPDATE、INSERT 语句或用户定义的触
发器修改系统表。以下是几个较为重要的系统表。

1．sysobjects 表

该表出现在每个数据库中,在数据库内创建的每个对象,在该表中含有一行相应的
记录。

2．sysindexes 表

该表出现在每个数据库中,对于数据库中的每个索引和表在该表中各占一行。

3．syscolumns 表

该表出现在每个数据库中,对于基表或者视图的每个列和存储过程中的每个参数在该
表中各占一行。

4．sysusers 表

该表出现在每个数据库中,对于数据库中的每个 Windows NT 用户、Windows NT 用
户组、SQL Server 用户或者 SQL Server 角色在该表中各占一行。

5．sysdatabases 表

该表只出现在 master 数据库中,对于 SQL Server 系统上的每个系统数据库和用户自
定义的数据库在该表含有一行记录。

6．sysconstraints 表

该表出现在每个数据库中,对于为数据库对象定义的每个完整性约束在该表中含有一
行记录。

实验二 安装 SQL Server 2016

 【任务1】 安装 SQL Server 2016。

【解答】

（1）运行 SQL Server 2016 镜像文件（sql2016.iso）中的 setup.exe，单击"安装"，在"我接受许可条款"的多选框中打钩，单击"下一步"。

（2）当系统打开"SQL Server 安装中心"，则可以开始正常的安装 SQL Server 2016。

（3）安装程序规则检查。

（4）进入"功能选择"，选择要安装的功能模块。

（5）进入"实例配置"，在这里可以设置数据库实例 ID、实例根目录。

（6）进入"PloyBase 配置""服务器配置""服务器引擎配置""Analysis Services 配置""Reporting Services 配置""Distributed Replay 控制器"，准备安装。

（7）进入准备安装窗口，窗口中显示准备安装的摘要信息，如果确认这些配置信息都正确，则单击"安装"，开始安装 SQL Server 2016。

（8）单击"完成"，结束安装。在 Windows 的"开始"菜单中可以看到新增的菜单项"Microsoft SQL Server 2016"。

具体安装步骤参照本章 2.3 小节。

第 3 章　数据库管理

本章目标：

1. Transact-SQL 简介
2. 数据库的存储结构
3. 创建数据库
4. 修改及删除数据库
5. 分离和附加数据库
6. 备份和恢复数据库

对于使用 SQL Server 的用户而言，创建数据库是最基本的操作。在创建数据库之前，需要了解 Transact-SQL 语言的基本知识和数据库的存储结构。本章主要介绍数据库的存储结构及数据库的创建和管理。

数据库(DataBase)是按照数据结构来组织、存储和管理数据的仓库，是存储在一起的相关数据的集合。其优点主要体现在以下几方面：

(1) 减少数据的冗余度，节省数据的存储空间。

(2) 具有较高的数据独立性和易扩充性。

(3) 实现数据资源的充分共享。

> 【注】　从本章开始，无特别注明所有示例均基于 SchoolInfo 数据库，参见附录。

3.1　Transact-SQL 简介

SQL 语言(Structured Query Language，结构化查询语言)，是目前使用最为广泛的关系数据库查询语言。SQL 语言结构简洁，功能强大，简单易学，所以自 IBM 公司 1981 年推出以来，SQL 语言得到了广泛的应用。

Transact-SQL 语言是 Microsoft 公司开发的一种 SQL 语言，简称 T-SQL 语言。该语言是一种非过程化语言，功能强大，简单易学，既可以单独执行，直接操作数据库，也可以嵌入其他语言中执行。T-SQL 语言主要由以下部分组成：数据定义语言(Data Definition Language，DDL)、数据操纵语言(Data Manipulation Language，DML)、数据控制语言(Data Control Language，DCL)、系统存储过程(System Stored Procedure)和一些附加的语言元素。

1．数据定义语言

数据定义语言包含了用来定义和管理数据库以及数据库中各种对象的语句，如对数据库对象的创建、修改和删除语句，分别对应 CREATE、ALTER、DROP 关键字。

2．数据操纵语言

数据操纵语言包含了用来查询、添加、修改和删除数据库中数据的语句，分别对应 SELECT、INSERT、UPDATE、DELETE 关键字。

3．数据控制语言

数据控制语言包含了用来设置或更改数据库用户或角色权限的语句，主要使用 GRANT、DENY、REVOKE 关键字。

4．系统存储过程

系统存储过程是 SQL Server 创建的存储过程，它的目的在于能够方便地从系统表中查询信息，或者完成与更新数据库表相关的管理任务或其他的系统管理任务。系统存储过程被创建并存放在 master 数据库中，可以在任意一个数据库中执行，名称以 sp_或 xp_打头。

5．其他语言元素

为了编程需要，Transact-SQL 还增加了一些语言元素，如变量、注释、函数、流程控制语句等。

3.2 标 识 符

要创建数据库，首先需要为数据库取名，数据库对象的名称即为其标识符。Microsoft SQL Server 中的所有内容都可以有标识符。服务器、数据库和数据库对象（例如表、视图、列、索引、触发器、过程、约束及规则等）都可以有标识符。大多数对象要求有标识符，但对有些对象（例如约束），标识符是可选的。

对象标识符是在定义对象时创建的。标识符随后用于引用该对象。标识符的格式规则如下：

（1）长度不超过 128 个字符。

（2）开头字母为 a-z 或 A-Z、♯、_、@以及来自其他语言的字母字符。

（3）后续字符可以是 a-z、A-Z、来自其他语言的字母字符、数字、♯、$、_、@。

（4）不允许嵌入空格或其他特殊字符。

（5）不允许与保留字同名。

> **【注】** 以符号@、♯开头的标识符具有特殊的含义，例如以一个@开始的标识符表示变量，以@@开始的标识符表示全局变量，以一个♯开始的标识符表示临时表或过程。以♯♯开始的标识符表示全局临时对象。

3.3 数据库的组成

SQL Server 中的数据库主要由文件和文件组组成。数据库中的所有数据和对象（如表、存储过程和触发器）都被存储在文件中。

3.3.1 文件

根据存储信息的不同，数据库中的文件可以分为三类：主数据库文件、次数据库文件和事务日志文件。

文件

1. 主数据库文件（Primary Database file）

每个数据库有且仅有一个主数据库文件，主数据库文件用来存储数据库的启动信息以及部分或全部数据。一个数据库可以有一个到多个数据文件，其中只有一个文件为主数据库文件。主数据库文件的文件扩展名为 mdf。

2. 次数据库文件（Secondary Database File）

一个数据库可以没有或有多个次数据库文件。用于存储主数据库文件中未存储的剩余数据和数据库对象。次数据库文件的文件扩展名为 ndf。

3. 事务日志文件（Transaction Log File）

一个数据库可以有一到多个事务日志文件。用于存储数据库的更新情况等事务日志信息。数据库损坏时，可以使用事务日志文件恢复数据库。事务日志文件的扩展名为 ldf。

3.3.2 文件组

为了便于分配和管理，SQL Server 允许将多个文件归纳为同一组，并赋予此组一个名称，这就是文件组。数据库中的文件组分为三类：主文件组、次文件组和默认文件组。

文件组

1. 主文件组（Primary File Group）

所有数据库有且仅有一个主文件组，主文件组中包含了所有的系统表，当建立数据库时，主文件组包括主数据库文件和未指定组的其他文件。

2. 次文件组（Secondary File Group）

数据库还可以没有或包含多个用户定义的文件组，也称次文件组。次文件组包括次数据库文件。

3. 默认文件组

每个数据库中都仅有一个文件组作为默认文件组运行。默认文件组可以由用户来指定。如果没有指定默认文件组，则主文件组是默认文件组。

3.3.3 数据库中文件与文件组关系图

数据库中文件与文件组的关系如图 3-1 所示。

文件与文件组
关系图

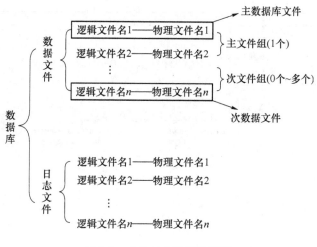

图 3-1　文件与文件组关系图

3.4　创建数据库

在 SQL Server 创建用户数据库之前,用户必须设计好数据库的名称以及它的空间大小和存储信息的文件和文件组。

创建数据库的过程实际上是确定数据库的名称、设计数据库所占用的存储空间和文件的存放位置。

创建数据库可以使用企业管理器或 CREATE DATABASE 语句进行创建。

3.4.1　使用企业管理器创建数据库

SQL Server 允许用户使用向导的方式创建数据库。步骤如下:

(1) 在 SQL Server Management Studio 中,单击左上方的"服务器",展开树形菜单,选择"数据库",右击选择"新建数据库",如图 3-2 所示。

(2) 在"新建数据库"对话框中选择"数据库名称",填入数据库名。在"数据库文件"中可以填入主数据库文件和日志文件的相关信息。

(3) 单击"确定"按钮,数据库创建完成。

创建数据库

3.4.2　使用 CREATE DATABASE 语句创建数据库

SQL Server 允许使用 CREATE DATABASE 语句来创建数据库。语法如下:

```
CREATE DATABASE 数据库名
[ON PRIMARY
{<文件说明>[ ,...n ]}
]
 [<文件组>[ ,...n ]]
[LOG ON
 {<文件说明>[ ,...n ] }
]
```

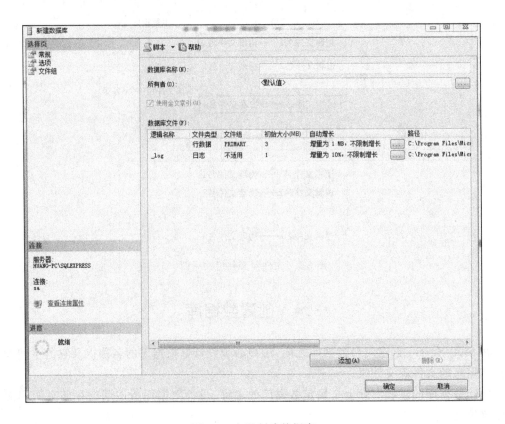

图 3-2　向导创建数据库

参数说明

数据库名称：新数据库的名称。

ON 关键字：其后的参数指定用来存储数据库数据的磁盘文件（数据文件）。

＜文件说明＞：定义主文件组的数据文件。

＜文件组＞：定义用户文件组及其文件。

LOG ON：指定日志文件。其后的＜文件说明＞用以定义日志文件。如果没有指定 LOG ON，将自动创建一个日志文件，该文件使用系统生成的名称，大小为数据库中所有数据文件总大小的 25%。

＜文件说明＞和＜文件组＞进一步定义如下：

＜文件说明＞::=

(NAME = 逻辑文件名,

FILENAME = '物理文件名',

SIZE = 初始大小,

MAXSIZE = {最大限制|UNLIMITED},

FILEGROWTH = 增长量)[,...n]

＜文件组＞::=

FILEGROUP 文件组名称 ＜文件说明＞[,...n]

【注】 逻辑文件名是在所有 Transact-SQL 语句中引用文件时所使用的名称。逻辑文件名必须遵守 SQL Server 标识符的命名规则,且对数据库必须是唯一的。物理文件名是数据库文件在物理磁盘上的存储路径及文件名称构成数据库文件的物理名称,物理文件名必须遵从操作系统文件名的命名规则。

【例 3-1】 使用 CREATE DATABASE 语句创建数据库 SchoolInfo,主文件组上有一个主数据库文件,文件名为 school_data,存放路径为:e:\sql_data 文件夹下,文件初始大小 10 MB,最大值 20 MB,增长量为 2 MB;另有一日志文件名为 school_log,存放路径为:e:\sql_log 文件夹下,文件初始大小为 1 MB,最大值 5 MB,增长量为 1 MB。

【解决方案】

```
CREATE   DATABASE SchoolInfo              --创建数据库
ON PRIMARY                                --定义在主文件组上的文件
(NAME = school_data,                      --逻辑名称
FILENAME = 'e:\sql_data\school_data.mdf', --物理名称
SIZE = 10,                                --初始大小为 10 MB
MAXSIZE = 20,                             --最大限制为 20 MB
FILEGROWTH = 2)                           --增长速度为 2 MB
LOG ON                                    --定义事务日志文件
(NAME = school_log,                       --逻辑名称
FILENAME = 'e:\sql_log\school_log.ldf',   --物理名称
SIZE = 1,                                 --初始大小为 1 MB
MAXSIZE = 5,                              --最大限制为 5 MB
FILEGROWTH = 1)                           --增长速度为 1 MB
```

例 3-1

【例 3-2】 创建数据库 SchoolInfo1,假设主文件组上有一个主数据库文件同例 3-1,还有一个次数据文件,文件名为 school2,存放路径为:e:\sql_data 文件夹下,文件初始大小 5 MB,最大值不限,增长量为 1 MB;同时还存在次文件组 Grp1,次文件组上有文件名为 school3,存放路径为:e:\sql_data 文件夹下,文件初始大小 1 MB,最大值 10 MB,增长量为 10%;日志文件也与例 3-1 同。请创建符合要求的数据库。

【解决方案】

```
CREATE   DATABASE   SchoolInfo1           --创建数据库
ON PRIMARY                                --定义在主文件组上的文件
(NAME = school_data,                      --逻辑名称
FILENAME = 'e:\sql_data\school_data.mdf', --物理名称
SIZE = 10,                                --初始大小为 10 MB
MAXSIZE = 20,                             --最大限制为 20 MB
FILEGROWTH = 2),                          --增长速度为 2 MB
(NAME = school2,                          --逻辑名称
FILENAME = 'e:\sql_data\school2.ndf',     --物理名称
SIZE = 5,                                 --初始大小为 10 MB
MAXSIZE = UNLIMITED,                      --最大不受限制
```

例 3-2

```
FILEGROWTH = 1),                            --增长速度为 1 MB
FILEGROUP Grp1                              --定义次文件组
(NAME = school3,                            --逻辑名称
FILENAME = 'e:\sql_data\school3.ndf',       --物理名称
SIZE = 1,                                   --初始大小为 1 MB
MAXSIZE = 10,                               --最大限制为 10 MB
FILEGROWTH = 10 %)                          --增长速度为 10 %
LOG ON                                      --定义事务日志文件
(NAME = school_log,                         --逻辑名称
FILENAME = 'e:\sql_log\school_log.ldf',     --物理名称
SIZE = 1,                                   --初始大小为 1 MB
MAXSIZE = 5,                                --最大限制为 5 MB
FILEGROWTH = 1)                             --增长速度为 1 MB
```

【注】 创建数据库须要注意以下四点事项：

（1）创建数据库时，所要创建的数据库名称必须是系统中不存在的。如果存在相同名称的数据库，在创建数据库时编译器将报错。

（2）所创建的数据库名称必须符合标识符的命名规则。

（3）要让日志文件能够发挥作用，通常将数据文件和日志文件存储在不同的物理磁盘上。

（4）在每个 SQL Server 实例下，最多只能创建 32 767 个数据库。

3.4.3 查看数据库

可以使用 sp_helpdb 命令来查看创建好的数据库，语法如下：

```
sp_helpdb 数据库名
```

【例 3-3】 使用 sp_helpdb 查看 SchoolInfo1 数据库。

【解决方案】

```
sp_helpdb SchoolInfo1
```

SQL Server 显示 SchoolInfo 数据库信息如图 3-3 所示。

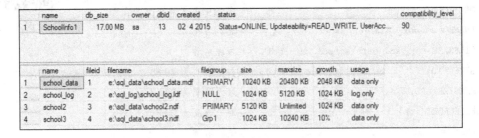

图 3-3 SchoolInfo 数据库信息

3.5 修改数据库

创建数据库之后,可以通过企业管理器和 ALTER DATABASE 语句两种方式来修改数据库。

3.5.1 企业管理器修改数据库

可以使用企业管理器删除数据库,操作步骤如下:

(1) 在 SQL Server Management Studio 中展开数据库文件夹,右击所要修改的数据库名称,选择"属性"命令,打开数据库属性对话框,如图 3-4 所示。

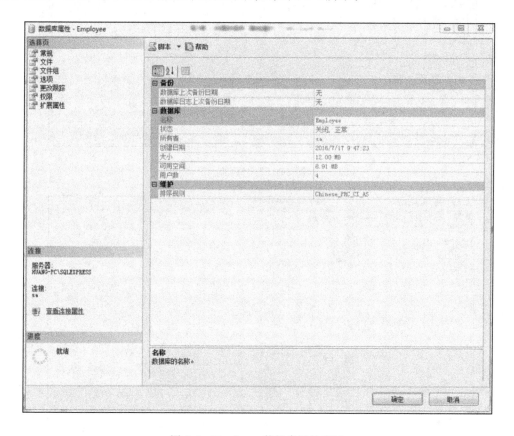

图 3-4 Employee 数据库属性窗口

(2) 选择"文件"页或"文件组"页,可以修改或创建数据库中的文件或文件组,如图 3-5 和图 3-6 所示。

3.5.2 使用 ALTER DATABASE 语句修改数据库

使用 ALTER DATABASE 语句可以添加和删除数据库中的文件或文件组,也可以修改现有数据库文件或文件组的属性。语法如下:

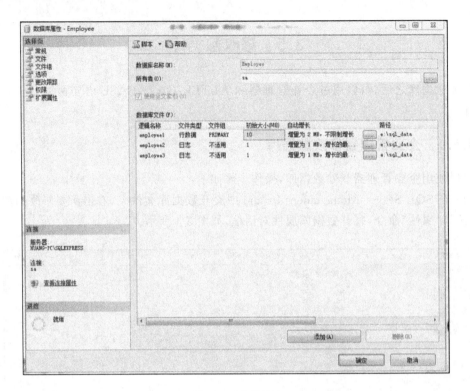

图 3-5 "文件"页

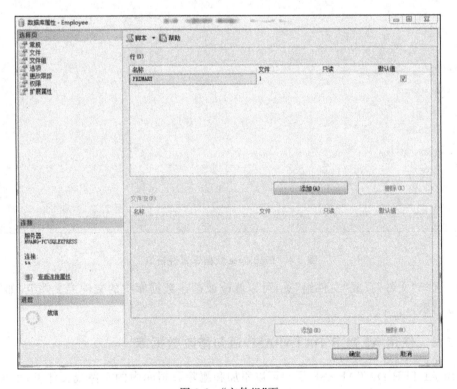

图 3-6 "文件组"页

```
ALTER DATABASE 数据库名称
{ ADD FILE <文件说明> [,...n ]
            [ TO FILEGROUP 文件组名称]
| ADD LOG FILE <文件说明>[ ,...n ]
| REMOVE FILE 逻辑文件名
| ADD FILEGROUP 文件组名称
| REMOVE FILEGROUP 文件组名称
| MODIFY FILE <文件说明>
| MODIFY NAME = 新数据库名
| MODIFY FILEGROUP 文件组名称 {文件组属性 | NAME = 新文件组名称 }
```

参数说明

数据库名称:是要更改的数据库的名称。

ADD FILE:指定要添加文件。该文件由后面的<文件说明>指定。

TO FILEGROUP:表示要将指定的文件添加到其后指定的文件组中。

ADD LOG FILE:表示要将其后指定的日志文件添加到指定的数据库中。

REMOVE FILE:从数据库系统表中删除文件描述,并删除物理文件。

ADD FILEGROUP:指定要添加文件组。

REMOVE FILEGROUP:从数据库中删除文件组。只有当文件组为空时才能将其删除。

MODIFY FILE:表示要更改指定的文件,可以更改文件名称、大小、增长情况和最大限制。一次只能更改一种属性。如果指定了 SIZE,那么新的大小必须比文件当前大小还大。

MODIFY NAME = 新数据库名:表示要重命名数据库。

MODIFY FILEGROUP 文件组名称 {文件组属性 | NAME = 新文件组名称 }:指定要修改的文件组和所需的改动。如果指定"文件组名称"和"NAME =新文件组名称",则将此文件组的名称改为新文件组名称。如果指定"文件组名称"和"文件组属性",则表示修改文件组的属性。

"文件组属性"的值有:

(1) READONLY——指定文件组为只读;不允许更新其中的对象;主文件组不能设置为只读。

(2) READWRITE——指定文件组为读写属性;允许更新文件组中的对象。

(3) DEFAULT——将文件组指定为默认数据库文件组;只能有一个数据库文件组是默认的。

【例 3-4】 在例 3-2 的基础上添加文件组 Grp2,并将一文件添加到该文件组中,文件名为 school4,路径为:e:\sql_data 文件夹下,文件初始大小为 2 MB,最大值为 5 MB,增长量为 1 MB。

【解决方案】

```
ALTER DATABASE SchoolInfo1
ADD FILEGROUP Grp2      --添加文件组
ALTER DATABASE SchoolInfo1
ADD FILE               --添加数据文件
(NAME = school4,
```

```
FILENAME = 'e:\sql_data\school4.ndf',
SIZE = 2,
MAXSIZE = 5,
FILEGROWTH = 1)
TO FILEGROUP Grp2
```

3.6 删除数据库

对于不再使用的数据库，可以删除它们以释放所占用的磁盘空间。我们可以通过企业管理器和 DROP DATABASE 语句两种方式来删除数据库。

3.6.1 企业管理器删除数据库

可以使用企业管理器删除数据库，操作步骤如下。

（1）在 SQL Server Management Studio 中，单击编译器左边的树形菜单，选择要删除的数据库，右击选择"删除"，如图 3-7 所示。

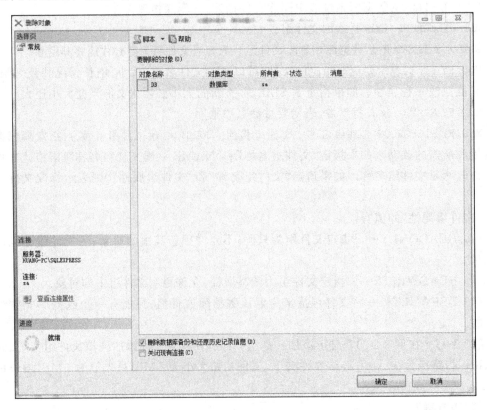

图 3-7 删除数据库

（2）单击"确定"按钮，删除数据库。

3.6.2 使用 DROP DATABASE 语句修改数据库

可以使用 DROP DATABASE 语句删除数据库。语法如下：

```
DROP DATABASE 数据库名称
```

【例 3-5】 删除创建的数据库 SchoolInfo。

【解决方案】

```
DROP DATABASE SchoolInfo
```

3.7 分离和附加数据库

SQL Server 允许分离数据库的数据和事务日志文件,然后将其重新附加到同一台或另一台服务器上。分离数据库将从 SQL Server 删除数据库,但保持组成该数据库的数据和事务日志文件中的数据完好无损。这些数据和事务日志文件可以用来将数据库附加到任何 SQL Server 实例上,使数据库的使用状态与它分离时的状态完全相同。

3.7.1 分离数据库

分离数据库就是将某个数据库(如 SchoolInfo)从 SQL Server 数据库列表中删除,使其不再被 SQL Server 管理和使用,但该数据库的文件(.MDF)和对应的日志文件(.LDF)完好无损。分离成功后,我们就可以把该数据库文件(.MDF)和对应的日志文件(.LDF)复制到其他磁盘中作为备份保存。

分离数据库可以按照以下步骤完成。

(1)在 SQL Server Management Studio 的对象资源管理器中展开服务器节点。在数据库对象下找到需要分离的数据库名称,这里以 SchoolInfo 数据库为例。右击 SchoolInfo 数据库,在弹出的快捷菜单中选择"任务"→"分离"。如图 3-8 所示。

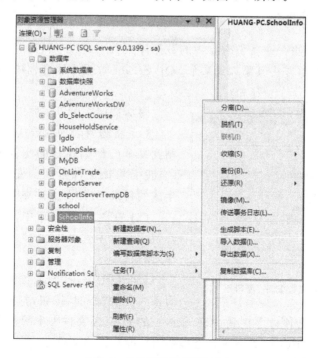

图 3-8 "分离数据库"窗口 1

（2）图 3-9 所示的分离数据库窗口 2 中列出了我们要分离的数据库名称，单击"确定"按钮，这时在对象资源管理器的数据库对象列表中就见不到刚才被分离的数据库 SchoolInfo 了。

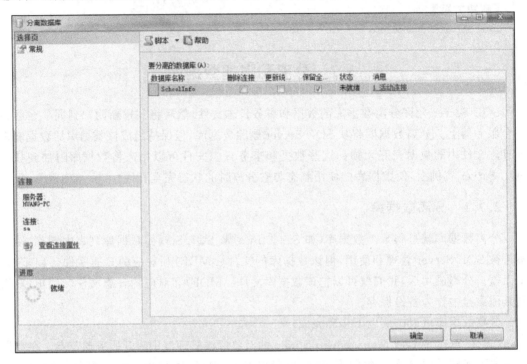

图 3-9　"分离数据库"窗口 2

3.7.2　附加数据库

附加数据库就是将一个备份磁盘中的数据库文件（.MDF）和对应的日志文件（.LDF）复制到需要的计算机，并将其添加到某个 SQL Server 数据库服务器中，由该服务器来管理和使用这个数据库。

图 3-10　"附加数据库"窗口 1

附加数据库可以按照以下步骤完成。

（1）将需要附加的数据库文件和日志文件复制到某个已经创建好的文件夹中。出于教学目的，我们将该文件复制到安装 SQL Server 时所生成的目录 DATA 文件夹中。

（2）在图 3-10 窗口中，右击数据库对象，并在快捷菜单中选择"附加"命令，打开"附加数据库"窗口。

（3）在图 3-11"附加数据库"窗口 2 中，单击页面中间的"添加"按钮，打开定位数据库文件的窗口，在此窗口中定位刚才复制到 SQL Server 的 DATA 文件夹中的数据库文件目录（数据文件不一定要放在"DATA"目录中），选择要附加的数据库文件。

（4）单击"确定"按钮就完成了附加数据库文件的设置工作。这时，在附加数据库窗

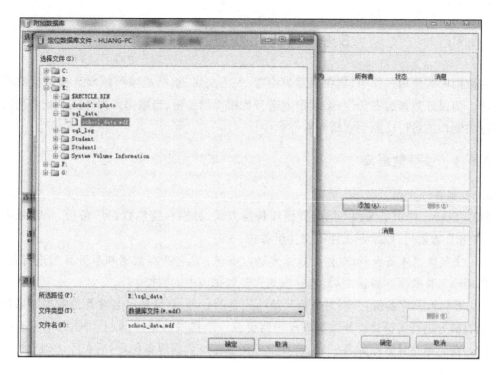

图 3-11 "附加数据库"窗口 2

中列出了需要附加数据库的信息（如图 3-12 所示）。然后单击"确定"按钮，完成数据库的附加任务。完成以上操作，我们在对象资源管理器中就可以看到刚刚附加的数据库 SchoolInfo。

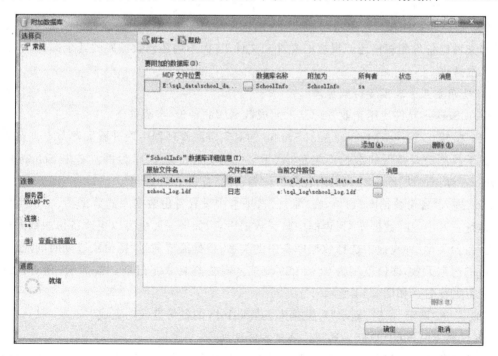

图 3-12 "附加数据库"窗口 3

3.8　备份和恢复数据库

在数据库的使用过程中，难免会因为病毒、人为失误、机器故障等原因造成数据的丢失或损坏。为保证数据的安全性，必须定期进行数据库的备份，当数据库损坏或系统崩溃时可以将过去制作的备份还原到数据库服务器中。

3.8.1　备份数据库

1. 数据备份方式

SQL Server 提供了四种不同的数据库备份方式，分别为完整数据库备份、差异数据库备份、事务日志备份、数据库文件和文件组备份。

（1）完整数据库备份：可对整个数据库进行备份。这包括对数据和事务日志进行备份，以便在还原完整数据库备份之后，能够恢复完整数据库中的数据。

（2）差异数据库备份：并不对数据库执行完整的备份，它只是对上次备份数据库后所发生变化的部分进行备份。差异数据库备份需要有一个参照的基准，即上次执行的完整数据库备份。在还原差异数据库备份时，需要首先还原基准数据库备份，然后在此基础上还原差异的部分。

（3）事务日志备份：包含了自上次进行完整数据库备份、差异数据库备份或事务日志备份以来所完成的事务。我们可以使用事务日志备份将数据库恢复到特定的即时点或故障点。

（4）数据库文件和文件组备份：可以分别备份和还原数据库中的文件和文件组。使用文件和文件组备份能够只还原损坏的文件和文件组，而不用还原数据库的其余部分，从而加快了恢复速度。

2. 使用企业管理器备份数据库

SQL Server 允许使用企业管理器来完成数据库的备份，步骤如下。

（1）在 SQL Server Management Studio 的对象资源管理器中展开服务器节点。在数据库对象下找到需要备份的数据库名称，这里以 SchoolInfo 数据库为例。右击 SchoolInfo 数据库，在弹出的快捷菜单中选择"任务"→"备份"。如图 3-13 所示。

（2）进入"备份数据库"窗口，在"常规"选项卡中设置备份数据库的数据源、备份类型和备份地址。其中，在"数据库"列表框中验证数据库名，如果需要也可以更改备份的数据库名称；在"备份类型"列表框中选择数据库备份的类型；根据需要通过"备份集过期时间"选项设置备份的过期天数，取值范围为 0～9 999，0 表示备份集将永不过期；"添加"按钮可以设置备份文件的位置。如图 3-14 所示。

（3）单击"确定"按钮，提示"对数据库 SchoolInfo 的备份已成功完成"。

3. 使用 BACKUP DATABASE 语句备份数据库

创建备份之前，必须首先制定存放备份数据的备份设备。SQL Server 可以将数据库、事务日志和文件备份到磁盘和磁带设备上；可以使用系统存储过程 sp_addumpdevice 创建

图 3-13 "备份数据库"窗口 1

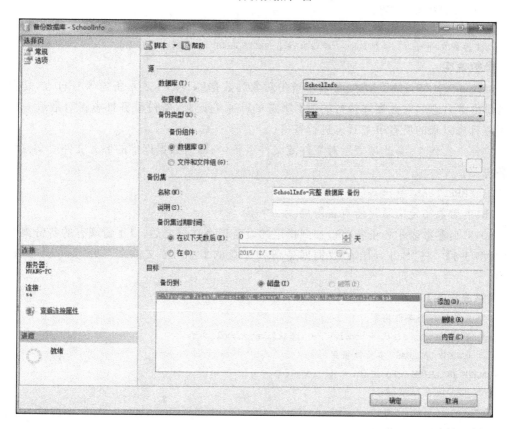

图 3-14 "备份数据库"窗口 2

备份设备,语法如下：

```
sp_addumpdevice [@devtype = ]'设备类型',
                [@logicalname = ]'逻辑备份设备名',
                [physicalname = ]'物理备份设备名'
```

参数说明

[@devtype =]'设备类型':指定备份设备的类型,可以是 disk(硬盘文件)、pipe(命名管道)或 tape(磁带设备)。

[@logicalname =]'逻辑备份设备名':指定逻辑备份设备名称,该逻辑名称用于 BACKUP 和 RESTORE 语句中。

[physicalname =]'物理备份设备名':指定物理备份设备名。物理名称必须遵照操作系统文件名称的规则或者网络设备的通用命名规则,并且必须包括完整的路径。

备份设备创建后,可以使用 BACKUP DATABBASE 语句备份数据库,语法如下：

```
BACKUP {DATABASE|LOG}数据库名称
[<文件或文件组>[,...n]]
TO <备份设备> [,...n]
[WITH [DIFFERENTIAL]
    [NAME =备份集名称]
    [[,] DESCRIPTION ='备份描述文本']
    [[,] {INIT|NOINIT}]
]
<文件或文件组>::={FILE = 逻辑文件名| FILEGROUP = 逻辑文件组名}
```

参数说明

DATABASE|LOG:DATABASE 表示备份对象为数据库;LOG 表示备份事务日志,是自上次备份事务日志后对数据库执行的所有事务的一系列记录,备份事务日志将对最近一次备份事务日志以来的所有事务日志进行备份。

文件或文件组:有此项表示对文件或文件组备份,即对数据库中的部分文件或文件组进行备份。

DIFFERENTIAL:差异备份。

INIT:参数指定应重写所有备份集。

NOINIT:参数表示备份集将追加到指定的设备现有数据之后,以保留现有的备份集。

【例 3-6】 将"SchoolInfo"数据库备份到 e 盘的 backfile 文件夹下的"school. bak"文件中。

【解决方案】

```
--首先创建一个备份设备
sp_addumpdevice'disk','schoolbak','e:\backfile\school.bak'
--用 BACKUP DATABASE 备份数据库
BACKUP DATABASE SchoolInfo
TO schoolbak
WITH
NAME = 'SchoolInfo 备份',
DESCRIPTION ='完全备份'
```

【例 3-7】 将"SchoolInfo"的 school_data 文件备份到 e 盘的 backfile 文件夹下的"school.dat"文件中。

【解决方案】

BACKUP DATABASE SchoolInfo

FILE = 'school_data'

TO DISK = 'e:\backfile\school.dat'

3.8.2 恢复数据库

数据库备份后,一旦系统发生崩溃或者执行了错误的数据库操作,就可以从备份文件中恢复数据库,让数据库回到备份时的状态。

1. 使用企业管理器恢复数据库

下面以恢复数据库"SchoolInfo"为例介绍如何恢复数据库。具体步骤如下:

(1) 在 SQL Server Management Studio 的对象资源管理器中展开服务器节点,在数据库对象下找到 SchoolInfo 数据库。右击 SchoolInfo 数据库,在弹出的快捷菜单中选择"任务"→"还原"→"数据库"。如图 3-15 所示。

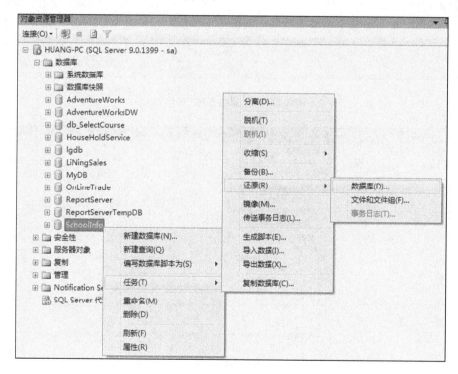

图 3-15 "还原数据库"窗口 1

(2) 进入"还原数据库"对话框,在该对话框的"常规"选项卡中设置还原的目标和源数据库,在该对话框中保留默认设置即可,如图 3-16 所示。

(3) 单击"选项"选项卡,设置还原操作时采用的形式以及恢复完成后的状态(如图 3-17所示)。这里在"还原选项"区域中选择"覆盖现有数据库"复选框,以便在恢复时覆盖现有数据库及其相关文件。

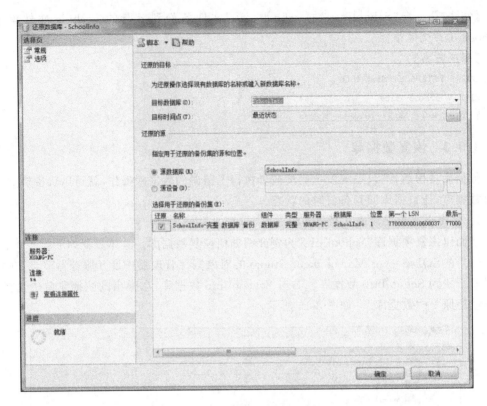

图 3-16 "还原数据库"窗口 2

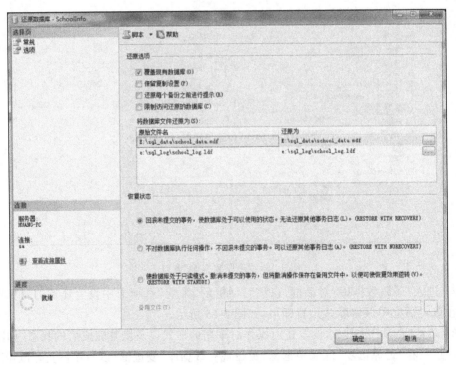

图 3-17 "还原数据库"窗口 3

（4）单击"确定"按钮，系统提示还原成功的提示信息。

2. 使用 RESTORE DATABASE 语句恢复数据库

```
RESTORE [DATABASE|LOG]数据库名
[FROM ＜备份设备＞[,...n]]
    WITH
    [[,] FILE = 文件号]
    [[,] MOVE'逻辑文件名 'TO' 物理文本名'] [,...n]
    [[,] {NORECOVERY|RECOVERY}]
    [[,] REPLACE]
]
```

参数说明

文件号：表示要还原的备份集。例如，文件号为 1 表示备份媒体上的第一个备份集。

NORECOVERY：指示还原操作不回滚任何未提交的事务。当还原数据库备份和多个事务日志时，或在需要使用多个 RESTORE 语句时，应在除最后的 RESTORE 语句外的所有其他语句上使用 WITH NORECOVERY 选项。

RECOVERY：指示还原操作回滚任何未提交的事务。在恢复完成后即可随时使用数据库。

REPLACE：指定如果存在同名数据库，将覆盖现有的数据库。

【例 3-8】 将 e 盘的 backfile 文件夹下的"school.bak"文件恢复成数据库，将恢复后的数据库名称改为 SchoolInfoCopy。

【解决方案】

```
RESTORE DATABASE SchoolInfoCopy
FROM DISK = 'e:\backfile\school.bak'
WITH
    MOVE'school_data' TO 'e:\sql_data\'school_data.mdf',
    MOVE'school_log' TO 'e:\sql_log\'school_log.lgf'
```

实验三　数据库管理

【任务1】　使用 CREATE DATABASE 语句创建数据库 Employee,主文件组上有一个主数据文件,文件名为 employee1,存放路径为:e:\sql_data 文件夹下,文件初始大小 10 MB,最大值不限,增长量为 2 MB;另有两个日志文件,文件名分别为 employee2 与 employee3,存放路径为:g:\sql_log 文件夹下,两个文件初始大小均为 1 MB,最大值 5 MB,增长量为 1 MB。试按照要求创建该数据库。

【解答】

```
CREATE DATABASE Employee
ON PRIMARY
(NAME = employee1,
filename = 'e:\sql_data\employee1.mdf',
SIZE = 10,
maxsize = unlimited,
filegrowth = 2)
LOG ON
(NAME = employee2,
filename = 'e:\sql_data\employee2.ldf',
size = 1,
maxsize = 5,
filegrowth = 1),
(NAME = employee3,
filename = 'e:\sql_data\employee3.ldf',
size = 1,
maxsize = 5,
filegrowth = 1)
```

【任务 2】　删除任务 1 中的 employee3 文件。

【解答】

```
ALTER DATABASE Employee
REMOVEFILE employee3
```

【任务 3】　分离与附加数据库 Employee。

【解答】

按照 3.7 节向导完成分离与附加功能。

【任务 4】　备份数据库为 Employee.bak 文件,然后将数据库 Employee 复原到 g 盘符下。

【解答】

（1）备份

```
--创建备份设备
sp_addumpdevice' disk','mycopy','g:\Employee.bak'
--备份数据库
BACKUP DATABASE Employee TO mycopy
```

（2）复原

```
RESTORE DATABASE Employee FROM mycopy
WITH
    MOVE 'employee1' TO ' employee1.mdf',
    MOVE 'employee2'  TO  'g:\ employee2.ldf'
```

第4章 表的管理

本章目标：

1. SQL Server 的数据类型
2. 表的创建及约束规则
3. 表的更新
4. 表的查询

表是数据库中最重要的对象，因此对表的管理是对 SQL Server 数据库管理的重要内容。

作为数据库的开发者，在创建完数据库之后，还需要创建相应的表来存储数据。在创建表时，需要为表中的列创建约束规则以及创建表和表之间的关系。当表结构创建完成后，还需要对表中的数据进行管理，包含修改表结构、添加、删除、修改和查询表中的数据等。

本章将介绍对表的管理，包括创建、修改和删除表，表的约束、更新和查询。

4.1 SQL Server 的数据类型

表是由若干列组成的，列的定义包含列名、数据类型和约束等。要定义表，必须先了解 SQL Server 提供的数据类型。本节就 SQL Server 的数据类型进行介绍。

SQL Server 为我们提供了丰富的数据类型，常见的有整型数据类型、定点数据类型、浮点数据类型、字符数据类型、日期和时间数据类型、图形数据类型、货币数据类型、位数据类型、二进制数据类型和其他数据类型等。

1. 整型数据类型

整型数据类型分为 tinyint、smallint、int 和 bigint 类型，其中 tinyint 取值范围最小，bigint 取值范围最大。

bingint：以 8 个字节来存储正负数。可存储范围为：-2^{63}（$-9\,223\,372\,036\,854\,775\,808$）到 $2^{63}-1$（$9\,223\,372\,036\,854\,775\,807$）。

int：以 4 个字节来存储正负数。可存储范围为：-2^{31}（$-2\,147\,483\,648$）至 $2^{31}-1$（$2\,147\,483\,647$）。

smallint：以 2 个字节来存储正负数。存储范围为：-2^{15}（$-32\,768$）至 $2^{15}-1$（$32\,767$）。

tinyint：是最小的整数类型，仅用 1 字节，范围：$0\sim255$。

2. 定点数据类型

定点数据类型用于表示定点实数，包括 numeric 和 decimal 类型。Numeric 等价于 decimal，用于高精度数据存储,定点数据类型能用来存储从$-10^{38}-1$到$10^{38}-1$的固定精度和范围的数值型数据。使用这种数据类型时,必须指定范围和精度(范围是小数点左右所能存储的数字的总位数;精度是小数点右边存储的数字的位数)。

格式

decimal[(p[, s])]

numeric[(p[, s])]

参数说明

p:表示精度,指定小数点左边和右边十进制数字的最大位数,取值在1~38,默认值为18;

s:指定小数点右边十进数的最大位数,取值在0~p,默认值为0。

3. 浮点数据类型

浮点数据类型采用科学计数法存储十进制小数,包括real和float数据类型。

(1) float 类型

float数据类型是一种近似数值类型,供浮点数使用。说浮点数是近似的,是因为在其范围内不是所有的数都能精确表示。浮点数可以是从$-1.79E+308$到$1.79E+308$之间的任意数。

格式

float[(n)]

参数说明

n:科学记数法尾数的位数,具体如表4-1所示。

表 4-1　float 类型科学记数法

尾数位数 n	精度	存储字节数
1~24	7 位	4
25~53 或省略	15 位	8

(2) real 类型

real数据类型像浮点数一样,是近似数值类型。它可以表示数值在$-3.40E+38$到$3.40E+38$之间的浮点数字符数据类型。

4. 字符数据类型

SQL Server中字符数据类型分为char、varchar、nchar、nvarchar、text和ntext六种类型,下面分别介绍这六种数据类型。

(1) char 类型

char数据类型用来存储长度为n个字节的固定长度非Unicode字符数据,每个字符占一个字节。当定义一列为此类型时,必须指定列长,否则长度默认为1。例如,当按邮政编码加4个字符格式来存储数据时,需要用到长度为10的字符串。此数据类型的长度最大为8 000个字符。

格式

char[(n)]

参数说明

n:1~8 000。

（2）varchar 类型

varchar 数据类型同 char 类型一样,用来存储非统一编码型字符数据。与 char 型不一样,此数据类型为变长。当定义一列为该数据类型时,需要指定该列的最大长度。它与 char 数据类型最大的区别是,存储的长度不是列长,而是数据的实际长度。

格式

varchar[(n)]

参数说明

n:1～8 000。

> **【注】** 实际开发中,当存储的数据是固定长度时,如邮编、学号、工号等,应该选择 char 类型;当存储的数据长度不固定时,如地址、姓名等,应该选择 varchar 类型。

（3）nchar 类型

nchar 数据类型用来存储定长统一编码字符型数据。统一编码用双字节结构来存储每个字符,而不是用单字节(普通文本中的情况)。它允许大量的扩展字符。此数据类型能存储 4 000 个字符,使用的字节空间上增加了一倍。

格式

nchar[(n)]

参数说明

n:1～4 000。

（4）nvarchar 类型

nvarchar 数据类型用作变长的统一编码字符型数据。此数据类型能存储 4 000 个字符,使用的字节空间增加了一倍。

格式

nvarchar(n)

参数说明

n:1～4 000。

（5）text 类型

text 数据类型用来存储大量的非统一编码型字符数据。这种数据类型最多可以有 $2^{31}-1$ 或 20 亿个字符。

（6）ntext 类型

ntext 数据类型用来存储大量的统一编码字符型数据。这种数据类型能存储 $2^{30}-1$ 或将近 10 亿个字符,且使用的字节空间增加了一倍。

5. 日期和时间数据类型

日期和时间数据类型用于存储日期和时间的结合体。包括 datetime 和 smalldatetime 两种类型。

（1）datetime 类型

datetime 数据类型用来表示日期和时间,存储大小为 8 个字节。这种数据类型存储从 1753 年 1 月 1 日到 9999 年 12 月 31 日间所有的日期和时间数据,精确到三百分之一秒或 3.33 毫秒。表示日期的数据例如:01/01/2016 23:59:59 和 2016-08-01 12:30:48。

（2）smalldatetime 类型

smalldatetime 数据类型存储大小为 4 个字节,用来表示从 1900 年 1 月 1 日到 2079 年 6 月 6 日间的日期和时间,精确到分钟。表示 smalldatetime 类型的数据例如:2016/08/01 12:35 或 2016-08-01 12:00。

6. 图形数据类型

image 数据类型用于存储可变长度二进制数据,其长度界于 0 到 $2^{31}-1$ 个字节之间。

【注】 image 存放的是图片的二进制数据,SQL Server 中并不能看到图片本身,要显示图片,需要通过高级语言转换处理。

7. 货币数据类型

货币数据类型包括 money 和 smallmoney 数据类型。货币数据存储的精确度为四位小数。

（1）money 类型

money 数据类型用来表示钱和货币值,存储大小为 8 个字节。这种数据类型能存储从 $-922\,337\,203\,685\,477.580\,8$ 到 $+922\,337\,203\,685\,477.580\,7$ 之间的数据,精确到货币单位的万分之一。

（2）smallmoney 类型

smallmoney 数据类型用来表示钱和货币值。这种数据类型能存储从 $-214\,748.364\,8$ 到 $214\,748.364\,7$ 之间的数据,精确到货币单位的万分之一。

8. 位数据类型

bit 数据类型的取值只有 False 和 True,如果一个表中有不多于 8 个的 bit 列,这些列将作为一个字节存储。如果表中有 9~16 个 bit 列,这些列将作为两个字节存储。更多列的情况依此类推。

9. 二进制数据类型

二进制数据类型又可以分为 binary 和 varbinary 类型。

（1）binary 类型

bianary 类型用来定义固定长度的 n 个字节二进制数据,当输入的二进制数据长度小于 n 时,余下部分填充 0。存储大小为实际输入数据长度加 4 个字节,而不是 n 个字节。如果在数据定义或变量定义语句中使用时没有指定 n,则默认长度 n 为 1。

格式

binary[(n)]

参数说明

n:1~8 000。

（2）varbinary 类型

varbinary 类型用来定义 n 个字节可变长度二进制数据。存储大小为实际输入数据长度加 4 个字节,而不是 n 个字节。如果在数据定义或变量定义语句中使用时没有指定 n,则默认长度 n 为 1。

格式

varbinary[(n)]

参数说明

n：1～8 000。

10. 其他数据类型

（1）timestamp 类型：数据用于提供数据库范围内的唯一值，存储大小为 8 个字节。反映数据库中数据修改的相对顺序，相当于一个单调上升的计数器。当表中的某列定义为 timestamp 类型时，在对表中某行进行修改或添加行时，相应 timestamp 类型列的值会自动被更新。

> 【注】 时间戳常用于处理并发问题。

（2）uniqueidentifier 类型：用于存储一个 16 字节长的二进制数据，它是 SQL Server 根据计算机网络适配器和 CPU 时钟产生的全局唯一标识符（Globally Unique Identifier，GUID），该数字可以通过调用 SQL Server 的 NEWID 函数获得。

GUID 是一个唯一的二进制数字，世界上的任何两台计算机都不会生成重复的 GUID 值。GUID 主要用于在拥有多个节点、多台计算机的网络中，分配必须具有唯一性的标识符。

（3）sql_variant 类型：用于存储除 text、ntext、image、timestamp 和 sql_variant 外的其他任何合法的数据。

（4）table 类型：用于存储对表或者视图处理后的结果集。这种新的数据类型使得用变量就可以存储一个表，从而使函数或过程返回查询结果更加方便、快捷。

（5）cursor 类型：是变量或存储过程的 OUTPUT 参数的一种数据类型，这些参数包含对游标的引用。

4.2 表的创建及约束规则

表的创建

表是数据库存储数据的主要对象，SQL Server 数据库的表由行和列组成。如图 4-1 所示。

主键 ………………………………………………………… 外键

StuID	StuName	StuAge	StuSex	StuCity	StuScore	DepID	
A00101	Mary	21	女	BeiJing	600	1	→行
A00201	Tom	20	男	ShangHai	650	2	

列

图 4-1 表的组成

在 SQL Server 中，表分为永久表和临时表两种。数据通常存储在永久表中，如果用户不手动删除，永久表和其中的数据将永久存在；临时表存储在 tempdb 中，当重新启动或断开 SQL 连接时系统会自动删除临时表。

临时表可以分为本地临时表和全局临时表。本地临时表的名称以 ♯ 符号开头，如 ♯TemTable，本地临时表仅对当前连接数据库的用户有效，而其他用户则看不到本地临时表,当用户断开与数据库的连接时,本地临时表被自动删除。全局临时表以♯♯符号开头,如♯♯TemTable,全局临时表对所有连接数据库的用户都有效,当所有引用该表的用户从SQL Server断开连接时全局临时表被删除。

本节主要介绍永久表的创建。

4.2.1 表的创建

数据库中创建一张表的语法为:

CREATE TABLE 表名

(

    列名1　数据类型和长度1　列说明1,

    列名2　数据类型和长度2　列说明2,

    ......

    列名n　数据类型和长度n　列说明n,

)

参数说明

表名:是要创建表的名称。表名称必须符合标识符规则,并且在数据库中必须唯一。

列名:是表中字段的名称。列名称必须符合标识符规则,并且在当前表中必须唯一。

数据类型和长度:描述字段的取值类型以及对应类型存放数据的长度。

列说明:列说明分为两种情况。① 是否允许该字段的取值为空,如果允许,则用关键字NULL 表示,否则用 NOT NULL 表示;② 标识列,当列的说明为标识列时,用关键字IDENTITY(i,j)表示,系统会自动地为该列按照规律生成值,且值唯一。其中,i 表示系统生成的起始值;j 表示增量,即要生成的新值总是在上一次生成值的基础上加上 j。

【**例 4-1**】 按要求创建 Department 表。说明如表 4-2 所示。

表 4-2 Depatment 表说明

编号	字段说明	属性名	字段类型	宽度	约束	空否
1	系号	DepID	Int		IDENTITY 属性,从 1 开始,每添加一个系,序号加 1	否
2	系名	DepName	Varchar	40		否
3	系总人数	Total	Int			否

【**解决方案**】

CREATE TABLE Department

(

    DepID int IDENTITY(1,1) ,

    DepName varchar(40) NOT NULL,

    Total int

)

创建 Student 表

【**思考 4-1**】 创建的 Department 表,如果要求系总人数字段的取值在 0～500,且初始值为 0,该如何处理呢?

【解决方案】

SQL Server 提供了一种约束机制，可以更好地保证数据库中数据的完整性。

4.2.2　完整性约束

在设计数据库中的表时，应考虑数据的完整性，以确保数据库中存放的数据质量。例如 Student 表中，StuID 字段的值不能重复，StuSex 只能取值为"男"或"女"，DepID 的值必须参照 Department 表中的取值情况，即不允许插入一个学生，该生属于 Department 表中不存在的系。

SQL Server 提供了"约束（CONSTRAINT）"机制来实现数据完整性，约束主要分为五个类型：

- 主键（PRIMARY KEY）约束。
- 唯一性（UNIQUE）约束。
- 检查（CHECK）约束。
- 默认（DEFAULT）约束。
- 外键（FOREIGN KEY）约束。

完整性约束

为了确保数据库中数据的完整性，在创建表时，除了要创建每个列的列说明之外，还需要适当地为字段创建约束性规则。那么，需要进一步修改原来定义的创建表语法，使其能够创建约束性规则，修改后的语法如下：

```
CREATE TABLE 表名
(
    列名 1    数据类型和长度 1    列说明 1    [<约束说明>],
    列名 2    数据类型和长度 2    列说明 2    [<约束说明>],
    ……
    列名 n    数据类型和长度 n    列说明 n    [<约束说明>],
)
<约束说明>::= CONSTRAINT 约束名 约束类型 [约束条件] […n]
```

主键约束

1. 主键（PRIMARY KEY）约束

主键用于唯一地标识表中的每一条记录，可以定义一列或多列为主键。在创建和修改表时，可以定义主键约束。

> **【注】**　（1）标识为主键的一个或一组字段的取值不可重复，一张表仅允许创建一个主键；
>
> （2）主键上的取值一般不能更新；
>
> （3）主键的取值不允许为 NULL；
>
> （4）主键的值可以被外键参照（外键将在本节后续内容介绍）。

可以使用 CONSTRAINT 关键字来为相应的字段创建主键约束，主键约束的语法如下：

```
CONSTRAINT 约束名 PRIMARY KEY[CLUSTERED|NONCLUSTERED][(列名 1,列名 2,…列名 n])]
```

参数说明

约束名：主键约束的名称，主键约束名一般以 pk 打头，加上字段名。例如要为 StuID 字段创建主键,约束名可定义为 pkStuID。

CLUSTERED|NONCLUSTERED:可选项,用于指定创建聚集索引或非聚集索引(索引内容将在第5章介绍)。

列名1,列名2,…,列名n:表示可以在一个字段上创建主键,也可以在多个字段上创建主键。当只有一个字段作为主键时,该项可以不写;当有多个字段作为主键时,通常在最后一个作为主键的字段上创建该表的主键约束。

【例 4-2】 创建"Student"表,要求如表 4-3 所示。

表 4-3 Student 表说明

编号	字段说明	属性名	字段类型	宽度	约束	空否
1	学号	StuID	Char	10	主键	否
2	姓名	StuName	Varchar	10		否

【解决方案】

```
CREATE TABLE Student
(
    StuID char(10) CONSTRAINT pkStuID PRIMARY KEY ,
    StuName varchar(10) NOT NULL
)
```

StuID 为主键,则该字段的取值不能重复。

【例 4-3】 创建"SC"表,要求如表 4-4 所示。

表 4-4 SC 表说明

编号	字段说明	属性名	字段类型	宽度	约束	空否
1	学号	StuID	Char	10	主键	否
2	课程号	CourseID	Int		主键	否
3	成绩	Score	Int			

【解决方案】

```
CREATE TABLE SC
(
    StuID char(10),
    CourseID int Constraint pkStuIDCourseID PRIMARY KEY(StuID,CourseID) ,
    Score int
)
```

SC 表的主键是一个组合键,由 StuID 和 CourseID 组成,那么这两个字段的组合取值不能重复。

2. 唯一性(UNIQUE)约束

唯一性约束用于标识字段的取值不能重复。在创建和修改表时,可以定义唯一性约束。

唯一性约束

> **【注】** （1）标识为唯一性约束的字段取值不可重复，一张表允许创建多个唯一性约束；
>
> （2）唯一性约束字段上的取值允许为 NULL，且只允许出现一次 NULL；
>
> （3）唯一性约束的值不能被外键参照（外键将在本节后续内容介绍）。

可以使用 CONSTRAINT 关键字来为相应的字段创建唯一性约束，唯一性约束的语法如下：

CONSTRAINT 约束名 UNIQUE[CLUSTERED│NONCLUSTERED]

参数说明

约束名：唯一性约束的名称，唯一性约束名一般以 unq 打头，加上字段名。例如，要为 CourseName 字段创建唯一性约束，约束名可定义为 unqCourseName。

CLUSTERED│NONCLUSTERED：可选项，用于指定创建聚集索引或非聚集索引（索引内容将在第 5 章介绍）。

【例 4-4】 创建"Course"表，要求如表 4-5 所示。

表 4-5　Course 表说明

编号	字段说明	属性名	字段类型	宽度	约束	空否
1	课程号	CourseID	Int		主键	否
2	课程名	CourseName	Varchar	40	唯一性	否
3	学分	Credit	Float			否

【解决方案】

```
CREATE TABLE Course
(
    CourseID int CONSTRAINT pkCourseID PRIMARY KEY,
    CourseName varchar(40) NOT NULL CONSTRAINT unqCourseName UNIQUE,
    Credit float NOT NULL
)
```

检查约束

3. 检查（CHECK）约束

检查约束指定表中列的取值可以接受的数据值范围或格式。例如，"Student"表中的 StuID 要求以 A、B 或 Z 打头，后面跟 5 位数字；StuGrade 值在 0～800。

可以使用 CONSTRAINT 关键字来为相应的字段创建检查约束，检查约束的语法如下：

CONSTRAINT 约束名 CHECK(逻辑表达式)

参数说明

约束名：检查约束的名称，检查约束名一般以 chk 打头，加上字段名。例如，要为 StuID 字段创建检查约束，约束名可定义为 chkStuID。

表达式：用来限定在列上的取值，可以使用算术运算符，逻辑运算符或使用 IN、LIKE 和 BETWEEN 关键字。

（1）IN 关键字

当列的取值范围为可罗列的、有限的常量时,常用 IN 关键字。

（2）LIKE 关键字

当列的取值可以使用通配符来表示某种特定的格式时,常用 LIKE 关键字。通配符可以是以下几种情况:

① ％:表示任意长度(长度可以为 0)的字符串。例如,a%b 表示以 a 打头,b 结尾的任意长度字符串。

② _:表示任意单个字符。例如,a_b 表示以 a 打头,b 结尾的长度为 3 的任意字符串。

③ []:指定范围或集合中的任何单个字符。例如,[0-9]表示在 0～9 之间的任意一个字符。

④ [^]:不属于指定范围或集合的任何单个字符。例如,[^A-Z]表示不在 A～Z 之间的任意一个字符。

（3）BETWEEN 关键字

当列的取值在某一数值范围内时,可以使用 BETWEEN 关键字。例如,StuGrade 值在 0 ～ 800 之间,可以表示为 StuGrade BETWEEN 0 AND 800。

检查约束 IN

检查约束 LIKE

检查约束 BETWEEN

【例 4-5】 创建"Student"表,要求如表 4-6 所示。

表 4-6　Student 表说明

编号	字段说明	属性名	字段类型	宽度	约束	空否
1	学号	StuID	Char	10	主键,以 A,B 或 Z 打头,后面跟 5 位数字	否
2	姓名	StuName	Varchar	10		否
3	年龄	StuAge	Int			
4	性别	StuSex	Char	2	只能'男'或'女'	
5	籍贯	StuCity	Varchar	20		
6	入学成绩	StuScore	Int		0～800	否
7	所在系	DepID	Int			否

【解决方案】

```
CREATE TABLE Student
(
    StuID char(10)CONSTRAINT pkStuID PRIMARY KEY
                CONSTRAINT chkStuID CHECK(StuID LIKE'[A,B,Z][0-9][0-9][0-9][0-9][0-9]') ,
    StuName varchar(10) NOT NULL,
    StuAge Int,
    StuSex char(2)CONSTRAINT chkStuSex CHECK(StuSex IN('男','女')),
    StuCity varchar(20) ,
```

```
    StuScore int CONSTRAINT chkStuGrade CHECK(StuGrade between 0 and 800),
    DepID intNOT NULL
)
```

4. 默认（DEFAULT）约束

默认约束可以指定列定义一个默认值。例如，可以设置"Student"表中的 StuSex 默认值为"男"。

可以使用 CONSTRAINT 关键字来为相应的字段创建默认约束，默认约束的语法如下：

```
CONSTRAINT 约束名 DEFAULT 常量表达式|NULL
```

参数说明

约束名：默认约束的名称，默认约束名一般以 def 打头，加上字段名。例如，要为 StuSex 字段创建默认约束，约束名可定义为 defStuSex。

常量表达式|NULL：默认的值可以是一个常量值或是 NULL。

【例 4-6】 创建"Course"表，要求如表 4-7 所示。

表 4-7　Course 表说明

编号	字段说明	属性名	字段类型	宽度	约束	空否
1	课程号	CourseID	Int		主键	否
2	课程名	CourseName	Varchar	40	唯一性	否
3	学分	Credit	Float		0～5，默认值为 0	否

【解决方案】

```
CREATE TABLE Course
(
    CourseID int CONSTRAINT pkCourseID PRIMARY KEY,
    CourseName varchar(40) NOT NULL CONSTRAINT unqCourseName UNIQUE,
    Credit float CONSTRAINT chkCourseCredit CHECK(CourseCredit BETWEEN 0 AND 5)
            CONSTRAINT defCourseCredit DEFAULT 0
)
```

5. 外键（FOREIGN KEY）约束

外键表示了两个关系之间的相关联系。以另一个关系的外键作主关键字的表被称为主表，具有此外键的表被称为主表的从表。外键约束指外键的取值需要参照主表中主键的取值情况。例如，"Student"表中的 DepID 字段的取值情况需要参照"Department"表中 DepID 字段的取值。两表的关系如图 4-2 所示。

可以使用 CONSTRAINT 关键字来为相应的字段创建外键约束，外键约束的语法如下：

```
CONSTRAINT 约束名 FOREIGN KEY REFERENCES 表名(字段名)
```

参数说明

约束名：外键约束的名称，外键约束名一般以 fk 打头，加上字段名。例如，要为"Student"表中的 DepID 字段创建外键约束，约束名可定义为 fkDepID。

表名:主表的名称。

字段名:主表的主键。

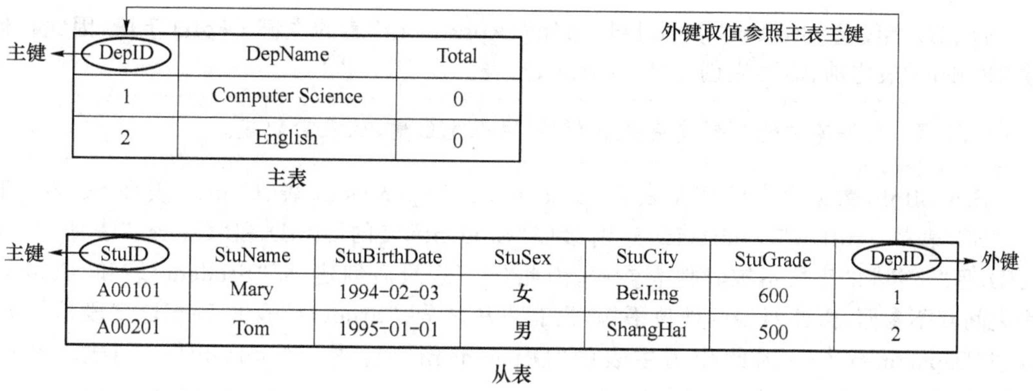

图 4-2 表的组成

【例 4-7】 创建"Student"表,要求如表 4-8 所示。

表 4-8 Student 表说明

编号	字段说明	属性名	字段类型	宽度	约束	空否
1	学号	StuID	Char	10	主键,以 A,B 或 Z 打头,后面跟 5 位数字	否
2	姓名	StuName	Varchar	10		否
3	年龄	StuAge	Int			
4	性别	StuSex	Char	2	只能'男'或'女',默认为'男'	
5	籍贯	StuCity	Varchar	20		
6	入学成绩	StuScore	Int		$0 \sim 800$,默认值为 0	否
7	所在系	DepID	Int		外键	否

【解决方案】

```
CREATE TABLE Student
(
    StuID char(10)CONSTRAINT pkStuID PRIMARY KEY
                CONSTRAINT chkStuID CHECK(StuID LIKE'[A,B,Z][0-9][0-9][0-9][0-9][0-9]') ,
    StuName varchar(10) NOT NULL,
    StuAge Int,
    StuSex char(2)CONSTRAINT chkStuSex CHECK(StuSex IN('男','女'))
                CONSTRAINT defStuSex DEFAULT'男',
    StuCity varchar(20) ,
    StuScore int CONSTRAINT chkStuGrade CHECK(StuGrade between 0 and 800)
```

```
        CONSTRAINT defStuGrade DEFAULT 0,
    DepID int CONSTRAINT fkDepID FOREIGN KEY REFERENCES Department(DepID)
)
```

DepID 字段是“Student”表的外键，参照“Department”表的主键 DepID 字段，因此在创建“Student”表之前，需要先创建“Department”表。

> 【注】 数据库中的表创建有先后顺序，主表先创建，从表后创建。

SchoolInfo 数据库中的四张表为：Student 表、Department 表、Course 表和 SC 表。其中，“SC”表的 StuID 和 CourseID 分别参照“Student”表的 StuID 和“Course”表的 CourseID，且“SC”表的字段不被其他表参照，因此“SC”表最后创建；而“Student”表和“Course”表之间互不参照，因此两表的地位平等，没有主从之分；“Student”表的 DepID 字段是外键，参照“Department”表，因此作为主表的“Department”，应先于“Student”表创建。因此，SchoolInfo 数据库中表的创建顺序为 Department→Student、Course（不分先后）→SC。

4.2.3 修改表

当已创建好的表结构不满足需求时，我们可以使用 ALTER TABLE 语句对表结构进行修改，包括添加、删除和修改列等操作。

1. 向表中添加列

使用 ADD 关键字可以为表中添加新列，语法如下：

`ALTER TABLE 表名 ADD 新列名 数据类型和长度 列说明 [＜约束说明＞]`

【例 4-8】 向“Student”表添加新的列为 Country（国籍），默认值为“China”。

【解决方案】

`ALTER TABLE Student ADD Country varchar(40) CONSTRAINT defCountry DEFAULT 'China'`

2. 修改列属性

（1）使用 ALTER COLUMN 关键字可以为表中列属性进行修改，语法如下：

`ALTER TABLE 表名 ALTER COLUMN 列名 数据类型和长度 列说明`

【例 4-9】 修改“Student”表 Country 列（国籍），其数据类型由 varchar(40)变为 varchar(20)。

【解决方案】

`ALTER TABLE Student ALTER COULUMN Country varchar(20)`

（2）使用 DROP CONSTRAINT 和 ADD CONSTRAINT 关键字可以修改表中字段的约束，语法如下：

删除约束：`ALTER TABLE 表名 DROP CONSTRAINT 约束名`

添加约束：`ALTER TABLE 表名 ADD CONSTRAINT 约束名 约束类型(表达式)`

【例 4-10】 修改“Student”表 Country 列（国籍）约束规则，使其默认值为“USA”。

【解决方案】

`ALTER TABLE Student DROP CONSTRAINT defCountry`

`ALTER TABLE Student ADD CONSTRAINT defCountry DEFAULT 'USA' FOR Country`

3. 删除列

使用 DROP COLUMN 关键字可以删除表中的列，语法如下：

`ALTER TABLE 表名 DROP COLUMN 列名`

【例 4-11】 删除"Student"表 Country 列（国籍）。

【解决方案】

```
ALTER TABLE Student DROP COLUMN Country
```

4. 修改表名称

使用系统存储过程 sp_rename 可以对表名进行修改。语法如下：

```
sp_rename 原表名,新表名
```

【例 4-12】 修改"Student"表名称为"NewStudent"。

【解决方案】

```
sp_rename 'Student','NewStudent'
```

5. 删除表

使用 DROP TABLE 语句可以删除表。语法如下：

```
DROP TABLE 表名
```

【例 4-13】 删除"NewStudent"。

【解决方案】

```
DROP TABLE NewStudent
```

【注】 使用 DROP TABLE 语句删除表时，不仅删除了所有的记录，而且连表结构也不存在了。

4.3 表 的 维 护

表中数据的维护是数据库最为常见的操作，它包括插入数据、删除数据和修改数据。

4.3.1 插入数据

当表创建完之后，需要向表中插入数据，插入数据的语法如下：

```
INSERT INTO 表名 [（列名 1，列名 2，...，列名 n）]
VALUES（值 1，值 2，...，值 n）
```

插入数据

参数说明

表名：要插入数据对应的表的名称。

列名 1，列名 2，...，列名 n：可选项，当插入的一条记录中所有的字段值都来自用户输入时，该项可省略，否则需要列出哪些列名是由用户输入的值确定的。

值 1，值 2，...，值 n：用户对插入的一条记录的各个字段的赋值。值 1，值 2，...，值 n 的顺序必需和列名 1，列名 2，...，列名 n 的顺序相同，且一一对应。

【例 4-14】 使用 INSERT INTO 语句向"Student"表插入下列两条记录，如表 4-9 所示。

表 4-9 Student 插入两条记录

StuID	StuName	StuAge	StuSex	StuCity	StuScore	DepID
A00101	Mary	21	女	BeiJing	600	1
A00201	Tom	20	默认值	NULL	默认值	2

【解决方案】

A00101 号记录的所有字段值都由用户提供，因此列名 1，列名 2，…，列名 n 项可省略不写。插入语句为：

```
INSERT INTO Student VALUES('A00101','Mary',21,'女','BeiJing',600,1)
```

A00201 号记录的 StuSex 值是默认值，StuCity 值为 NULL，StuGrade 值为默认值，这几个字段的值都可以由系统提供，不需要用户赋值，因此，INSERT 语句需要罗列出用户赋值的字段名。插入语句为：

```
INSERT INTO Student(StuID,StuName,StuAge)
VALUES('A00101','Mary','21')
```

【例 4-15】 使用 INSERT INTO 语句向"Department"表插入一条记录，假设 DepID 字段设置为 IDENTITY 属性。插入记录如表 4-10 所示。

表 4-10　Department 表插入一条记录

DepID	DepName	Total
1	Computer Science	默认值

【解决方案】

记录中 DepID 字段是 IDENTITY 属性，DepTotal 字段是默认值，这两个字段的值都由系统提供，不需要用户赋值，因此 INSERT 语句需要罗列出用户赋值的字段名。插入语句为：

```
INSERT INTO Department(DepName) VALUES('Computer Science')
```

【思考 4-2】 使用插入语句向 Student 表插入三条记录，思考是否能插入成功？记录如图 4-3 所示。

StuID	StuName	StuAge	StuSex	StuCity	StuScore	DepID
A00101	Mary	21	女	BeiJing	600	1
A00202	Jack	20	男	NULL	-1	2
A00202	Tom	20	男	NULL	600	10000

图 4-3　Student 插入三条记录

【解决方案】

三条记录插入都不成功。

（1）插入记录 1 显示：

消息 2627，级别 14，状态 1，第 1 行

违反了 PRIMARY KEY 约束'pkStuID'. 不能在对象'dbo.Student' 中插入重复键.

这是由于标号①的值是主键，且该值已被插入到表中，不能插入重复的值，因此导致插入错误。

（2）插入记录 2 显示：

消息 547，级别 16，状态 0，第 1 行

INSERT 语句与 CHECK 约束"chkStuGrade"冲突. 该冲突发生于数据库"SchoolInfo"，表"dbo.Student"，column 'StuGrade'.

这是由于标号②的值需在 0～800，该值违反了 CHECK 约束，因此导致插入错误。

（3）插入记录3显示：

```
消息 547,级别 16,状态 0,第 1 行
INSERT 语句与 FOREIGN KEY 约束"fkDepID"冲突.该冲突发生于数据库"SchoolInfo",表"dbo.Depart-
ment", column 'DepID'.
```

这是由于标号③的值是一个外键约束,该值超出了 Department 表中 DepID 的取值范围,因此导致插入错误。

根据思考 4-2,在执行插入语句时,未必每条记录都能插入成功,插入记录必须遵循以下注意事项。

> 【注】 （1）不允许设置标识列的值。
> （2）不允许插入重复的主键值。
> （3）不允许向唯一性约束列中插入相同的数据。
> （4）不能违反检查约束。
> （5）不能违反外键约束。

4.3.2 修改数据

当表中的数据需要修改时,使用 UPDATE 语句,修改数据的语法如下:

修改数据

```
UPDATE 表名  SET 列名 1 = 值 1[, 列名 2 = 值 2, ..., 列名 n = 值 n]
[WHERE 更新条件]
```

参数说明

表名:要更新数据对应的表的名称。

列名 1 = 值 1[, 列名 2 = 值 2, ..., 列名 n = 值 n]:要更新的列以及对应的新值,可同时更新多个列的值。

WHERE 更新条件:可选项,通过 WHERE 筛选需要更新的记录。

【例 4-16】 使用 UPDATE 语句将"Student"表中的所有记录的 StuGrade 字段的值加 5。

【解决方案】

```
UPDATE Student
SET StuScore = StuScore + 5
```

【例 4-17】 使用 UPDATE 语句将"Student"表中 DepID 值为 1 的记录的 StuGrade 字段值加 5。

【解决方案】

```
UPDATE Student
SET StuScore = StuScore + 5
WHERE DepID = 1
```

【例 4-18】 使用 UPDATE 语句向"Department"表更新一条记录,将 DepID 的值由 1 更新为 11,假设 DepID 字段设置为 IDENTITY 属性。

【解决方案】

```
UPDATE Departmnet
```

```
SET DepID = 11
WHERE DepID = 1
```

执行后，系统提示更新出错：

消息 8102，级别 16，状态 1，第 1 行

无法更新标识列'DepID'.

因此，更新语句不能设置标识列的值。

【思考 4-3】 使用更新语句对 Student 表更新三条记录，思考是否能更新成功？（1）将"A00101"号记录的 StuID 的值更新为表中已有的值"A00102"。（2）将"A00201"号记录的 StuGrade 值更新为－1。（3）将"A00201"号记录的 DepID 值更新为－1。

【解决方案】

三条记录更新都不成功。

（1）更新记录 1 显示：

消息 2627，级别 14，状态 1，第 1 行

违反了 PRIMARY KEY 约束'pkStuID'. 不能在对象'dbo.student' 中插入重复键.

这是由于 1 号记录更新的主键值有重复，因此导致更新错误。一般主键的值不允许修改。

（2）更新记录 2 显示：

消息 547，级别 16，状态 0，第 1 行

UPDATE 语句与 CHECK 约束"chkStuGrade"冲突.该冲突发生于数据库"SchoolInfo"，表"dbo.Student"，column 'StuGrade'.

这是由于 StuGrade 的值须在 0～800，该值违反了 CHECK 约束，因此导致更新错误。

（3）更新记录 3 显示：

消息 547，级别 16，状态 0，第 1 行

UPDATE 语句与 FOREIGN KEY 约束"fkDepID"冲突.该冲突发生于数据库"SchoolInfo"，表"dbo.Department"，column 'DepID'.

这是由于 DepID 值是一个外键约束，该值超出了 Department 表中 DepID 的取值范围，因此导致更新错误。

根据思考 4-3，在执行更新语句时，未必每条记录都能更新成功，更新记录必须遵循以下注意事项。

【注】 （1）不允许设置标识列的值。

（2）不允许设置重复的主键值。

（3）不允许向唯一性约束列中设置相同的数据。

（4）不能违反检查约束。

（5）不能违反外键约束。

4.3.3 删除数据

当表中的记录不再需要时，使用 DELETE 语句删除，删除记录的语法如下：

删除数据

```
DELETE FROM 表名
```

[WHERE 删除条件]

参数说明

表名:要删除记录对应的表的名称。

WHERE 删除条件:可选项,通过 WHERE 筛选需要删除的记录。

【例 4-19】 使用 DELETE 语句将"SC"表中 StuID 值为"A00101",CourseID 值为 1 的记录删除。

【解决方案】

DELETE FROM SC

WHERE StuID = 'A00101' AND CourseID = 1

【思考 4-4】 使用 DELETE 语句将"Student"表中 StuID 值为"A00201"的记录删除,假设 SC 表记录了"A00201"号学生的考试记录。写出删除语句并查看结果。

【解决方案】

DELETE FROM Student

WHERE StuID = 'A00201'

执行后系统提示删除出错:

消息 547,级别 16,状态 0,第 1 行

DELETE 语句与 REFERENCE 约束"fkStuID"冲突.该冲突发生于数据库"SchoolInfo",表"dbo.SC", column 'StuID'.

这是由于 SC 表的 StuID 字段是外键,参照 Student 表的 StuID 字段。因此,无法直接删除"Student"表的记录。

> **【注】** 删除记录的顺序正好和创建表的顺序相反,即先删除从表中的记录,然后删除主表的记录。

【例 4-20】 使用 DELETE 语句将"Student"表中 StuID 值为"A00201"的记录删除,假设 SC 表记录了"A00201"号学生的考试记录。

【解决方案】

DELETE FROM SC

WHERE StuID = 'A00201'

DELETE FROM Student

WHERE StuID = 'A00201'

如果要删除表中所有的数据,可以使用 TRUNCATE TABLE 语句。语法如下:

TRUNCATE TABLE 表名

【例 4-21】 清空"SC"表所有的表记录。

【解决方案】

TRUNCATE TABLE SC

> **【注】** 区分关键字"DROP""DELETE"和"TRUNCATE"的差别。"DROP"是删除整张表,指所有的表记录及表结构都被删除;"DELETE"是删除表中的部分记录,剩余的记录和表结构都还存在;"TRUNCATE"是清空所有的表记录,但表结构还存在。

4.4 单表查询

单表查询

【思考 4-5】 用户要查询"Student"表中所有记录的 StuName、DepID 字段信息,该如何操作? 信息表示如表 4-11 所示。

表 4-11 Student 信息显示

StuName	DepID
Mary	1
…	…

【解决方案】

SQL Server 为我们提供了查询数据的机制, 使用 SELECT 语句可以实现数据的查询。

SQL Server 中使用 SELECT 语句实现数据查询的操作,语法如下:

```
SELECT 子句
[ INTO 子句 ]
FROM 子句
[ WHERE 子句 ]
[ GROUP BY 子句]
[ HAVING 子句 ]
[ ORDER BY 子句 ]
[ COMPUTE 子句 ]
```

安装 SchoolInfo
数据库指南

参数说明

SELECT 子句:指定由查询返回的列。

INTO 子句:创建新表并将查询结果行插入新表中。

FROM 子句:指定从其中检索行的表。

WHERE 子句:指定查询条件。

GROUP BY 子句:指定查询结果分组的条件。

HAVING 子句:指定组或聚合的搜索条件。

ORDER BY 子句:指定对结果集如何排序。

COMPUTE 子句:对数据进行总计和小计。

【注】 (1)从语法看出,一个最简单的查询语句至少由 SELECT 子句和 FROM 子句共同组成。

(2)查询语句的各个子句出现的顺序必须严格按照语法,否则编译器报错。如 ORDER BY 子句不能出现在 WHERE 子句之前,HAVING 子句不能出现在 GROUP BY 之前等。

4.4.1 SELECT 子句

按照用户指定的格式返回查询的结果,需要正确的使用 SELECT 子句。SELECT 子句的语法如下:

SELECT 子句

SELECT [ALL|DISTINCT][TOP n [PERCENT]]<字段说明>

FROM 表名

<字段说明> ∷= { ＊ |{列名|表达式} [[AS] 列别名] | 列别名 = 表达式}[,...n]

参数说明

ALL|DISTINCT：可选项，且 ALL 和 DISTINCT 不能同时出现，默认情况下为 ALL。当出现 ALL 时，显示的结果可以出现重复行；当出现 DISTINCT 是，显示结果只能出现唯一行。

TOP n [PERCENT]：指定只从查询结果集中输出前 n 行，如果还指定了 PERCENT，则只从结果集中输出前百分之 n 行。

＊：指定查询表中所有列。

列名|表达式[,...n]：指定结果集中出现的列名，列名也可以由表达式组成，列名和列名之间用逗号隔开。

[AS]列别名] | 列别名 = 表达式：此项可以给列指定一个别名。

【注】 SELECT 子句相当于第 1 章中介绍的投影运算。

【例 4-22】 使用 SELECT 语句查询思考 4-5 的信息，且要求记录不重复。

【解决方案】

SELECT DISTINCT StuName,DepID

FROM Student

【例 4-23】 使用 SELECT 语句查询"Student"表中所有字段的信息。

【解决方案】

SELECT ＊

FROM Student

【例 4-24】 使用 SELECT 语句查询"Student"表中前 10％的学生所有字段信息。

【解决方案】

SELECT TOP 10 PERCENT ＊

FROM Student

【例 4-25】 使用 SELECT 语句查询"Student"表中所有学生信息如表 4-12 所示。

表 4-12　Student 信息显示

学号	姓名	系号
A00101	Mary	1
...	...	...

【解决方案】

根据语法，有两种方式进行查询：

（1）使用 AS 关键字，如下所示。

SELECT StuID AS '学号', StuName AS '姓名',DepID AS '系号'

FROM Student

（2）使用"＝"号，如下所示。

SELECT '学号' = StuID,'姓名' = StuName,'系号' = DepID

FROM Student

【例 4-26】 使用 SELECT 语句查询"Student"表中 StuID、StuName 及 StuScore 字段，其中 StuScore 字段值加 10 再显示。

【解决方案】

```
SELECT StuID,StuName,StuScore + 10
FROM Student
```

【注】 SELECT 子句中使用算术运算符时，如果字段的值是 NULL，则进行算术运算后，值仍然为 NULL。

4.4.2 SELECT 子句中的函数

聚合函数

1. 聚合函数

聚合函数用于对数据库表中的一列或几列数据进行汇总，常用于查询语句中。常用的聚合函数如表 4-13 所示。

表 4-13　聚合函数

聚合函数	功　　能
AVG（表达式）	AVG 返回指定组中的平均值，空值被忽略
COUNT（表达式）	对表达式指定的列值进行计数，空值被忽略
COUNT（＊）	对表或组中所有的行进行计数，包含空值
MAX（表达式）	表达式中最大的值，空值被忽略
MIN（表达式）	表达式中最小的值，空值被忽略
SUM（表达式）	表达式的值求和

【例 4-27】 对"Student"表使用聚合函数，实现以下查询：

（1）统计"Student"表中 StuGrade 字段的平均值及总和。

SELECT AVG(StuScore),SUM(StuScore) FROM Student

（2）显示"Student"表中 StuGrade 字段的最高分及最低分。

SELECT MAX(StuScore),MIN(StuScore) FROM Student

（3）统计"Student"表中学生的总人数。

SELECT COUNT（＊）FROM Student

CASE 函数

2. CASE 函数

CASE 函数可以计算多个条件式，并返回其中一个符合条件的结果表达式。按照使用形式的不同，可以分为简单 CASE 函数和 CASE 搜索函数。简单 CASE 函数将某个表达式与一组简单表达式进行比较以确定返回结果。CASE 搜索函数计算一组表达式以确定返回的结果。CASE 函数语法如下：

（1）简单 CASE 函数。

```
CASE 表达式
    WHEN 表达式 1 THEN 结果表达式
    [...n]
    [ELSE 结果表达式]
END
```

（2）CASE 搜索函数。

```
CASE
    WHEN 布尔表达式 1 THEN 结果表达式
    [...n]
    [ELSE 结果表达式]
END
```

> 【注】　CASE 语句总是出现在 SELECT 子句中，不能单独使用。

【例 4-28】　查询"Student"表，统计该表中男生和女生的总人数。显示格式如表 4-14 所示。

【解决方案】

```
SELECT COUNT(CASE WHEN StuSex = '男' THEN 1 ELSE NULL
END) AS'男生人数',
    COUNT (CASE WHEN StuSex = '女' THEN 1 ELSE NULL END) AS '女生人数'
FROM Student
```

表 4-14　Student 男女生人数统计

男生人数	女生人数
135	120

3. 字符串函数

多数字符串函数用于对字符串参数值执行操作，返回结果为字符串或数字值。常用的字符串函数如表 4-15 所示。

字符串函数

表 4-15　常用的字符串函数

函数	功能	示例	返回值
UPPER（字符表达式）	将指定的字符串转换为大写字符	UPPER('Abcd')	'ABCD'
LOWER（字符表达式）	将指定的字符串转换为小写字符	LOWER('HELLO')	'hello'
LTRIM（字符表达式）	删除指定的字符串起始的所有空格	LTRIM('how are you')	'how are you'
RTRIM（字符表达式）	删除指定的字符串末尾的所有空格	RTRIM('how are you')	'how are you'
SPACE(整数表达式)	返回由重复的空格组成的字符串。空格数由整数表达式指定	'Hello'＋SPACE(3)＋'Zhang'	'Hello Zhang'
REPLICATE（字符表达式,整数表达式）	以整数表达式指定的次数重复字符表达式	REPLICATE('ab',3)	'ababab'
STUFF（字符表达式 1,起始位置,长度,字符表达式 2）	删除字符表达式 1 中从起始位置开始的由长度指定个数的字符，然后在删除的起始位置插入字符表达式 2 的值	STUFF('abcdef',2,3,'ijklmn')	'aijklmnef'

续表

函数	功能	示例	返回值
REVERSE（字符表达式）	返回字符表达式的反转	REVERSE('abc')	'cba'
ASCLL(字符表达式)	返回字符表达式最左端字符的 ASCLL 代码值	ASCII('A') ASCII('Abc')	65 65
CHAR(整数表达式)	将整数表达式的值作为 ASCII 代码转换为对应的字符	CHAR(65)	'A'
STR(float 表达式[,总长度[,小数位数]])	由数字数据转换为字符数据。总长度默认值为 10,小数位数默认位数为 0	STR(3.1415926,8,4) STR(3.1415926,5)	'3.1416' ' 3'
LEN(字符表达式)	返回给定字符表达式的字符(而不是字节)个数,不包含尾随空格	LEN('abc') LEN('abc ')	3 3
RIGHT（字符表达式,长度）	返回字符串中右边指定长度的字符	RIGHT('hello',3)	'llo'
LEFT（字符表达式,长度）	返回字符串中左边指定长度的字符	LEFT('hello',3)	'hel'
SUBSTRING（表达式,起始位置,长度）	返回表达式从指定起始位置开始,指定长度的部分,表达式可以是字符串、binary、text 或 image 类型的数据	SUBSTRING('hello',3,2) SUBSTRING('hello',3,5)	'll' 'llo'
CHARINGDEX（字符表达式 1,字符表达式 2[,起始位置]）	查找并返回字符表达式 1 在字符表达式 2 中出现的起始位置,如果指定参数"起始位置",则从该起始位置开始往后搜索	CHARINGDEX('cd','abcdabcd') CHARINGDEX('cd','abcdabcd',4) CHARINGDEX('dc','abcdabcd')	3 7 0
REPLACE（字符表达式 1,字符表达式 2,,字符表达式 3）	用字符表达式 3 替换字符表达式 1 中出现的所有字符表达式 2	REPLACE('abcdefghicde', 'cde','xxx')	'abxxxfghixxx'

【例 4-29】 查询"Student"表,统计学生姓名的长度。显示格式如表 4-16 所示。

表 4-16　Student 信息显示

学号	姓名	姓名长度
A00101	Mary	4
...	...	...

【解决方案】

```
SELECT StuID AS'学号',StuName AS'姓名',LEN(LTRIM(RTRIM(StuName)))
--对 StuName 字段的值先去掉左右空格,再计算长度
FROM Student
```

4. 数学函数

数学函数用于对数字表达式进行数学运算并返回运算结果。常用的数学函数如表 4-17 所示。

数学函数

表 4-17　常用的数学函数

函数	功能	示例	返回值
ABS(数字表达式)	返回数字表达式的绝对值	ABS(−1.0)	1
SQRT(float 表达式)	返回 float 表达式的平方根	SQRT(2)	1.142 135 624
SQUARE(float 表达式)	返回 float 表达式的平方	SQUARE(2)	4
POWER(数字表达式,y)	返回数字表达式的 y 次方	POWER(2,6)	64
SIN(float 表达式)	返回表达式给定角度(以弧度为单位)的正弦值	SIN(30 * 3.1416/180)	0.500 001 06
COS(float 表达式)	返回表达式给定角度(以弧度为单位)的余弦值	COS(30 * 3.1416/180)	0.866 024 792
TAN(float 表达式)	返回表达式给定角度(以弧度为单位)的正切值	TAN(45 * 3.141 6/180)	1.000 003 673
LOG(float 表达式)	返回给定 float 表达式的自然对数	LOG(2.718 2)	0.999 969 897
LOG10(float 表达式)	返回给定 float 表达式的以 10 为底的对数	LOG10(10)	1
EXP(float 表达式)	返回所给的 float 表达式的指数值	EXP(1)	2.718 281 828
ROUND(数字表达式,长度)	返回数字表达式并四舍五入为指定的长度或精度	ROUND(123.999 4,3) ROUND(748.58,−2)	123.999 0　700.00
CEILING(数字表达式)	返回大于或等于所给数字表达式的最小整数	CEILING(123.45) CEILING(−123.45)	124.00 −123.00
FLOOR(数字表达式)	返回小于或等于所给数字表达式的最大整数	FLOOR(123.45) FLOOR(−123.45)	123 −124
PI()	返回的常量值	PI()	3.141 592 654
RADIANS(数字表达式)	将数字表达式指定的角度值转换成弧度值	RADIANS(180.0)	3.141 592 654
DEGREES(数字表达式)	将数字表达式指定的弧度值转换成角度值	DEGREES(3.141 6)	180.000 420 9
SIGN(数字表达式)	根据给定数字表达式是正、零或负返回 1、0 或 −1	SIGN(23)　　SIGN(0) SIGN(−9)	1　　0 −1
RAND([种子值])	返回 0~1 的随机 float 值。参数种子值可以省略	RAND(7)	0.713 791 04

【例 4-30】 查询"Course"表，将 CourseCredit 字段的值四舍五入显示。

【解决方案】

SELECT CourseID,CourseName,ROUND(CourseCredit,0)

FROM Course

日期和时间函数

5. 日期和时间函数

日期和时间函数用于对日期和时间数据进行各种不同的处理或运算，并返回一个字符串、数字值或日期和时间值。日期和时间函数如表 4-18 和表 4-19 所示。

表 4-18　常用的日期函数

函数	功能	示例	返回值
GETDATE()	返回当前系统日期和时间	GETDATE()	2012/3/24 21:46:38
DATEADD（日期部分，数字，日期）	对指定日期的某一部分加上数字指定的数，返回一个新的日期（日期部分取值见表 4-15）	DATEADD(DAY,1,'1780-11-01') DATEADD(MONTH,5,'1780-11-01')	11 2 1780 12:00AM 04 1 1781 12:00AM
DATEDIFF（日期部分，起始日期，终止日期）	返回指定的起始日期和终止日期之间的差额，日期部分规定了对日期的哪一部分计算差额（日期部分取值见 4-15）	DATEDIFF(MONTH,'1780-1-11','1780-11-01') DATEDIFF（YEAR,'1780-1-11''1780-11-01'）	10 10
DATENAME（日期部分，日期）	返回代表指定日期的指定日期部分，结果为字符类型	DATENAME(month,getdate())	08（当前设为八月份）
DAY（日期）	返回指定日期的天数，结果为 int 型	DAY('03/12/1998')	12
MONTH（日期）	返回指定日期的月份数，结果为 int 型	MONTH('03/12/1998')	3
YEAR（日期）	返回指定日期的年份数，结果为 int 型	YEAR('03/12/1998')	1998

表 4-19　日期部分缩写形式

日期部分	缩写	含义	日期部分	缩写	含义
Year	yy,yyyy	年	Week	wk,ww	周
Quarter	qq,q	季度	Hour	hh	小时
Month	mm,m	月	Minute	mi,n	分
Dayofyear	dy,y	年中的日	Second	ss,s	秒
Day	dd,d	日	Millisecond	ms	微秒

【例 4-31】 查询"Employee"表,显示员工的信息,假设员工表为:Employee(EmpID,EmpName,EmpBirthDate),显示格式如表 4-20 所示。

表 4-20 Employee 信息显示

员工号	姓名	年龄
E00101	Mary	20
...	...	...

【解决方案】

```
SELECT EmpID AS '员工号',EmpName AS '姓名', DATEDIFF(yy, EmpBirthDate, GETDATE()) AS '年龄'
FROM Employee
```

6. 转换函数

在一般情况下,SQL Server 会自动完成数据类型的转换。例如,当表达式中用了 INTEGER、SMALLINT 或 TINYINT 时,SQL Server 可将 INTEGER 数据类型或表达式转换为 SMALLINT 数据类型或表达式,这称为隐式转换。如果不能确定 SQL Server 是否能完成隐式转换或者使用了不能隐式转换的其他数据类型,就需要使用数据类型转换函数做显式转换了。此类函数有两个:CAST 函数和 CONVERT 函数,它们功能相同,只是语法不同。

(1) CAST 函数语法如下:

```
CAST(表达式 AS 数据类型)
```

(2) CONVERT 函数语法如下:

```
CONVERT(数据类型,表达式[,样式])
```

其中,样式用于指定以不同的格式显示日期和时间(如表 4-21 所示)。

表 4-21 样式-时间格式表

样式	时间格式	样式	时间格式
0 或 100	mon dd yyyy hh:miAM(或 PM)	101	mm/dd/yyyy
1	mm/dd/yy	102	yyyy. mm. dd
2	yy. mm. dd	103	dd/mm/yyyy
3	dd/mm/yy	104	dd. mm. yyyy
4	dd. mm. yy	105	dd-mm-yyyy
5	dd-mm-yy		

样式 1~5 的时间年份用 2 位数字表示,样式 101~105 的时间年份用 4 位数字表示。

【例 4-32】 查询"Student"表,显示 StuID,StuName 及 StuScore 字段,其中要求 StuScore 字段以字符串的方式显示。

【解决方案】

```
SELECT StuID,StuName,CAST(StuScore AS char(10))
FROM Student
```

【例 4-33】 查询"Employee"表，显示 EmpID，EmpName 及 EmpBirthDate 字段，其中要求 EmpBirthDate 字段以 yy. mm. dd 方式显示。

【解决方案】

```
SELECT EmpID,EmpName,CONVERT(char(10),EmpBirthDate,2)
FROM Employee
```

4.4.3　WHERE 子句

WHERE 子句介绍

WHERE 子句用于指定返回的行的搜索条件。它的基本语法如下：

```
WHERE 条件表达式
```

【例 4-34】 使用 SELECT 语句查询"Student"表中所有女生的信息。

【解决方案】

```
SELECT *
FROM Student
WHERE StuSex = '女'
```

【注】 WHERE 子句相当于第 1 章中介绍的选择运算。

可以使用 WHERE 子句实现较为复杂的查询，WHERE 子句中可使用以下运算符实现查询，分别是：

- 逻辑运算符（NOT，AND，OR）
- 比较运算符（＞，＜＝...）
- 范围运算符（BETWEEN）
- 列表运算符（IN，NOT IN）
- LIKE 运算符
- NULL 关键字

逻辑运算符

1. 逻辑运算符（NOT，AND，OR）

在查询条件中，可以使用 AND，OR 来连接多个条件，也可以使用 NOT 进行条件取非。

【例 4-35】 使用 SELECT 语句查询"Student"表中所有系号值为 1 且是女生的信息。

【解决方案】

```
SELECT *
FROM Student
WHERE StuSex = '女' AND DepID = 1
```

【例 4-36】 使用 SELECT 语句查询"Student"表中所有系号值为 1 和 2 的学生。

【解决方案】

```
SELECT *
FROM Student
WHERE DepID = 1 OR DepID = 2
```

比较运算符

2. 比较运算符（＞，＜＝...）

在查询条件中可以使用比较运算符查询指定范围的记录。

【例 4-37】 使用 SELECT 语句查询"Employee"表中年龄在 18～20 岁的员工信息。

【解决方案】

```
SELECT *
FROM Employee
```

```
WHERE DATEDIFF(yy, EmpBirthDate, GETDATE())>= 18 AND DATEDIFF(yy, EmpBirthDate, GETDATE())
<= 20
```

3. 范围运算符(BETWEEN)

在查询条件中也可以使用比较运算符查询指定范围的记录。

范围运算符

【例 4-38】 使用 SELECT 语句查询"Student"表中入学成绩在 500～600 之间的学生信息。

【解决方案】

```
SELECT *
FROM Student
WHERE StuScore BETWEEN 500 AND 600
```

4. 列表运算符(IN,NOT IN)

列表运算符

在查询条件中按照某字段的取值来搜索记录,且搜索字段上的值为可罗列的、有限的常量时,常用 IN 关键字。

【例 4-39】 使用 SELECT 语句查询"Student"表中籍贯是"BeiJing""ShangHai"和"GuangZhou"的学生信息。

【解决方案】

```
SELECT *
FROM Student
WHERE StuCity IN('BeiJing','ShangHai','GuangZhou')
```

5. LIKE 运算符

LIKE 运算符

在查询条件中可以使用 LIKE 运算符和通配符进行模糊查询。通配符的介绍可以参照 4.2.2 小节。

【例 4-40】 使用 SELECT 语句查询"Student"表中姓名包含"om"字符串的学生信息。

【解决方案】

```
SELECT *
FROM Student
WHERE StuName LIKE'% om %'
```

6. NULL 关键字

NULL 关键字

在查询条件中可以使用 NULL 关键字查询某个字段值为 NULL 的信息。

【例 4-41】 使用 SELECT 语句查询"Student"表中籍贯的值为 NULL 的记录。

【解决方案】

```
SELECT *
FROM Student
WHERE StuCity IS NULL
```

4.4.4 ORDER BY 子句

ORDER BY 子句

使用 ORDER BY 子句可以对查询结果进行排序。语法如下:

```
ORDER BY {列名 [ ASC | DESC ]} [ ,...n ]
```

参数说明

ASC:表示按照递增的顺序排列。此项为默认值。

DESC:表示按照递减的顺序排列。

在 ORDER BY 子句中,可以同时按照多个排序表达式进行排序,排序的优先级从左至右。

【例 4-42】 使用 SELECT 语句查询"Student"表中系号为 1 的所有学生记录,并按 StuScore 字段值从高到低排序显示。

【解决方案】

```
SELECT *
FROM Student
WHERE DepID = 1
ORDER BY StuScore DESC
```

GROUP BY 子句

4.4.5　GROUP BY 子句

使用 GROUP BY 子句可以对查询结果进行分组统计,按组计算每组记录的汇总值。语法如下:

```
GROUP BY [ ALL ]分组表达式 [ ,...n ]
```

【例 4-43】 在"Student"表中按性别统计所有学生的最高成绩。

【解决方案】

```
SELECT StuSex,MAX(StuScore)
FROM Student
GROUP BY StuSex      --先分组再执行聚合函数
```

【思考 4-6】 如果例 4-43 中写成如下查询语句,是否能执行查询?

```
SELECT StuSex,DepID,MAX(StuScore)
FROM Student
GROUP BY StuSex
```

【解决方案】

通过执行以上查询语句,编译器显示:

消息 8120,级别 16,状态 1,第 1 行

选择列表中的列'Student.DepID' 无效,因为该列没有包含在聚合函数或 GROUP BY 子句中.

出现错误的原因在 DepID 字段,它出现在了 SELECT 子句中,却没有出现在 GROUP BY 子句里。我们发现,凡是在 SELECT 子句中出现的字段(聚合函数除外),如果不出现在 GROUP BY 子句中,编译器会报错!

> **【注】** 在使用 GROUP BY 子句时,SELECT 子句中每一个非聚合表达式内的所有列都应包含在 GROUP BY 列表中,否则编译器报错!

【例 4-44】 在"Student"表中查询系号为 1 的所有学生,按性别统计这些学生的最高成绩。

【解决方案】

要完成查询,可以按照两个步骤处理:①通过 WHERE 语句筛选系号为 1 的同学信息;

②按 StuSex 进行分组统计,用查询语句可以表示为:

```
SELECT StuSex,MAX(StuScore)
FROM Student
WHERE DepID = 1
GROUP BY StuSex
```

如果在 GROUP BY 子句中使用 ALL 关键字,则统计结果将包含所有组和结果集,包含那些任何行都不满足 WHERE 条件的组和结果集。对于这些组,由于不满足搜索条件,其汇总值将返回 NULL。

【例 4-45】 分析查询语句显示的结果,查询语句如下:

```
SELECT StuSex AS '性别',MAX(StuScore) AS'最高成绩'
FROM Student
WHERE StuSex = '女'
GROUP BY ALL StuSex
```

【解决方案】

查询语句按照步骤执行:① 执行 WHERE 子句,筛选所有女生信息;② 对筛选的女生信息按 StuSex 分组;③ 女同学可以获取最高分,男同学信息没被 WHERE 筛选中,故统计最高分时无此项信息,用 NULL 替代。查询结果如表 4-22 所示。

表 4-22 按性别统计最高成绩

	性别	最高成绩
1	男	NULL
2	女	720

4.4.6 HAVING 子句

HAVING 子句

HAVING 子句的功能是指定组或聚合的搜索条件。HAVING 通常与 GROUP BY 子句一起使用。如果不使用 GROUP BY 子句,HAVING 的作用与 WHERE 子句一样。

【例 4-46】 在"Student"表中按系分组统计每个系的最高成绩,将最高成绩超过 700 分的系号及成绩显示出来。

【解决方案】

要完成查询,可以按照两个步骤处理:①使用 GROUP BY 子句按照 DepID 字段分组统计;②使用 HAVING 子句筛选符合条件的组,即最高成绩超过 700 分的系,用查询语句可以表示为:

```
SELECT DepID,MAX(StuScore)
FROM Student
GROUP BY DepID
HAVING MAX(StuScore)> = 700
```

【例 4-47】 将"Student"表中来自"上海"的学生按系分组统计每个系的最高成绩,将最高成绩超过 700 分的系号及成绩显示出来。

【解决方案】

要完成查询,可以按照三个步骤处理:①使用 WHERE 语句筛选出所有上海的学生;②使用 GROUP BY 子句对这些学生按照 DepID 字段分组统计;③使用 HAVING 子句筛

选符合条件的组,即最高成绩超过 700 分的系,用查询语句可以表示为:

```
SELECT DepID, MAX(StuScore)
FROM Student
WHERE StuCity = 'ShangHai'
GROUP BY DepID
HAVING MAX(StuScore) > = 700
```

【注】 HAVING 子句和 WHERE 子句都是按条件进行搜索,但两者有着很大的区别:

（1）WHERE 子句搜索条件在进行分组操作之前应用;而 HAVING 搜索条件在进行分组操作之后应用。

（2）WHERE 子句的筛选是建立在"行"的级别上;而 HAVING 子句的筛选是建立在"组"的级别上。

（3）WHERE 子句不能出现聚合函数,否则编译器报错;而 HAVING 子句允许出现聚合函数。

4.4.7 COMPUTE 与 COMPUTE BY

使用 COMPUTE 子句可以在结果集的最后生成附加的汇总行,因此既可以查看明细行,又可以查看汇总行。COMPUTE 子句的语法如下:

```
COMPUTE {{AVG|COUNT|MAX|MIN|SUM}(表达式)}[ ,...n ][ BY 表达式 [ ,...n ] ]
```

当 COMPUTE 不带 BY 时,查询包含两个结果:

第一个结果集是包含查询结果的所有明细行。

第二个结果集有一行,其中包含 COMPUTE 子句中所指定的聚合函数的合计。

【例 4-48】 查询所有学生的姓名及成绩,并统计总成绩。

【解决方案】

```
SELECT StuName, StuScore
FROM Student
COMPUTE SUM(StuScore)
```

显示结果如图 4-4 所示。

当 COMPUTE 与 BY 一起使用时,COMPUTE 子句可以对结果集进行分组并在每一组之后附加汇总行,符合查询条件的每个组都包含:

每个组的第一个结果集是明细行集。

每个组的第二个结果集有一行,其中包含该组的 COMPUTE 子句中所指定的聚合函数的小计。

COMPUTE 与 BY 一起使用时,必须结合使用 ORDER BY 子句,并且 COMPUTE 子句中的表达式必须与在 ORDER BY 后列出的子句相同或是其子集,并且必须按相同的序列。例如,如果 ORDER BY 子句是:

ORDER BY a, b, c

则 COMPUTE 子句可以是:

COMPUTE BY a, b, c

COMPUTE BY a，b

COMPUTE BY a

【例 4-49】　按性别分组显示该组所有学生的姓名及成绩,并统计每组的总成绩。

【解决方案】

SELECT StuName,StuScore

FROM Student

ORDER BY StuSex

COMPUTE SUM(StuScore) BY StuSex

显示结果如图 4-5 所示。

StuName	StuScore
Mary	720
Nancy	630
...	...
sum	
3850	

StuName	StuScore
Mary	720
Jack	650
...	...
Jerome	680
sum	
6850	

StuName	StuScore
Jack	650
Jerome	680
...	...
sum	
3750	

图 4-4　总计成绩　　　图 4-5　小计成绩

4.5　连 接 查 询

连接查询

【思考 4-7】　使用 SELECT 语句查询学生信息,显示格式如表 4-23 所示。

表 4-23　Student 和 Department 连接查询

StuID	StuName	DepName
A00101	Mary	ComputerScience
...	...	...

【解决方案】

我们发现,要显示的信息来自两张表,其中 StuID 和 StuName 字段来自 Student 表,而 DepName 来自 Department 表,要完成这样的查询,需要使用连接运算。

在很多情况下,需要从多个表中提取数据,组合成一个结果集。如果一个查询需要对多个表进行操作,则将此查询称为连接查询。连接查询主要分为内连接、外连接和交叉连接。连接查询的语法如下:

SELECT 列名 [,...n]

FROM 表 1 [CROSS|INNER|[LEFT|RIGHT]OUTER] JOIN 表 2

ON 表 1.连接字段 连接运算符 表 2.连接字段

[WHERE 查询条件]

参数说明

[CROSS│INNER│[LEFT│RIGHT]OUTER]JOIN:连接种类,当只有JOIN关键字时,默认为内连接,内连接也可以使用关键字 INNER JOIN 表示;CROSS JOIN 表示交叉连接;LEFT OUTER JOIN 和 RIGHT OUTER JOIN 分别表示左外连接和右外连接。

表1.连接字段 连接运算符 表2.连接字段:两表连接的条件,连接运算符可以是=、>、<、<>、>=、<=、!>和!<。一般情况下,最常使用的是"="号。

内连接

4.5.1 内连接

内连接常使用等号连接每个表中共有列的值来匹配两个表中的行。只有每个表中都存在相匹配列值的记录才出现在结果集中。在内连接中,所有表是平等的,没有前后之分。内连接如图 4-6 所示。

```
SELECT StuID,StuName,Student.DepID,DepName
FROM Student JOIN Department
ON Student.DepID = Department.DepID
```

StuID	StuName	DepID
A00101	Mary	1
A00201	Jack	2
A00301	Tom	3
A00302	Nancy	NULL

DepID	DepName
1	Computer Science
2	Math
3	English

内连接

StuID	StuName	DepID	DepName
A00101	Mary	1	Computer Science
A00201	Jack	2	Math
A00301	Tom	3	English

图 4-6 内连接

【注】 两表做连接运算时,连接条件通常是两表共有的字段,如果这个共有字段在两张表中的字段名也相同,那么显示该字段时需要通过"表名.字段名"的方式以告知编译器,该字段来自哪张表,否则编译器报错。

【例 4-50】 使用 SELECT 语句查询"A00101"号学生成绩信息,显示格式如表 4-24 所示。

表 4-24 Student 和 SC 连接运算

StuID	StuName	CourseID	Score
A00101	Mary	1	88

【解决方案】

学生成绩信息由 4 个字段组成,其中 StuName 来自 Student 表,CourseID 和 Score 来自 SC 表,需要两表做连接运算,连接条件是两表共有的字段 StuID。

```
SELECT Student.StuID,StuName,CourseID,Score
FROM Student JOIN SC
ON Student.StuID = SC.StuID
WHERE StuID = 'A00101'
```

【思考 4-8】 使用 SELECT 语句查询学生信息,显示格式如表 4-25 所示。

多表连接

表 4-25　Student、Course 和 SC 三表连接

StuID	StuName	CourseName	Score
A00101	Mary	DataBase	88

【解决方案】

学生成绩信息由 4 个字段组成,其中 StuID 和 StuName 来自 Student 表,CourseName 来自 Course 表,Score 来自 SC 表,需要三表做连接运算。

通常,查询信息时,需要两张甚至两张以上的表做连接查询,多表连接的查询语法如下:

```
SELECT 列名列表
FROM A JOIN B ON 连接条件1
JOIN C ON 连接条件2...
[WHERE 查询条件]
```

【例 4-51】 完成思考 4-8 的多表查询。

【解决方案】

```
SELECT Student.StuID,StuName,CourseName,Score
FROM Student JOIN SC
ON Student.StuID = SC.StuID
JOINCourse ON Course.CourseID = SC.CourseID
```

外连接

4.5.2　外连接

与内连接相对,参与外连接的表有主次之分。以主表的每一行数据去匹配从表中的数据列,符合连接条件的数据将直接返回到结果集中;那些不符合连接条件的列,将被填上 NULL 值后再返回到结果集中。

外连接可以分为左向外连接、右向外连接和完全外连接三种情况(LEFT OUTER JOIN,RIGHT OUTER JOIN,FULL JOIN)。

1. 左向外连接

左向外连接以连接(JOIN)子句左侧的表为主表,主表中所有记录都将出现在结果集中。如果主表中的记录在右表中没有匹配的数据,则结果集中右表的列值为 NULL。左向外连接如图 4-7 所示。

2. 右向外连接

右向外连接以连接(JOIN)子句右侧的表为主表,主表中所有记录都将出现在结果集

```
SELECT StuID,StuName,Student.DepID,DepName
FROM Student LEFT OUTER JOIN Department
ON Student.DepID = Department.DepID
```

StuID	StuName	DepID
A00101	Mary	1
A00201	Jack	2
A00301	Tom	3
A00302	Nancy	NULL

DepID	DepName
1	Computer Science
2	Math
3	English

左向外连接

StuID	StuName	DepID	DepName
A00101	Mary	1	Computer Science
A00201	Jack	2	Math
A00301	Tom	3	English
A00302	Nancy	NULL	NULL

图 4-7　左向外连接

中。如果主表中的记录在左表中没有匹配的数据，则结果集中左表的列值为 NULL。

图 5-2 的左向外连接的查询结果也可以使用右向外连接表示：

SELECT StuID，StuName，Student.DepID，DepName

FROM　Department RIGHT OUTER JOIN Student

ON Student.DepID ＝ Department.DepID

3. 完全外连接

完全外连接包括连接表中的所有行，无论它们是否匹配。在 SQL Server 中，可以使用 FULL OUTER JOIN 或 FULL JOIN 关键字定义完整外部连接（相当于左外连接与右外连接的并集）。

4.5.3　交叉连接

在交叉连接查询中，两个表中的每两行都可能互相组合成为结果集中的一行。交叉连接并不常用，除非需要穷举两个表的所有可能的记录组合。交叉连接相当于第 1 章中介绍的笛卡儿积。

4.6　子　查　询

【思考 4-9】　查询和 Mary 在同一个系的所有学生姓名。

子查询

【解决方案】

可以分为两步求得查询：①查询 Mary 所在系的系号；②根据该系号查询所有同系的学

生。可用批处理语句表示为：

```
DECLARE @DepID int
SELECT @DepID = DepID FROM Student WHERE StuName = 'Mary'   --查询语句①
SELECT StuName FROM Student WHERE DepID = @DepID            --查询语句②
```

但是如果希望只使用一条查询语句就能得到想要的结果，该如何处理呢？这种情况，可以考虑将查询语句②中斜体字@DepID替换成查询语句①。我们把这种查询语句中又嵌套查询语句的情况称为子查询。

子查询就是在一个 SELECT（也可以是 INSERT、UPDATE 或 DELETE）语句中又嵌套了另一个 SELECT 语句。在 WHERE 子句和 HAVING 子句中都可以嵌套 SELECT 语句。

其中，WHERE 子句和 HAVING 子句中可以嵌套的形式有以下几种：

- 比较运算符(＝,＜＞,＞,＞＝,＜,！＜,！＞,＜＝)
- IN 关键字
- ANY、ALL 关键字
- EXISTS 关键字

4.6.1　使用比较运算符连接子查询

在 WHERE 或 HAVING 子句中使用比较运算符连接子查询的语法如下：

{WHERE|HAVING} 表达式 比较运算符(子查询)

【例 4-52】 使用子查询完成思考 4-9。

【解决方案】

```
SELECT StuName FROM Student WHERE DepID =
(SELECT DepID FROM Student WHERE StuName = 'Mary')
```

> 【注】 通常父查询中"＝"号左边出现的字段名和子查询的 SELECT 子句出现的字段名相同。

【例 4-53】 使用子查询查找属于系名为"Computer Science"的所有学生姓名。

【解决方案】

```
SELECT StuName FROM Student WHERE DepID =
(SELECT DepID FROM Department WHERE DepName = 'Computer Science')
```

等号运算符

【例 4-54】 使用子查询将 StuScore 值超过全校均分的学生学号、姓名显示出来。

【解决方案】

```
SELECT StuID,StuName FROM Student WHERE StuScore > =
(SELECT AVG(StuScore) FROM Student)
```

比较运算符

【例 4-55】 使用子查询查找符合院系平均入学成绩大于全校学生平均成绩的院系的系号及院系的平均成绩。

【解决方案】

```
SELECT DepID, AVG(StuScore) FROM Student
GROUP BY DepID
HAVING AVG(StuScore) > = (SELECT AVG(StuScore) FROM Student)
```

IN 关键字

4.6.2 使用 IN 关键字连接子查询

在 WHERE 或 HAVING 子句中使用 IN 关键字连接子查询的语法如下：

{WHERE|HAVING} 表达式 [NOT] IN(子查询)

【例 4-56】 使用子查询查找选修了 1 号课程的所有学生姓名。

【解决方案】

```
SELECT StuName FROM Student WHERE StuID IN
(SELECT StuID FROM SC WHERE CourseID = 1)
```

【注】 通常父查询中 IN 关键字左边出现的字段名和子查询的 SELECT 子句出现的字段名相同。

【思考 4-10】 例 4-56 中的 IN 关键字是否可以由"="号取代？

【解决方案】

```
SELECT StuName FROM Student WHERE StuID =
(SELECT StuID FROM SC WHERE CourseID = 1)
```

执行后编译器提示：

消息 512,级别 16,状态 1,第 1 行

子查询返回的值不止一个.当子查询跟随在 = 、! = 、<、< = 、>、> = 之后,或子查询用作表达式时,这种情况是不允许的.

当子查询的值返回的是多个值时,不能用"="号替代 IN 关键字,否则编译器报错！

【注】 通常使用"="号的子查询可以替换成 IN 关键字,但是使用 IN 关键字的子查询不可替换成"="号。

【例 4-57】 使用子查询查找选修了"DataBase"课程的学生姓名。

【解决方案】

```
SELECT StuName FROM Student WHERE StuID IN
(SELECT StuID FROM SC WHERE CourseID IN
(SELECT CourseID FROM Course WHERE CourseName = 'DataBase'))
```

HAVING 中的子查询

4.6.3 使用 ANY、ALL 关键字连接子查询

在 WHERE 或 HAVING 子句中使用 ANY、ALL 关键字连接子查询的语法如下：

{WHERE|HAVING} 表达式 比较运算符[ANY|ALL](子查询)

ANY、ALL 关键子的含义如表 4-26 所示。

表 4-26 ANY、ALL 关键字

运算符	描述 （假设集和的值为 10,20,30,40,50）
＞ALL	大于列表中的最大值,例:＞ALL(10,20,30),返回 40 和 50
＞ANY	大于列表中的最小值,例:＞ANY(10,20,30),返回 20,30,40 和 50
＝ANY	相当于 IN 关键字用法,等于列表中任意一个值,例:＝ANY(10,20,30),返回 10,20 和 30
＜＞ANY	返回全集,例:＜＞ANY(10,20,30),返回 10,20,30,40 和 50
＜＞ALL	相当于 NOT IN 关键字,不等于列表中的值,例:＜＞ALL(10,20,30),返回 40 和 50

【例 4-58】 使用子查询查找入学成绩大于 DepID 为 1 的学生的最高成绩的学生学号及姓名。

【解决方案】

```
SELECT StuID,StuName FROM Student WHERE StuScore>
ALL(SELECT StuScore FROM Student WHERE DepID = 1)
```

EXISTS 谓词的概念

4.6.4 使用 EXISTS 关键字连接子查询

在 WHERE 子句中使用 EXISTS 关键字连接子查询的语法如下:

```
{WHERE} [NOT] EXISTS(子查询)
```

EXISTS 子查询执行时分为四个步骤,这里我们基于以下的 EXISTS 查询分析执行的四个步骤,查询语句为:

```
SELECT StuID,StuName FROM Student
WHERE EXISTS
(SELECT * FROM SC WHERE StuID = Student.StuID AND CourseID = 1)
```

EXISTS 谓词的
执行步骤

执行步骤一:父查询传送列值给子查询

首次执行时,Student 表取出第一行数据,并将字段 StuID(父查询和子查询共有的字段)的值传递给子查询,假设这时传递的 StuID 的值为"A00101"。

执行步骤二:子查询获取父查询传送的列值

这时子查询获取父查询传递的 StuID 值,相当于查找 SC 表中学号为"A00101"且选择了 1 号课程的记录。

执行步骤三:子查询返回布尔值给父查询

子查询查找 SC 表中学号为"A00101"且选择了 1 号课程的记录,如果这条记录在 SC 表中存在,则返回 TRUE,否则返回 FALSE。如果返回 TRUE,则"A00101"号学生的 StuID 及 StuName 作为一行记录出现在结果集中,如果返回 FALSE,该记录不出现在最后的结果集中。

执行步骤四:父查询传送下一行的列值给子查询(重复步骤一～步骤三)

回到执行步骤一,从 Student 表继续获取第二行数据,将字段 StuID 的值传递子查询,重复执行步骤直到取出 Student 表中的最后一条记录为止。

通过分析,上述查询语句查询的是选修了 1 号课程的学生学号及姓名。

【例 4-59】 查询所有课程成绩都在 80 分以上的学生的学号和姓名。

例 4-59

【解决方案】

```
SELECT DISTINCT SC.StuID,StuName
FROM Student JOIN SC
ON Student.StuID = SC.StuID
WHERE NOT EXISTS(
SELECT * FROM SC
WHERE StuID = Student.StuID AND Score<80)
```

> **【注】** 使用连接运算是防止未选修任何课程的学生也会出现在结果集中,如果去掉连接运算,得到的学生是否满足要求? 请读者根据 EXISTS 执行的四个步骤分析,并执行验证结果。

【思考 4-11】 例 4-59 中的查询语句是否和以下查询语句等价?

```
SELECT StuID,StuName
FROM Student JOIN SC
ON Student.StuID = SC.StuID
WHERE EXISTS(
SELECT * FROM SC
WHERE StuID = Student.StuID AND Score>80)
```

【解决方案】

根据 EXISTS 执行的四个步骤,可以分析出查询语句查到的是只要有任意一门成绩超过 80 分的学生,就把学生的学号及姓名显示出来,显然不符合题意。

> **【注】** 当查询中出现"全部""所有"这些关键字时,应考虑使用 NOT EXISTS 谓词,NOT EXISTS 相当于第 1 章中介绍的除法运算。

【例 4-60】 描述以下 SQL 语句含义:

例 4-60

```
SELECT StuName
FROM Student
WHERE NOT EXISTS
   (SELECT *
    FROM Course
    WHERE NOT EXISTS
       (SELECT *
        FROM SC
        WHERE StuID = Student.StuID
           AND CourseID = Course.CourseID))
```

【解决思路】

根据 EXISTS 谓词执行的步骤,我们可以将 EXISTS 看成高级语言中的 FOR 循环语句。因此,上述语句中可以转变成嵌套的 FOR 语句如下:

FOR(Student 表中第一名学生至最后一名学生)

{

    FOR(Course 表中的一门课程至最后一门课程)

    {SC 表查找 For 循环传入的学号和课程号对应的记录}

}

按照 FOR 循环执行的规则,首先查找"A00001 号"学生的"1"号课程是否在 SC 表中有记录,如果有,则里层的 NOT EXISTS 返回 FALSE,否则返回 TRUE;然后里层的循环继续遍历下一门课程,直到最后一门课程为止,将里层"A00001"的所有课程执行的布尔值进行并运算,得到的结果传递给外层的 NOT EXISTS,如果最终返回为 TRUE,则该学号进入结果集。经过这样的处理,我们发现,首先是对每一位学生学号传值,然后对该学号的所有课程判断是否选修,如果都选修了则返回 TRUE,否则返回 FALSE,接着继续处理下一名学生,直到所有学生处理完毕为止。

【解决方案】

查询选修了所有课程的学生姓名。

4.6.5　相关子查询

相关子查询的子句的执行需要依赖外部语句的条件,不能单独执行,相关子查询的执行步骤与 EXISTS 谓词相同,我们通过【例 4-61】来学习相关子查询。

【例 4-61】　查询其成绩比该课程平均成绩高的学生的学号、课程号及成绩。

【解决方案】

```
SELECT StuID,x.CourseID,Score
FROM SC x
WHERE x.Score>=(SELECT AVG(Score) FROM SC y
                        WHERE x.CourseID = y.CourseID)
```

4.7　集　合　查　询

集合查询相当于第 1 章中介绍的并、交和差运算。并运算是将两个或更多查询的结果合为单个结果集,交运算是从多个结果中选择共有的记录,而差运算是查找出现在第一个结果集而不出现在第二个结果集中的记录。

【例 4-62】　查询 DepID 值为 1 和 2 的所有学生学号、姓名及入学成绩,并按入学成绩降序排序。

【解决方案】

```
SELECT StuID,StuName,StuGrade
FROM Student
WHERE DepID = 1
UNION
SELECT StuID,StuName,StuGrade
FROM Student
WHERE DepID = 2
ORDER BY StuGrade DESC
```

例 4-62

119

【例 4-63】 查询选修了 1 号而未选修 2 号课程的学生学号。

【解决方案】

```
SELECT StuID

FROM SC

WHERE CourseID = 1

EXCEPT

SELECT StuID

FROM SC

WHERE CourseID = 2
```

【思考 4-12】 例 5-59 中的查询语句是否可以写成如下形式？

```
SELECT StuID,StuName,StuGrade

FROM Student

WHERE DepID = 1

ORDER BY StuGrade DESC

UNION

SELECT StuID,StuName,StuGrade

FROM Student

WHERE DepID = 2

ORDER BY StuGrade DESC
```

【解决方案】

执行后，编译器提示：

消息 156,级别 15,状态 1,第 5 行

关键字'UNION' 附近有语法错误.

ORDER BY 语句不能分别出现在每一个查询语句中，否则编译器报错。

【注】 （1）合并查询中可以使用多个 UNION 关键字，将两个以上的 SELECT 语句合并在一起。

（2）参与合并查询的所有表具有相同的表结构，且数据类型也相同。

（3）ORDER BY 语句只能出现在最后一个 SELECT 语句中。

4.8　保存查询结果

使用 INTO 子句可以创建一个新表，并用 SELECT 的结果集填充该表。新表的结构由选择列表中列的特性定义。语法如下：

```
SELECT 子句

[INTO 子句]

FROM 子句
```

【例 4-64】 将系名为"Computer Science"的所有学生信息放入新表"ComputerStudent"中保存。

【解决方案】

```
SELECT *
INTO ComputerStudent
FROM Student WHERE DepID =
(SELECT DepID FROM Department WHERE DepName = 'Computer Science')
```

实验四 表的管理

 【任务1】 按要求创建 TeacherInfo 表，说明如表 4-27 所示。

表 4-27 TeacherInfo 表说明

编号	字段说明	属性名	字段类型	宽度	约束	空否
1	工号	TeaID	Char	10	主键，以字母 T 打头，加上 4 位数字	否
2	教师名	TeaName	Varchar	20		否
3	性别	TeaSex	Char	2	只能是"男"或"女"，默认为"男"	否
4	年龄	TeaAge	Int		范围在 20~80	
5	职称	TeaTitle	Varchar	20	只能是"助教""讲师""副教授"或"教授"	
6	系号	DepID	Int		外键，参照 Department 表的 DepID 字段	否

【解答】

```
CREATE TABLE TeacherInfo
(
    TeaID char(10) CONSTRAINT pkTeaID PRIMARY KEY
                CONSTRAINT chkTeaID CHECK(TeaID LIKE'T[0-9][0-9][0-9][0-9]'),
    TeaName varchar(20) NOT NULL,
    TeaSex char(2) CONSTRAINT chkTeaSex CHECK(TeaSex IN('男','女'))
                CONSTRAINT defTeaSex DEFAULT'男',
    TeaAge int CONSTRAINT chkTeaAge CHECK(TeaAge BETWEEN 20 AND 80),
    TeaTitle varchar(20) CONSTRAINT chkTeaTitle CHECK(TeaTitle IN('助教','讲师','副教授','教授')),
    DepID int CONSTRAINT fkDepID FOREIGN KEY REFERENCES Department(DepID)
)
```

 【任务2】 为 TeacherInfo 表添加 3 条记录。

【解答】

添加的记录只要满足约束性规则即可。例如：

```
INSERT INTO TeacherInfo VALUES('T0001','Mary','女',30,'讲师',1)
INSERT INTO TeacherInfo VALUES('T0002','Tom','男',40,'教授',2)
INSERT INTO TeacherInfo VALUES('T0003','Ana','女',30,'副教授',3)
```

【任务 3】　修改"T0003"记录,将其年龄加 1 岁。

【解答】

```
UPDATE TeacherInfo
SET TeaAge = TeaAge + 1
WHERE TeaID = 'T0003'
```

【任务 4】　显示 2 系年龄最大的 3 位学生信息。

【解答】

```
SELECT TOP 3 *
FROM Student
WHERE DepID = 2
ORDER BY StuAge DESC
```

【任务 5】　按系分组显示每个系学生的平均年龄。

【解答】

```
SELECT DepID AS'系号',AVG(StuAge) AS '平均年龄'
FROM Student
GROUP BY DepID
```

【任务 6】　按系分组显示平均年龄超过 20 岁的组的系号和平均年龄。

【解答】

```
SELECT DepID AS'系号',AVG(StuAge) AS '平均年龄'
FROM Student
GROUP BY DepID
HAVING AVG(DATEDIFF(yy, StuBirthDate, GETDATE()))>= 20
```

【任务 7】　将年龄超过 18 岁的学生按系分组,显示平均年龄超过 20 岁的组的系号和平均年龄。

【解答】

```
SELECT DepID AS'系号',AVG(StuAge) AS '平均年龄'
FROM Student
WHERE StuAge>= 18
GROUP BY DepID
HAVING AVG(StuAge)>= 20
```

【任务 8】　按总计方式统计 SC 表中 1 号课程的平均成绩。

【解答】

```
SELECT StuID,Score
```

```
FROM SC

WHERE CourseID = 1

COMPUTE AVG(Score)
```

 【任务 9】 按小计方式统计 SC 表中各门课程的平均成绩。

【解答】

```
SELECT StuID, Score

FROM SC

ORDER BY CourseID

COMPUTE AVG(Score) BY CourseID
```

 【任务 10】 显示计算机系学生的姓名、课程名及课程对应的考试成绩。

【解答】

```
SELECT StuName, CourseName, Score

FROM Department JOIN Student ON Department.DepID = Student.DepID

JOIN SC ON Student.StuID = SC.StuID

JOIN Course ON Course.CourseID = SC.CourseID

WHERE DepName = 'Computer Science'
```

 【任务 11】 查询至少选修两门包含"program"课程的女生的学号和姓名（使用 GROUP BY）。

【解答】

```
SELECT SC.StuID, StuName

FROM Student JOIN SC

ON Student.StuID = SC.StuID

JOIN Course ON SC.CourseID = Course.CourseID

WHERE StuSex = '女' AND CourseName LIKE'% program % '

GROUP BY SC.StuID, StuName

HAVING COUNT(SC.CourseID) >= 2
```

 【任务 12】 以课程表为主表匹配 SC 表，当有学生选择相应的课程时，则显示该课程名、学生学号及成绩；如果某门课程没有学生选择，则显示一条包含课程名，而学生学号、成绩均为 NULL 的信息。

【解答】

```
SELECT CourseName, StuID, Score

FROM COURSE LEFT OUTER JOIN SC

ON Course.CourseID = SC.CourseID
```

【任务13】 使用子查询查找和"Tom"同籍贯的同学姓名。

【解答】

SELECT StuName

FROM Student

WHERE StuCity = (SELECT StuCity FROM Student WHERE StuName = 'Tom')

【任务14】 使用子查询查找选修了全部课程的学生学号和姓名(使用 GROUP BY)。

【解答】

SELECT SC.StuID,StuName

FROM Student JOIN SC

ON Student.StuID = SC.StuID

GROUP BY SC.StuID,StuName

HAVING COUNT(CourseID) > = (SELECT COUNT(*) FROM Course)

【任务15】 使用子查询查找"Jack"未选择的课程名。

【解答】

SELECT CourseName

FROM Course

WHERE CourseID NOT IN(SELECT CourseID

　　　　　　　　FROM SC

　　　　　　　WHERE StuID = (SELECT StuID

　　　　　　　　　　　　FROM Student

　　　　　　　　　　　　　　WHERE StuName = 'Jack'))

【任务16】 有关系模式如下:

房间(房间号,收费标准,床位数目)

客人(身份证号,姓名,性别,出生日期,籍贯)

住宿(房间号,身份证号,入住日期,退房日期,预付款额)

查询订过所有房间的住客的姓名。(not exists)

【解答】

SELECT 姓名

　　　FROM 客人

　　　WHERE NOT EXISTS

　　　　(SELECT *

　　　　　FROM 房间

　　　　　WHERE NOT EXISTS

　　　　　　(SELECT *

　　　　　　FROM 住宿

　　　　　　WHERE 身份证号 = 客人.身份证号

　　　　　　　AND 房间号 = 房间.房间号))

【任务 17】 查询未同时选修 1 号和 2 号课程的学生学号。

【解答】

```
SELECT StuID
FROM Student
EXCEPT
(SELECT StuID
FROM SC
WHERE CourseID = 1
INTERSECT
SELECT StuID
FROM SC
WHERE CourseID = 2
)
```

第5章 索引与视图

本章目标：

1. 索引的概念与分类
2. 创建索引
3. 视图的概念
4. 创建视图

索引与视图是关系型数据库的基本概念。本章将介绍索引的概念、索引的创建和维护以及视图的基本概念、创建和维护。

5.1 索　　引

【思考5-1】　当数据库中存储的数据越来越多,数据量越来越大时,如何才能从大量的信息中快速地查询到想要的数据呢?

【解决方案】

当我们要快速查找一本书上某个内容时,我们知道先翻到书的目录,找到相应关键字对应的页码,就能快速查到想要的内容。同样,SQL Server 也给我们提供了类似"目录"的机制,以便能在大量的数据中快速地查询需要的数据,这种机制称为"索引"。

5.1.1 索引概述

用户对数据库最常用的操作就是查询数据。在数据量比较大时,搜索满足条件的数据可能会花费很长时间,从而占用较多的服务器资源。为了提高数据检索的能力,在数据库中引入了索引的概念。

索引概述

1. 索引概念

数据库的索引和书籍中的目录非常相似。一本书有了目录(索引),就可以快速地在书中找到需要的内容,而无须顺序浏览全书了。书中的目录体现的是章节与页码的对应关系,而数据库中的索引是一个表中所包含的值的列表,其中注明了表中包含的某列(或某些列)的值以及各个值所对应的记录存储位置,可以为表中的单个列建立索引,也可以为一组列建立索引。

2. 索引的作用

(1) 大大加快数据检索速度。在检索数据过程中自动进行优化,提高系统性能。

(2) 加速表与表之间的连接。

(3) 显著减少查询中分组和排序的时间。

【注】 索引能快速检索数据，但并不代表索引创建越多，查询效率一定就越高。只有当经常查询索引列中的数据时，才需要在表上创建索引。因为，索引有以下不足：

(1) 创建索引需要花费时间；

(2) 每建一个索引都需要花费一定的存储空间；

(3) 当数据变化时，需要重新维护索引。

3. 索引的分类

按照概念的不同，可以把索引分为聚集索引和非聚集索引。

(1) 聚集索引(CLUSTERED INDEX)。在聚集索引中，表中各行的物理顺序与索引键值的逻辑(索引)顺序相同。表只能包含一个聚集索引，聚集索引通常建在有大量唯一值及不常更新的列上，聚集索引用于搜索范围值特别有效。

【注】 聚集索引相当于汉语字典的拼音查字法，因为字典中汉字的排序与目录页中拼音的排序方式相同。

(2) 非聚集索引(NONCLUSTERED INDEX)。非聚集索引具有完全独立于数据行的结构，使用非聚集索引不用将物理数据页中的数据按列排序。非聚集索引每张表可以创建249个。非聚集索引用于：

① 在 JOIN，WHERE 及 GROUP BY 子句上出现的列；

② 列的值常常更新；

③ 外键对应的列。

【注】 非聚集索引相当于汉语字典的部首查字法，因为字典中汉字的排序与目录页中部首的排序方式不同。

4. 索引的工作步骤

(非)聚集索引是按 B+树结构存放的，工作步骤如下：

(1) SQL Server 从 sysindexes 表中获得根页地址；

(2) 将要查找的值与根页上的键值相比较；

(3) 找到页上小于或等于要查找的值的最大键值；

(4) 页指针指向下一页；

(5) 重复步骤(3)和(4)，直到叶子页；

(6) 找到要查找的值，如果没有该值，则不返回结果。

聚集索引工作步骤如图 5-1 所示，非聚集索引工作步骤如图 5-2 所示。

5. 索引的特性

(1) 索引增强了连接表、排序、分组的查询；

(2) 当修改了创建索引的列，相应的索引也会自动更新；

(3) 维护索引需要花费时间，不常用的索引不应创建；

(4) 聚集索引通常创建在非聚集索引之前；

(5) 通常外键上创建非聚集索引，主键创建聚集索引。

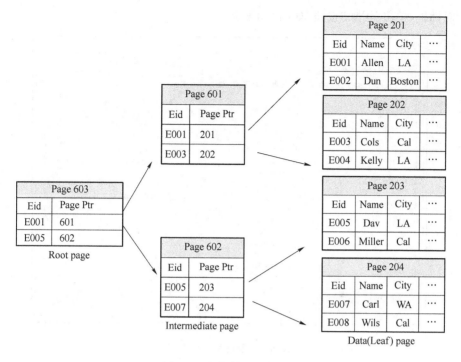

图 5-1 聚集索引工作步骤

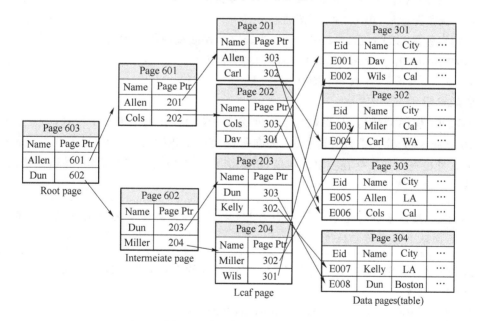

图 5-2 非聚集索引工作步骤

5.1.2 创建索引

可以使用"向导"的方式创建索引,步骤如下:

(1)在 SQL Server Management Studio 中,选择并右击要创建索引的表,从弹出菜单中选择"设计",打开表设计器,然后右击表设计器,从弹出的菜单中选择"索引/键",打开"索引/键"对话框,单击"添加"按钮,如图 5-3 所示。

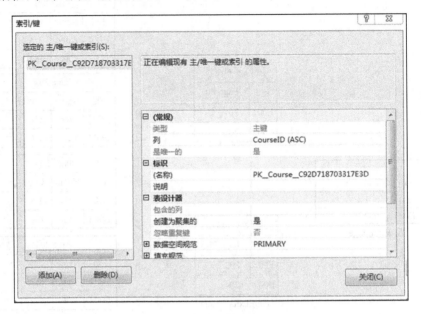

图 5-3　创建及维护索引

（2）在"列"属性下选择要创建索引的列,可指出索引是按升序还是降序组织列值。

（3）设置完成后,单击"确定"按钮。

也可以使用 CREATE INDEX 语句为给定的表或视图创建索引。语法如下：

```
CREATE[UNIQUE][CLUSTERED|NONCLUSTERED] INDEX 索引名
ON {表名 | 视图名 } ( 列名 [ ASC | DESC ] [ ,...n ] )
```

参数说明

UNIQUE：使用 UNIQUE 参数指定要创建唯一索引。在创建唯一索引时,如果数据已存在,SQL Server 会检查是否有重复值,并在每次使用 INSERT 或 UPDATE 语句添加数据时进行这种检查。如果存在重复的键值,将取消 CREATE INDEX 语句,并返回错误信息,给出第一个重复值。

【注】　聚集索引的命名一般以小写 idx 打头；非聚集索引的命名一般以小写 nidx 打头,后面跟上索引功能性说明。

【例 5-1】　为 Student 表创建基于"StuName"列的聚集索引"idxStuName"。

【解决方案】

```
CREATE CLUSTERED INDEX idxStuName ON Student(StuName)
```

【注】　一个表中只允许存在一个聚集索引。因此,如果表 Student 中已经存在一个聚集索引,则执行上面的语句时将会提示错误信息。

【例 5-2】　对"Student"表的"DepID"列创建非聚集索引"idxDepID"。

【解决方案】

```
CREATE NONCLUSTERED INDEX idxDepID ON Student(DepID)
```

【任务 5-1】　系统在执行以下查询语句时,由于数据量较大,查询速度较慢,现希望能提升查询速度,该如何建立适当的索引? 要执行的查询语句为:

```
SELECT StuID,StuName,DepName
FROM Student JOIN Department
ON Student.DepID = Department.DepID
```

要完成任务 5-1,可以将其分成两个步骤,任务列表如表 5-1 所示。

表 5-1　任务 5-1 列表

1	确定要创建的索引类型
2	在适当的表上创建索引

【任务实现】

步骤 1　确定要创建的索引类型

根据索引创建的规则:通常在主键上创建聚集索引,外键上创建非聚集索引,且聚集索引创建在非聚集索引之前。可以通过在 Student 表上的 StuID 字段上创建聚集索引、DepID 字段上创建非聚集索引;在 Department 表上的 DepID 字段创建聚集索引来提升查询速度。

步骤 2　在适当的表上创建索引

CREATE CLUSTERED INDEX idxDepartment

ON Department(DepID)

CREATE CLUSTERED INDEX idxStudent

ON Student(StuID)

CREATE NONCLUSTERED INDEX nidxStudent

ON Student(DepID)

5.1.3　维护索引

在 SQL Server Management Studio 中,可以选择"向导"或语句两种方式来维护索引。

1. 修改索引

在 SQL Server Management Studio 中,选择并右击要创建索引的表,从弹出的菜单中选择"设计",打开表设计器。然后右击表设计器,从弹出的菜单中选择"索引/键",打开"索引/键"对话框,可以查看已经存在的索引及修改索引的属性信息,如图 5-3 所示。用户可以修改索引的属性,修改完成后单击"关闭"按钮,在保存表时,对索引的修改将同时被保存起来。

也可以使用 ALTER INDEX 语句修改索引,语法如下:

```
ALTER INDEX 索引名
ON{ 表名 | 视图名 }
{REBUILD|DISABLE|REORGANIZE}
```

参数说明

REBUILD:指定重新生成索引。

DISABLE:指定将索引标记为已禁用。

REORGANIZE:指定将重新组织的索引叶级。

【例 5-3】 重新生成索引"idxDepID"。

【解决方案】

```
ALTER INDEX idxDepID ON Student REBUILD
```

2. 删除索引

在 SQL Server Management Studio 中，选择并右击要创建索引的表，从弹出的菜单中选择"设计"，打开表设计器。然后右击表设计器，从弹出的菜单中选择"索引/键"，打开"索引/键"对话框，单击"删除"按钮，可以删除选择的索引，如图 5-3 所示。

也可以使用 DROP INDEX 语句删除索引，语法如下：

```
DROP INDEX 表名.索引名|视图名.索引名[,...n]
```

【例 5-4】 删除 Student 表上创建的索引"idxDepID"。

【解决方案】

```
DROP INDEX Student.idxDepID
```

3. 查看索引

在"表属性"对话框的"索引/键"选项卡中，用户可以查看已经存在的索引。从"选定的索引"下拉列表框中选择一个索引，可以看到它的属性信息，如图 5-3 所示。

也可以使用 sp_helpindex 存储过程来查看索引信息，语法如下：

```
sp_helpindex 表名|视图名
```

【例 5-5】 查看 Student 表上创建的索引信息。

【解决方案】

```
sp_helpindex Student
```

【注】 即使正确地创建了索引，在使用 SELECT 语句时也需要注意索引列的使用方法，否则就可能无法在查询过程中应用索引。

(1) 对索引列应用了函数。

(2) 对索引列使用了 LIKE 关键字。

(3) 在 WHERE 子句中对列进行了 CONVERT 或 CAST 类型转换函数。

(4) 在 WHERE 子句中使用 IN 关键字的列。

5.2 视　图

视图是保存在数据库中的 SELECT 查询，其内容由查询定义，因此视图不是真实存在的基础表，而是从一个或者多个表中导出的虚拟的表。同真实的表一样，视图包含一系列带有名称的列和行数据，但视图中的行和列数据来自由定义视图的查询所引用的表，并且在引用视图时动态生成。因此，视图所对应的数据并不实际地以视图结构存储在数据库中，而是存储在视图所引用的表中。

5.2.1 视图概述

视图看上去和表几乎一模一样，具有一组命名的字段和数据项，但它其实是一张虚拟的表，在物理上并不实际存在。视图是由查询数据库表产生

视图概述

的,它限制了用户能看到和修改的数据。

与查询相类似的是,视图可以用来从一个或多个相关联的表或视图中提取有用信息;与表相类似的是,视图可以用来更新其中的信息,并将更新结果永久保存在磁盘上。

概括地说,视图有以下一些特点:

(1) 简单性。视图不仅可以简化用户对数据的理解,也可以简化他们的操作。那些被经常使用的查询可以被定义为视图,从而使用户不必为以后的操作每次都指定全部的条件。

(2) 安全性。通过视图用户只能查询和修改他们所能见到的数据。数据库中的其他数据则既看不见,也取不到。数据库授权命令可以使每个用户对数据库的检索限制到特定的数据库对象上,但不能授权到数据库特定行和特定的列上。通过视图,用户可以被限制在数据的不同子集上。

(3) 逻辑数据独立性。视图可以使应用程序和数据库表在一定程度上独立。如果没有视图,应用一定是建立在表上的。有了视图之后,程序可以建立在视图之上,从而程序与数据库表被视图分割开来。

5.2.2　创建视图

可以使用 CREATE VIEW 语句创建视图。语法如下:

创建视图

```
CREATE VIEW 视图名[(列名[, …n])][WITH ENCRYPTION]
AS
SELECT 语句
```

参数说明

视图名:视图的名称,必须符合标识符的命名规则。

列名:视图中的列名称,如果省略列名,则视图的列采用 SELECT 语句产生的列名。当列是从算术表达式、函数或常量派生的,两个或更多的列可能会具有相同的名称(通常是因为连接),或者视图中的某列被需要赋予了不同于派生来源列的名称时,需要指定列名。

WITH ENCRYPTION:对包含在系统表 syscomments 内的 CREATE VIEW 语句文本进行加密。

SELECT 语句:用于创建视图的 SELECT 语句,利用 SELECT 语句可以从表或视图中选择列构成新视图的列。

> **【注】** 视图的命名一般以小写 vw 打头,后面跟上视图功能性说明。

【例 5-6】 创建视图显示选修了"数据库"课程的学生姓名、所在系、年龄及成绩。

【解决方案】

```
CREATE VIEW vwStudentInfo WithDB
AS
    SELECT StuName,DepName,StuAge,Score
```

```
FROM Student s JOIN SC ON s.StuID = SC.StuID
JOIN Course ON SC.CourseID = Course.CourseID
JOIN Department d ON d.DepID = s.DepID
WHERE CourseName = '数据库'
```

可以使用 SELECT 语句查询视图 vwStudentInfoWithDB 中的信息：

```
SELECT * FROM vwStudentInfoWithDB
```

5.2.3 使用视图更新数据

SQL Server 中允许通过视图来更新表中的数据，语法与更新表相同。

【例 5-7】 更新视图 vwStudentInfoWithDB 中 StuAge 字段的值，使得每条记录的 StuAge 字段值加 1 岁。

【解决方案】

```
UPDATE vwStudentInfo WithDB
SET StuAge = StuAge + 1
```

【例 5-8】 更新视图 vwStudentInfoWithDB 中 StuAge 和 Score 字段的值，使得每条记录的 StuAge 字段值加 1 岁，Score 字段的值加 10 分。

【解决方案】

```
UPDATE vwStudentInfo WithDB
SET StuAge = StuAge + 1,Score = Score + 10
```

运行后，编译器报错，并显示：

消息 4405，级别 16，状态 1，第 1 行

视图或函数 'vwStudentInfo WithDB' 不可更新，因为修改会影响多个基表.

【注】 视图不能同时修改来自 2 张或 2 张以上基表的数据。

要实现例 6-5 的修改，需要分批执行更新操作如下：

```
UPDATE vwStudentInfo WithDB
SET StuAge = StuAge + 1
UPDATE vwStudentInfo WithDB
SET Score = Score + 10
```

5.2.4 维护视图

1. 修改视图

对于已经存在的视图，可以根据需要使用 ALTER VIEW 语句对视图进行修改，修改的语法如下：

```
ALTER[UNIQUE][CLUSTERED|NONCLUSTERED] INDEX 索引名
ON {表名 | 视图名 } ( 列名 [ ASC | DESC ] [ ,...n ] )
```

参数说明

```
ALTER VIEW 视图名 [ ( 列名 [ ,...n ] ) ] [ WITH ENCRYPTION ]
AS
SELECT 语句
```

参数的说明和 5.2.2 节相同。

【例 5-9】 修改视图"vwStudentInfoWithDB",要求显示选修了"数据库原理"课程的学生姓名、所在系、年龄及成绩。

【解决方案】

```
ALTER VIEW vwStudentInfo WithDB
AS
    SELECT StuName,DepName,StuAge,Score
    FROM Student s JOIN SC ON s.StuID = SC.StuID
    JOIN Course ON SC.CourseID = Course.CourseID
    JOIN Department d ON d.DepID = s.DepID
    WHERE CourseName ='数据库原理'
```

2. 查看视图

执行 sp_helptext 存储过程可以查看数据库对象的详细信息。

【例 5-10】 使用 sp_helptext 存储过程查看视图"vwStudentInfoWithDB"的详细信息。

【解决方案】

```
EXEC sp_helptext vwStudentInfoWithDB
```

3. 删除视图

可以使用 DROP VIEW 将已经存在的视图删除,删除视图后,表和视图所基于的数据并不受到影响。

【例 5-11】 删除视图 vwStudentInfoWithDB。

【解决方案】

```
DROP VIEW vwStudentInfoWithDB
```

实验五　索引与视图

【任务 1】　为 Course 表创建聚集索引 idxCourseID。

【解答】

```
CREATE CLUSTERED INDEX idxCourseID ON Course(CourseID)
```

【任务 2】　删除索引 idxCourseID。

【解答】

```
DROP INDEX Course.idxCourseID
```

【任务 3】　创建视图显示选修了"C Program Design"课程的学生学号、姓名、所在系名及成绩。

【解答】

```
CREATE VIEW vwStudentInfoWithC
AS
    SELECT StuID, StuName, DepName, Score
    FROM Department JOIN Student ON Department.DepID  = Student.DepID
    JOINSC ON SC.StuID = student. StuID
    JOIN Course ON Course.CourseID = SC.CourseID
    WHERE CourseName  = 'C Program Design'
```

【任务 4】　查询任务 3 中的视图显示的信息。

【解答】

```
SELECT * FROM vwStudentInfoWithC
```

【任务 5】　创建视图查询其成绩比该课程平均成绩高的学生的学号、课程号、课程名及成绩。

【解答】

```
CREATE VIEW vwGreaterThanAvg
AS
    SELECT StuID, x.CourseID, CourseName, Score
    FROM SC x JOIN Course
    ON x.CourseID = Course.CourseID
    WHERE x.Score> = (SELECT AVG(Score) FROM SC y
                        WHERE x.CourseID = y.CourseID)
```

【任务 6】　修改视图 vwStudentInfoWithC，将 A00001 号学生的 1 号课程对应的记录课程名修改为 SQL Server，同时成绩加 5 分。

【解答】

```
UPDATE vwGreaterThanAvg
SET CourseName = 'SQL Server'
WHERE StuID = 'A00001' and CourseID = 1


UPDATE vwGreaterThanAvg
SET Score = Score + 5
WHERE StuID = 'A00001' and CourseID = 1
```

第6章　表达式与流程控制

和高级语言一样,SQL Server 也允许我们编写程序来实现某个特定的功能。Transact-SQL 语言是 Microsoft 公司开发的一种 SQL 语言,简称 T-SQL 语言,可以用来实现 SQL Server 环境下程序的开发。T-SQL 语言主要包含数据定义语言、数据操纵语言、数据控制语言、系统存储过程和其他语言元素。在第 3~5 章中,我们已经陆续介绍了数据定义语言、数据操纵语言和系统存储过程,数据控制语言将在第 11 章中介绍,本章主要介绍其他语言元素包括变量、注释、流程控制语句等。

6.1　常　量

常量
常量也称为标量值,是表示一个特定数据值的符号。常量的格式取决于它所表示的值的数据类型。

（1）字符串常量

字符串常量用单引号括起来。如果要在字符串中包含单引号,则可以使用连续的两个单引号来表示。例如:'Chinese'。

（2）二进制常量

二进制常量使用 0x 作为前缀,后面跟随十六进制数字字符串。例如:0xAE。

（3）bit 常量

bit 常量使用 False 或 True 表示。

（4）datetime 常量

datetime 常量使用单引号括起来的特定格式的字符日期值表示。例如:'2016-08-01 14:30:24'。

（5）整型常量

由正、负号和数字 0~9 组成,正号可以省略。例如:1894。

（6）decimal 常量

由正、负号、小数点、数字 0~9 组成,正号可以省略。例如:1894.1204。

（7）float 和 real 常量

使用科学计数法表示。例如:101.5E5。

（8）money 常量

以可选小数点和可选货币符号作为前缀的一串数字,可以带正、负号。例如:$12。

（9）uniqueidentifier 常量

表示全局唯一标识符值的字符串,可以使用字符或二进制字符串格式指定。例如:'6F9619FF-8B86-D011-B42D-00C04FC964FF'。

6.2 变　　量

变量

变量是可以保存特定类型的单个数据值的对象,SQL Server 的变量分为两种:用户自己定义的局部变量和系统提供的全局变量。

6.2.1 局部变量

局部变量的作用范围仅限制在程序的内部。常用来保存临时数据。例如,可以使用局部变量保存表达式的计算结果,作为计数器保存循环执行的次数,或者用来保存由存储过程返回的数据值。

1. 局部变量的定义

语法:

```
DECLARE { @局部变量名  数据类型}[ ,...n]
```

参数说明

局部变量名:必须以@开头,符合标识符的命名规则。

数据类型:系统定义的数据类型;用户定义数据类型。不能是 text、ntext 或 image 数据类型。

> 【注】 局部变量定义后初始值为 NULL。局部变量的作用范围是在其中定义局部变量的批处理、存储过程或语句块。

【例 6-1】 定义一个变量@StuID 用来保存学生的学号,该变量为字符串类型,长度为 10。

【解决方案】

由于学号的值通常是固定的长度,因此可以使用定长的字符数据类型,根据语法格式,可定义如下:

```
DECLARE @StuID char(10)
```

【例 6-2】 定义一个变量@StuID 用来保存学生的学号,该变量为字符串类型,长度为 10;然后定义一个变量@StuName 用来保存学生的姓名,该变量为字符串类型,长度为 20。

【解决方案】

由于姓名的值通常是变长,因此可以使用变长的字符数据类型,根据语法格式,可定义如下:

```
DECLARE @StuID char(10), @StuName varchar(20)
```

2. 局部变量的赋值

如果要设置局部变量的值,可以使用 SET 语句或 SELECT 语句。

(1) 用 SET 语句给局部变量赋值,语法格式如下:

```
SET @局部变量名 = 表达式
```

【例 6-3】 定义一个变量@StuID 用来保存学生的学号,该变量为字符串类型,长度为 10,并为该变量赋值为'A00001'.

【解决方案】

```
DECLARE @StuID char(10)
SET @StuID = 'A00001'
```

（2）用 SELECT 语句给局部变量赋值，语法格式如下：

```
SELECT {@局部变量名 = 表达式}[,...n]
```

【例 6-4】 先定义一个变量 @StuID 用来保存学生的学号，该变量为字符串类型，长度为 10，并为该变量赋值为'A00001'；然后定义一个变量 @StuName 用来保存学生的姓名，该变量为字符串类型，长度为 20，并为该变量赋值为'Mary'。

【解决方案】

```
DECLARE @StuID char(10), @StuName varchar(20)
SELECT @StuID = 'A00001', @StuName = 'Mary'
```

【注】 SET 语句只能为单个变量赋值，如有多个变量需要赋值，必须使用多条 SET 语句；而 SELECT 语句则可以同时为多个变量赋值。

3. 局部变量的打印

如果要打印显示局部变量的值，可以使用 PRINT 语句。语法格式如下：

```
PRINT @局部变量名
```

6.2.2 全局变量

全局变量是 SQL Server 系统内部使用的变量，全局变量不是由用户的程序定义的，它们是 SQL Server 系统在服务器级定义的，用户可以使用全局变量来测试系统的设定值或者是 Transact-SQL 命令执行后的状态值。在使用全局变量时，必须以"@@"开头。

SQL Server 给用户提供了 30 多个全局变量，如@@VERSION 用于返回 SQL Server 当前安装的日期、版本和处理器类型；@@CONNECTIONS 用于返回自上次启动 SQL Server 以来连接或试图连接的次数；@@LANGUAGE 用于返回当前使用的语言名。

6.3 运算符与表达式

SQL Server 中运算符能够用于执行算术运算、字符串连接、赋值以及在字段、常量和变量之间进行比较。运算符主要有以下七大类：算术运算符、连接运算符、赋值运算符、比较运算符、逻辑运算符、按位运算符和一元运算符。

1. 算术运算符

算术运算符用于在两个表达式上执行算术运算。算术运算符包括：＋、－、＊、／、％（取模）。其中，％ 运算符用于返回一个整数除以另一个整数的余数。例如：12％5＝2。

2. 字符串串联运算符

字符串串联运算符为"＋"，用于将两个字符串串联起来，构成字符串表达式。例如，'hello' ＋" ＋'world'结果为'hello world'。

3. 赋值运算符

赋值运算符为"＝"。见 6.2.1 节的 SET 及 SELECT 赋值语句。

4. 比较运算符

比较运算符用于比较两个表达式的大小。比较的结果为布尔值,即 TRUE、FALSE 及 UNKNOWN,TRUE 表示表达式的结果为真(条件成立),FALSE 表示表达式的结果为假(条件不成立)。当操作中含有 NULL 时,分为两种情况:当 SET ANSI_NULLS 为 ON 时,带有一个或两个 NULL 表达式的比较运算返回 UNKNOWN;当 SET ANSI_NULLS 为 OFF 时,上述规则同样适用,但当两个表达式都为 NULL 时,返回结果为 TRUE。例如,NULL = NULL 返回 TRUE。

比较运算符有:=(等于)、>(大于)、<(小于)、>=(大于或等于)、<=(小于或等于)、<>(不等于)、!=(不等于)、!<(不小于)、!>(不大于)。

【注】 除了 text、ntext 或 image 数据类型的表达式外,比较运算符可以用于所有表达式。

【例 6-5】 判断下列布尔表达式返回的值:

(1) 4>3 (2) 4!=3 (3) 4<>3 (4)4<=3

【解决方案】

(1) 返回 TRUE (2) 返回 TRUE (3) 返回 TRUE (4) 返回 FALSE。

5. 逻辑运算符

逻辑运算符用于对多个具有布尔值的表达式进行组合运算,返回带有 TRUE 或 FALSE 的布尔值。逻辑运算符有:NOT、AND 和 OR。其真值表如表 6-1 所示(T 表示真,F 表示假)。

表 6-1 逻辑运算符的真值表

A	B	NOT A	A AND B	A OR B
T	T	F	T	T
T	F	F	F	T
F	T	T	F	T
F	F	T	F	F

【例 6-6】 判断下列布尔表达式返回的值:

(1) NOT(2>1) (2) (2>1) AND (3>4) (3) (2>1) OR (3>4)

【解决方案】

(1) 返回 FALSE (2) 返回 FALSE (3) 返回 TRUE。

6. 位运算符

位运算符在两个表达式之间执行位操作,这两个表达式可以为整型数据类型分类中的任何数据类型。位运算符及其含义如下所示:

&:按位与(两个操作数);

|:按位或(两个操作数);

^:按位逻辑异或(两个操作数)。

按位进行与运算、或运算和异或运算的计算规则如表 6-2 所示。

表 6-2　按位进行与运算、或运算和异或运算的计算规则

位 1	位 2	& 运算	︳运算	‐运算
0	0	0	0	0
0	1	0	1	1
1	0	0	1	1
1	1	1	1	0

【例 6-7】　判断打印语句 PRINT 2&3 的打印结果。

【解决方案】

按二进制位进行与运算为 0x10 & 0x11，结果为 0x10，即打印 2。

7. 一元运算符

当一个复杂的表达式有多个运算符时，运算符的优先次序决定了执行运算的先后次序。运算符的优先次序从高到低依次为：

(1) +（正）、−（负）、~（按位 NOT 逻辑非）

(2) *（乘）、/（除）、%（模）

(3) +（加）、(+ 串联)、−（减）

(4) =，>，<，>=，<=，<>，! =，! >，! <（比较运算符）

(5) ^（位异或）、&（位与）、︳（位或）

(6) NOT

(7) AND

(8) ALL、ANY、BETWEEN、IN、LIKE、OR、SOME

(9) =（赋值）

> 【注】　实际项目开发中，一般并不需要特别记忆运算符优先级，只需要在优先执行的表达式上加括号。

6.4　流程控制

流程控制语句用于控制 Transact-SQL 语句、语句块和存储过程的执行流程。这些语句可用于 Transact-SQL 语句、批处理和存储过程中。如果不使用流程控制语句，则各 Transact-SQL 语句按其出现的先后顺序执行。使用流程控制语句可以按需要控制语句的执行次序和执行分支。

表达式与流程控制

Transact-SQL 语言提供了 BEGIN … END、IF … ELSE、WHILE、GOTO、BREAK、CONTINUE、RETURN 和 WAITFOR 语句。

6.4.1　BEGIN…END 语句

BEGIN…END 语句用于将多个 Transact-SQL 语句定义成一个语句块。语句块可以在程序中视为一个单元处理。BEGIN…END 语句的语法如下：

BEGIN…END
语句

```
BEGIN
    { SQL 语句|语句块 }
END
```

其中,SQL 语句为一条 Transact-SQL 语句;语句块为用 BEGIN 和 END 定义的语句块。可以看出,在一个语句块中可以包含另一个语句块。

> 【注】　BEGIN 和 END 语句必须成对使用,任何一条语句均不能单独使用。

【例 6-8】　定义一个变量@StuID 用来保存学生的学号,该变量为字符串类型,长度为10,并为该变量赋值为'A00001',并将语句块写入 BEGIN…END 结构中。

【解决方案】

```
BEGIN
    DECLARE @StuID char(10)
    SET @StuID = 'A00001'
END
```

6.4.2　IF…ELSE 语句

IF…ELSE 语句

在 SQL Server 中为了控制程序的执行方向,也会像其他语言(如 C 语言)有顺序、选择和循环三种控制语句,其中 IF…ELSE 就属于选择判断结构。IF 结构的语法如下:

```
IF 布尔表达式
    {SQL 语句 1 | 语句块 1}
[ ELSE
    {SQL 语句 2 | 语句块 2}]
SQL 语句 3 | 语句块 3
```

其中,布尔表达式是返回 TRUE 或 FALSE 的表达式,SQL 语句和语句块可以是合法的Transact-SQL 任意语句,但含两条或两条以上的语句的程序块必须加 BENGIN…END 结构。

执行顺序是:遇到选择结构 IF 子句,先判断 IF 子句后的条件表达式。如果布尔表达式的逻辑值是 TRUE,则执行后面的 SQL 语句 1 或语句块 1,执行完后继续执行 SQL 语句 3或语句块 3;如果布尔表达式为 FALSE,语法中的 ELSE 是可选项,当不出现 ELSE 时,直接执行 SQL 语句 3 或语句块 3,当出现 ELSE 时,则先执行 SQL 语句 2 或语句块 2,再执行SQL 语句 3 或语句块 3。

> 【注】　IF 和 ELSE 结构中的语句块可以继续嵌套 IF…ELSE 结构。

【例 6-9】　获取当前日期的日期,给本月出生的员工举办庆祝生日会,每月 1 日选出要过生日的员工名单,如果今天不是 1 日,则提示'今天不是月初,不提示生日信息!'。

【分析】　首先可以使用日期函数获取当日的值,如果是 1 号,则查找员工,当日的值可以保存在变量中,当变量值为 1 时,则使用查询语句查找员工生日为本月的信息。

【解决方案】

```
DECLARE @Today int
SET @Today = DAY(GETDATE())
IF (@Today = 1)
    BEGIN
        SELECT EmpID,EmpName,EmpBirthDate
        FROM Employee
```

```
        WHERE MONTH(EmpBirthDate) = MONTH(GETDATE())
    END
ELSE
    PRINT'今天不是月初,不提示生日信息!'
```

6.4.3 CASE 语句

CASE 函数可以计算多个条件式,并返回其中一个符合条件的结果表达式。按照使用形式的不同,可以分为简单 CASE 函数和 CASE 搜索函数。简单 CASE 函数将某个表达式与一组简单表达式进行比较以确定返回的结果。CASE 搜索函数计算一组布尔表达式以确定返回的结果。

1. 简单 CASE 函数

语法如下:

```
CASE input_表达式
    WHEN when_表达式 THEN result_表达式
    [ ...n ]
    [ELSE else_result_表达式]
END
```

计算输入表达式的值,依次与每个 WHEN 子句中的 when_表达式进行比较,直到发现第一个与 input_表达式相等的表达式时,便返回该 WHEN 子句的 THEN 后面所指定的 result_表达式。如果不存在与 input_表达式相等的 when_表达式,则当指定 ELSE 子句时将返回 ELSE 字句指定的 result_表达式,若没有指定 ELSE 子句,则返回 NULL 值。

2. CASE 搜索函数

语法如下:

```
CASE
    WHEN bool_表达式 THEN result_表达式
    [ ...n ]
    [ELSE else_result_表达式 ]
END
```

依次计算每个 WHEN 子句中的 bool_表达式,返回第一个值为 TRUE 的 bool_表达式之后对应的 Result_表达式值。如果每一个 WHEN 子句之后的 bool_表达式为都不为 TRUE,则当指定 ELSE 子句时,返回 ELSE 子句中的 result_表达式的值,若没有指定 ELSE 子句,则返回 NULL 值。

参数说明

input_表达式:是使用简单 CASE 格式时所计算的表达式。

WHEN when_表达式:使用简单 CASE 格式时 input_表达式所比较的简单表达式。when_表达式是任意有效的 SQL Server 表达式。Input_表达式和每个 when_表达式的数据类型必须相同,或者是隐性转换。

[...n]:表明可以使用多个 WHEN when_表达式 THEN result_表达式子句,或 WHEN bool_表达式 THEN result_表达式子句。

THEN 结果表达式:当 input_表达式 = when_表达式 取值为 TRUE,或者 bool_表达式 取值为 TRUE 时返回的表达式。

result_表达式:是任意有效的 SQL Server 表达式。

ELSEelse_result_表达式:当比较运算取值不为 TRUE 时返回的表达式。如果省略此参数并且比较运算取值不为 TRUE,CASE 将返回 NULL 值。else_result_expression 是任意有效的 SQL Server 表达式。else_result_expression 和所有 result_expression 的数据类型必须相同,或者必须是隐性转换。

WHENbool_expression:使用 CASE 搜索格式时所计算的布尔表达式。bool_expression 是任意有效的布尔表达式。

【例 6-10】 将 SchoolInfo 数据库中的 Student 表的 StuSex 字段的值用 0 和 1 分别显示"男"和"女"。

【解决方案】
```
SELECT'学号' = StuID,'性别' =
CASE StuSex
    WHEN'男' THEN 0
    WHEN'女' THEN 1
END
FROM Student
```

【例 6-11】 将 SchoolInfo 数据库中的 Student 表显示为如表 6-3 所示。

表 6-3 Student 表信息

学号	年龄
A00001	小于 20 岁
A00002	大于 20 岁…
…	…

【解决方案】
```
SELECT  '学号' = StuID,'年龄' =
CASE
    WHEN StuAge<20 THEN'小于 20 岁'
    WHEN StuAge> = 20 THEN'超过 20 岁'
END
FROM Student
```

6.4.4 WHILE 语句

WHILE 子句是 Transact-SQL 语句支持的循环结构。在条件为真的情况下,WHILE 子句可以循环执行其后的一条 Transact-SQL 命令。如果想循环执行一组命令,则需要是使用 BEGIN…END 子句。语法如下:

```
WHILE 布尔表达式
    { sql 语句 | 语句块 }
```

从 WHILE 语句开始,计算布尔表达式的值,当布尔表达式的值为 TRUE 时,执行循环体,然后返回 WHILE 语句,接着计算布尔表达式的值,如果仍为 TRUE,则再执行循环体,如此往复,直到某次布尔表达式的值为 FALSE 时,则不执行循环体,而直接执行 WHILE 循环之后的其他语句。

【例 6-12】 对 1~100 的数求和。

【解决方案】
```
DECLARE @i int,@sum int
SET @i = 1
SET @sum = 0
WHILE @i< = 100
```

```
BEGIN
SET @sum = @sum + @i
    SET @i = @i + 1
END
PRINT'1 到 100 之间数的和为' + Convert(char(10),@sum)
```

6.4.5　WHILE…CONTINUE…BREAK 语句

循环结构 WHILE 子句还可以用 CONTINUE 和 BREAK 命令控制 WHILE 循环中语句的执行。语法如下：

```
WHILE＜条件表达式＞
BEGIN
    { sql 语句 | 语句块 }
    [BREAK]
    [CONTINUE]
END
```

WHILE 语句

其中,执行 BREAK 语句将完全跳出循环,结束 WHILE 循环的执行。执行 CONTINUE 语句将使循环跳过 CONTINUE 语句后面的语句,回到 WHILE 循环的第一条语句。

【例 6-13】　读下列程序,写出程序运行结果。

```
DECLARE @i int,@sum int
SET @i = 0
WHILE @i＜10
BEGIN
    SET @i = @i + 1
    IF(@i = 6)
        CONTINUE
    PRINT Convert(char(10),@i)
END
```

【解决方案】

显示结果为：

1

2

3

4

5

7

8

9

10

【例 6-14】　读下列程序,写出程序运行结果。

```
DECLARE @i int,@sum int
SET @i = 0
WHILE @i＜10
BEGIN
```

```
    SET @i = @i + 1
    IF(@i = 6)
        BREAK
    PRINT Convert(char(10),@i)
END
```

【解决方案】

显示结果为：

1

2

3

4

5

6.4.6 RETURN 语句

RETURN 语句用于从查询过程中无条件退出。RETURN 语句可以在任何时候用于从过程、批处理或语句块中退出。位于 RETURN 之后的语句不会被执行。语法如下：

RETURN 整数值

在存储过程中可以在 RETURN 后面使用一个具有整数值的表达式,用于向调用过程或应用程序返回整型值。

【例 6-15】 读下列程序,写出程序运行结果。

```
DECLARE @i int
SET @i = 10
PRINT'遇到 RETURN 之前'
RETURN
PRINT'遇到 RETURN 之后'
```

【解决方案】

显示结果为：

遇到 RETURN 之前

6.4.7 GOTO 语句

GOTO 语句用于改变程序的执行流程,其语法如下：

GOTO 标号

… …

标号：

GOTO 语句功能是使程序直接跳到标有标号的位置处继续执行,而位于 GOTO 语句和标号之间的语句将不会被执行。标号必须是一个合法的标识符。

【例 6-16】 使用 GOTO 语句对 1~100 的数求和。

【解决方案】

```
DECLARE @sum int, @i int
SET @sum = 0
SET @i = 1
Label1:
```

```
        SET @sum = @sum + @i
        SET @i = @i + 1
IF @i< = 100
        GOTO Label1
PRINT'1 到 100 之间数的和为'+ Convert(char(10),@sum)
```

6.4.8 WAITFOR 语句

WAITFOR 指定触发器、存储过程或事务执行的时间、时间间隔或事件；还可以用来暂时停止程序的执行，直到所设定的等待时间已过才继续往下执行。语法如下：

```
WAITFOR { DELAY'时间' | TIME'时间' }
```

参数说明

DELAY：使用该关键字表示其后的时间应为时间间隔，该时间间隔最长可达 24 小时。

TIME：使用该关键字表示其后的时间用于指示要等待到的时间点，格式为：hh：mm：ss。

【例 6-17】 在一分钟以后打印"HELLO"，代码如下：

【解决方案】

```
WAITFOR DELAY'00:01'
PRINT 'HELLO'
```

【例 6-18】 在晚上 24：00 时打印"HELLO"。

```
WAITFOR TIME'24: 00'
PRINT 'HELLO'
```

6.5 注 释 语 句

注释语句

注释用于对代码行或代码段进行说明，或暂时禁用某些代码行。注释语句不被编译器编译。注释是程序代码中不执行的文本字符串。使用注释对代码进行说明，可以使程序代码更易于理解和维护。注释通常用于说明代码的功能，描述复杂计算或解释编程方法，记录程序名称、作者姓名、主要代码更改的日期等。

向代码中添加注释时，需要用一定的字符进行标识。SQL Server 支持两种类型的注释字符。

1. --：这种注释字符可与要执行的代码处在同一行，也可另起一行。从双连字符开始到行尾均表示注释。对于多行注释，必须在每个注释行的开始使用双连字符。

【例 6-19】使用双连字符给程序添加注释。

```
--从 Student 表中选择所有的行和列
SELECT * FROM Student
ORDER BY StuID ASC    --按 StuID 列的升序排序
```

2. /* ... */：可与代码处在同一行，也可另起一行，甚至用在可执行代码内。从/*到 */之间的全部内容均为注释部分。对于多行注释，必须使用/* 开始注释，使用 */结束注释。注释行上不应出现其他注释字符。

【例 6-20】 使用/* ... */给程序添加注释。

```
/* 从 Student 表中选择所有的行和列
显示按 StuID 列的升序排序 */
SELECT * FROM Student
ORDER BY StuID ASC
```

实验六 表达式与流程控制

 【任务1】 声明变量@DepName,并赋值为"computer"。

【解答】

```
DECLARE @DepName varchar(40)
SET @DepName = 'computer'
```

 【任务2】 查询学号为"A00001"的学生姓名,并将姓名赋值给变量@Stu-Name,最后打印变量的值。

【解答】

```
DECLARE @StuName varchar(10)
SELECT @StuName = StuName
FROM Student
WHERE StuID = 'A00001'
PRINT @StuName
```

 【任务3】 查询学号为"A00001"的学生对应的系号,并将系号的值使用变量@DepID保存,然后到 Department 表中查找变量@DepID 对应的系名,将系名赋值给变量@DepName 并打印。

【解答】

```
DECLARE @DepID char(10)
SELECT @DepID = DepID
FROM Student
WHERE StuID = 'A00001'
DECLARE @DepName varchar(40)
SELECT @DepName = DepName
FROM Department
WHERE DepID = @DepID
PRINT @DepName
```

 【任务4】 查询学号为"A00001"的学生对应的入学成绩,并将入学成绩放入变量@StuGrade 保存,如果入学成绩超过 500 分,则打印"优秀",否则打印"通过"。

【解答】

```
DECLARE @StuScore int
SELECT @StuScore = StuScore
FROM Student
WHERE StuID = 'A00001'
IF(@StuScore >= 60)
    PRINT'优秀'
```

ELSE

    PRINT'通过'

 【任务5】 求出 1～100 奇数的和。

【解答】

```
DECLARE @i int,@sum int
SET @i = 1
SET @sum = 0
WHILE @i< = 100
BEGIN
    SET @sum = @sum + @i
    SET @i = @i + 2
END
PRINT'1 到 100 之间数的奇数和为'+ Convert(char(10),@sum)
```

第7章 存储过程

本章目标：

1. 创建存储过程

2. 执行存储过程

3. 带有输入、输出参数的存储过程

4. 存储过程的 TRY-CATCH 结构

5. 存储过程的返回值

6. 存储过程调用存储过程

7. 修改及删除存储过程

【思考7-1】 公司将在每个月的1号统计该月中过生日的员工，为这些员工集中举行生日晚会，如何将本月过生日的员工工号、姓名、生日显示出来？

【分析】 首先可以使用日期函数获取当日的值，如果是1号，则查找员工，当日的值可以保存在变量中，当变量值为1时，则使用查询语句查找员工生日为本月的信息。

【解决方案】

```
DECLARE @Today int
SET @Today = DAY(GETDATE())
IF (@Today = 1)
    BEGIN
        SELECT EmpID, EmpName, EmpBirthDate
        FROM Employee
        WHERE MONTH(EmpBirthDate) = MONTH(GETDATE())
    END
```

以上 Transact-SQL（简称 T-SQL）语句是临时存在的，如果在每月月初都需执行一次，则需要重新创建 T-SQL 语句并提交到服务器，此时服务器端也会重新编译并创建新的执行计划，这无疑降低了数据库执行效率。当需要多次执行 T-SQL 语句以完成特定任务时，应该考虑使用存储过程。

存储过程是 Transact-SQL 语言编写的程序，相当于高级语言中的函数，需要显示调用才能执行。本章主要介绍了存储过程的概念、创建及调用存储过程以及如何维护存储过程。

7.1　存储过程概述

当一个 Transact-SQL 程序块需要多次执行时,应该考虑使用存储过程来解决。Transact-SQL 中的存储过程非常类似于高级语言中的方法,它可以重复调用。当存储过程执行一次后,可以将语句放入缓存中,这样下次执行的时候直接使用缓存中的语句,通过这种方式可以提高存储过程的性能。

7.1.1　存储过程定义

存储过程(Stored Procedure)是在大型数据库系统中,一组为了完成特定功能的 SQL 语句集,经编译后存储在数据库中,用户通过指定存储过程的名字并给出参数(如果该存储过程带有参数)来执行。存储过程是数据库中的一个重要对象,任何一个设计良好的数据库应用程序都应该用到存储过程。

存储过程中可以包含逻辑控制语句和数据操纵语句,它可以接受参数、输出参数、返回单个或多个结果集以及返回值。

由于存储过程在创建时即在数据库服务器上进行了编译并存储在数据库中,所以存储过程运行要比单个的 SQL 语句块要快。同时,由于在调用时只需用提供存储过程名和必要的参数信息,所以在一定程度上也可以减少网络流量、降低网络负担。

7.1.2　存储过程分类

1. 用户自定义存储过程

用户自定义的存储过程是由用户创建并完成某一特定功能的存储过程,事实上一般所说的存储过程就是指用户自定义存储过程,也称为本地存储过程。

2. 系统存储过程

以 sp_开头,用来进行系统的各项设定、取得信息、相关管理工作的存储过程。

3. 临时存储过程

一是本地临时存储过程,以"井"字号(♯)作为其名称的第一个字符,则该存储过程将成为一个存放在 tempdb 数据库中的本地临时存储过程,且只有创建它的用户才能执行;

二是全局临时存储过程,以两个"井"字号(♯♯)号开始,则该存储过程将成为一个存储在 tempdb 数据库中的全局临时存储过程,全局临时存储过程一旦创建,以后连接到服务器的任意用户都可以执行,而且不需要特定的权限。

4. 远程存储过程

在 SQL Server2005 中,远程存储过程(Remote Stored Procedures)是位于远程服务器上的存储过程,通常可以使用分布式查询和 EXECUTE 命令执行一个远程存储过程。

5. 扩展存储过程

扩展存储过程(Extended Stored Procedures)是用户可以使用外部程序语言编写的存储过程,而且扩展存储过程的名称通常以 xp_开头。

【注】　本章主要介绍用户自定义存储过程。

7.1.3 存储过程优点

1. 存储过程允许标准组件式编程

存储过程创建后可以在程序中被多次调用执行,而不必重新编写该存储过程的 SQL 语句。而且数据库专业人员可以随时对存储过程进行修改,但对应用程序源代码却毫无影响,从而极大地提高了程序的可移植性。

2. 存储过程能够实现较快的执行速度

如果某一操作包含大量的 T-SQL 语句代码,分别被多次执行,那么存储过程要比批处理的执行速度快得多。因为存储过程是预编译的,在首次运行一个存储过程时,查询优化器对其进行分析、优化,并给出最终被存在系统表中的存储计划。而批处理的 T-SQL 语句每次运行都需要预编译和优化,所以速度就要慢一些。

3. 存储过程减轻网络流量

对于同一个针对数据库对象的操作,如果这一操作所涉及的 T-SQL 语句被组织成一存储过程,那么当在客户机上调用该存储过程时,网络中传递的只是该调用语句,否则将会是多条 SQL 语句。从而减轻了网络流量、降低了网络负载。

4. 存储过程可被作为一种安全机制来充分利用

系统管理员可以对执行的某一个存储过程进行权限限制,从而能够实现对某些数据访问的限制,避免非授权用户对数据的访问,保证数据的安全。

7.2 不带参数的存储过程

不带参数的存储过程指用户在执行存储过程时无须向存储过程传递任何值,在存储过程声明中既无输入参数,也无输出参数。

1. 创建不带参数的存储过程

可以使用 CREATE PROCEDURE 语句创建,不带参数的存储过程创建语法如下:

```
CREATE PROC[EDURE]存储过程名
[WITH {RECOMPILE|ENCRYPTION|RECOMPILE,ENCRYPTION}]
AS
BEGIN
    SQL 语句[...n]
END
```

参数说明

RECOMPILE:不保存存储过程的执行计划,存储过程将在运行时重新编译。

ENCRYPTION:指定 SQL Server 对 syscomments 表中包含 CREATE PROCEDURE 语句文本的条目进行加密。

【注】

(1)存储过程名命名通常以小写 prc 打头,后头加上功能性说明。

(2)存储过程创建完并不能直接看到其运行的结果,必须使用 EXEC 语句来查看存储过程的运行结果。

(3)可以使用系统提供的存储过程 sp_helptext 来查看创建的存储过程代码。

2. 执行不带参数的存储过程

存储过程创建完成后，要查看存储过程的执行结果，可以使用 EXECUTE 语句，语法如下：

EXEC[UTE]存储过程名

7.2.1 一个场景

【任务 7-1】 思考 7-1 中的 T-SQL 语句需要频繁地执行，并且为了提高数据库的执行效率并减少网络流量，请给出解决方案。

要完成任务 7-1，可以将其分成四个步骤，任务列表如表 7-1 所示。

表 7-1 任务 7-1 列表

1	寻找 SQL Server 中能够解决上述问题的方法
2	在数据库中创建存储过程
3	在数据库中查看已创建的存储过程
4	执行存储过程

【任务实现】

1. 寻找 SQL Server 中能够解决上述问题的方法

SQL Server 中可以使用存储过程来实现需要频繁执行的语句，且能提高数据库的执行效率并减少网络流量。

2. 在数据库中创建存储过程

存储过程创建步骤：

（1）找出要创建存储过程的数据库：**SchoolInfo**

（2）确定存储过程名：**prcGetEmpInfoByBirthDate**

（3）在查询分析器中写出相应的创建存储过程语句：

```
CREATE PROC prcGetEmpInfoByBirthDate

AS

BEGIN

    DECLARE @Today int

    SET @Today = DAY(GETDATE())

    IF (@Today = 1)

        BEGIN

            SELECT EmpID,EmpName,EmpBirthDate

            FROM Employee

            WHERE MONTH(EmpBirthDate) = MONTH(GETDATE())

        END

END
```

（4）按 F5 执行存储过程，该存储过程会存放在 SQL Server 左边菜单栏的 SchoolInfo 数据库→可编程性→存储过程路径下。

3. 在数据库中查看已创建的存储过程

sp_helptext prcGetEmpInfoByBirthDate

4. 执行存储过程

EXEC prcGetEmpInfoByBirthDate

按 F5 执行该语句查看结果。

引例

7.2.2 示例

【例7-1】 写存储过程实现查询'A00001'号学生对应的姓名。

【解决方案】

```
CREATE PROC prcGetStuName
AS
BEGIN
    SELECT StuName FROM Student WHERE StuID = 'A00001'
END
执行:EXEC prcGetStuName
```

【思考7-2】 假设用户通过执行存储过程继续查询'A00002''A00003'直至'A10000'号学生的姓名,需要写 10 000 个存储过程进行处理吗?

【分析】 对每个学生都创建一个存储过程用于查询姓名显然是不实际的。观察例 7-1 中的存储过程,如查询其他学号对应的姓名,仅需将 SELECT StuName FROM Student WHERE StuID ='A00001'语句中等号右边的学号替换即可,即等号右边的值是变化的,而变量可以保存变化的值,当变量获得相应的学号值时,存储过程就能显示这个学号对应的姓名。例 7-3 中存储过程可以修改为:

```
CREATE PROC prcGetStuName
AS
BEGIN
    SELECT StuName FROM Student WHERE StuID = @StuID
END
```

如果用户执行存储过程查询'A00005'号学生姓名,这里的任务就变成如何将'A00005'值传入存储过程中的@StuID变量。要解决这个问题,需要使用带有输入参数的存储过程。

7.3 带有输入参数的存储过程

为了提高存储过程的灵活性,SQL Server 支持在存储过程中使用参数。输入参数用于向存储过程中代入数据。

1. 创建带有输入参数的存储过程

输入参数提供了用户与存储过程交互的接口,它可以接收用户传来的值并将这个值传入到存储过程体的相应变量中,可以在存储过程头定义输入参数,当调用存储过程时,必须为输入参数提供值,除非使用默认值。语法如下:

```
CREATE PROC[EDURE]存储过程名
```

```
[{@参数 数据类型}][ = 默认值][ ,...n]]
AS
BEGIN
    SQL 语句 [...n]
END
```

参数说明

@参数：存储过程输入参数。存储过程中可以声明一个或多个输入参数，如有输入参数时，必须在执行存储过程时提供每个输入参数的值（除非定义了该参数的默认值），输入参数名称前使用@符号。

2．执行带有输入参数的存储过程

要查看存储过程的执行结果，需要使用 EXEC 语句，语法如下：

EXEC[UTE]存储过程名 输入参数[,...n]

7.3.1 一个场景

任务 7-2

【任务 7-2】 写一个存储过程完成思考 7-2。

要完成任务 7-2，可以将其分成五个步骤，任务列表如表 7-2 所示。

表 7-2 任务 7-2 列表

1	确定存储过程中的输入参数
2	在数据库中创建存储过程
3	在数据库中查看已创建的存储过程
4	传递存在的值执行存储过程
5	传递不存在的值执行存储过程

【任务实现】

1．确定存储过程中的输入参数

确定输入参数的步骤：

（1）确定存储过程中需要几个输入参数。

由于根据用户输入的学号查找相应学号对应的姓名，因此输入参数有一个，即用户输入的学号。

（2）确定每个参数的名称及数据类型。

学号须和数据库中定义的数据类型一致，因此输入参数定义为**@StuID char（10）**

2．在数据库中创建存储过程

选择 SchoolInfo 数据库，在查询分析器中输入创建存储过程语句：

```
CREATE PROC prcGetName
@StuID char(10)
AS
BEGIN
    SELECT StuName FROM Student WHERE StuID = @StuID
END
```

3．在数据库中查看已创建的存储过程

sp_helptext prcGetName

4．传递存在的值执行存储过程

EXEC prcGetName 'A00005'

5．传递不存在的值执行存储过程

EXEC prcGetName '001'

7.3.2　示例

【例 7-2】　使用存储过程实现由用户输入学生的学号及课程名称，根据输入的信息，显示相应的成绩，如果成绩大于等于 60 分，则显示及格，否则显示不及格。

例 7-2

【解决方案】

```
CREATE PROC prcGetScore
@StuID char(10) ,
@CourseName varchar(20)
AS
BEGIN
  DECLARE @Grade int
  SET @Grade = 0
  SELECT @Grade = Score FROM SC JOIN Course
  ON SC.CourseID = Course.CourseID
  WHERE StuID = @StuID AND CourseName = @CourseName
  IF @Grade < 60 PRINT '不及格'
  ELSE PRINT '及格'
END
```

执行：EXEC prcGetScore 'A00001','DataBase'

【思考 7-3】　读以下存储过程，思考该存储过程是否存在问题？

思考 7-3

```
CREATE PROC prcGetScore
@StuID char(10) ,
@CourseName varchar(20)
AS
BEGIN
  DECLARE @Grade int
  SET @Grade = 0
  SELECT @Grade = Score FROM SC JOIN Course
  ON SC.CourseID = Course.CourseID
  WHERE StuID = @StuID and CourseName = @CourseName
  DECLARE @CourseID int
  SET @CourseID = 0
  SELECT @CourseID = CourseID FROM Course
  WHERE CourseName = @CourseName
  IF @Grade < 60
    INSERT INTO ReExam VALUES(@StuID,@CourseID,@Grade)
END
```

【分析】

该存储过程实现由用户输入学生的学号及课程名称,根据输入的信息,显示相应的成绩,如果成绩小于 60 分,则向 ReExam(StuID,CourseID,Score)表中插入一条记录。假设用户输入的学号违反约束性规则,则编译器执行到 INSERT INTO ReExam VALUES(@StuID,@CourseID,@Grade)语句时会提示错误,这对于用户来说是不好的体验,我们总是希望程序在出错的时候能告之用户错误的原因并让用户修正错误使得程序继续执行。SQL Server 是如何解决这个问题的呢?

【解决方案】

和高级语言一样,SQL Server 也为用户提供了异常捕获机制来处理程序中的一些错误,这种异常捕获机制使用的是 TRY-CATCH 结构。

7.4　TRY-CATCH 结构

微软在 SQL Server 2005 中通过为 T-SQL 添加 TRY-CATCH 块,给我们提供了新的、更加健壮的错误处理能力。为了使 T-SQL 代码可以处理异常,需要使用 TRY-CATCH 块。

7.4.1　语法

在使用 TRY-CATCH 块时,通常将所编写的需要运行的 T-SQL 代码放入 TRY 块中,在运行这段代码时,如果编译器有错误发生,就会转到 CATCH 块中运行那里面的异常处理代码。TRY-CATCH 语法结构如下:

```
BEGIN TRY
    [T-SQL 代码写在这里]
END TRY
BEGIN CATCH
    [异常处理代码写在这里]
END CATCH
```

【注】

(1) TRY 块后面必须要直接接一个 CATCH 块,否则就会发生一个错误。

(2) TRY-CATCH 可以嵌套。

(3) 如果 TRY 块中的代码没有故障,将跳过 CATCH 块,执行 CATCH 块后的第一条语句。

(4) 当 CATCH 块中的代码运行完毕后,将执行 CATCH 块后的第一条语句。

(5) TRY...CATCH 块不处理导致数据库引擎关闭连接的严重性为 20 或更高的错误。但是,只要连接不关闭,TRY...CATCH 就会处理严重性为 20 或更高的错误。严重性为 10 或更低的错误被视为警告或信息性消息,TRY...CATCH 块不处理此类错误。

(6) 存储过程一般都应包含在 TRY-CATCH 结构中。

【**例 7-3**】 思考 7-3 中的存储过程可以使用 TRY-CATCH 结构改进如下：

【**解决方案**】

例 7-3

```
CREATE PROC prcGetScore
@StuID char(10),
@CourseName varchar(20)
AS
  BEGIN TRY
    DECLARE @Grade int
    SET @Grade = 0
    DECLARE @CourseID int
    SET @CourseID = 0
    SELECT @Grade = Score,@CourseID = CourseID
    FROM SC JOIN Course
    ON SC.CourseID = Course.CourseID
    WHERE StuID = @StuID and CourseName = @CourseName
    IF @Grade < 60
        INSERT INTO ReExam VALUES(@StuID,@CourseID,@Grade)
  END TRY
  BEGIN CATCH
    PRINT'出错!'
  END CATCH
```

当输入了违反约束规则的学号时，CATCH 语句捕获错误并提示用户'出错'，但用户仍然不清楚错误的相关信息，如要获取错误的相关信息，可以使用错误函数。

7.4.2 错误函数

TRY...CATCH 使用下列错误函数来捕获错误信息：

- ERROR_NUMBER()返回错误号。
- ERROR_MESSAGE()返回错误消息的完整文本。此文本包括为任何可替换参数（如长度、对象名或时间）提供的值。
- ERROR_SEVERITY()返回错误严重性。
- ERROR_STATE()返回错误状态号。
- ERROR_LINE()返回导致错误的例程中的行号。
- ERROR_PROCEDURE()返回出现错误的存储过程或触发器的名称。

可以将以上错误函数写在 CATCH 结构中获取错误详细信息。

【**思考 7-4**】 例 7-3 中，假设用户输入了一个不存在的课程名，程序是否存在问题？

【**分析**】 当输入不存在的课程名时，@CourseID 的值为 0，则 ReExam 表中添加一条课程号为 0 且成绩为 0 的学生不及格信息，而这条信息是不存在的，会导致数据库中的数据出现不一致状态。要解决这个问题，存储过程在查询前应先判断用户输入的信息是否合法。

【**解决方案**】

SQL Server 为用户提供了 IF EXISTS 语句来判断用户输入信息是否合法。

7.5　IF EXISTS 语句

IF EXISTS 语句用来判断某条信息是否存在。例如，查询 A00001 号学生的成绩之前可以先判断 A00001 号学生是否存在，存在则查询，不存在提示用户该学生不存在。可写成：

```
IF EXISTS(SELECT * FROM Student WHERE StuID = 'A00001')
    SELECT * FROM SC WHERE StuID = 'A00001' AND CourseID = 1
ELSE
    PRINT'该学生不存在!'
```

【例 7-4】 改进例 7-3，先判断用户输入的信息是否存在。

```
CREATE PROC prcGetScore
@StuID char(10) ,
@CourseName varchar(20)
AS
 BEGIN TRY
    IF EXISTS( SELECT * FROM SC JOIN Course ON SC.CourseID = Course.CourseID WHERE StuID =
@StuID AND CourseName = @CourseName )
    BEGIN
        DECLARE @Grade int
        SET @Grade = 0
        DECLARE @CourseID int
        SET @CourseID = 0
        SELECT @Grade = Score,@CourseID = SC.CourseID
        FROM   SC JOIN Course
        ON SC.CourseID = Course.CourseID
        WHERE StuID = @StuID and CourseName = @CourseName
        IF @Grade < 60
            INSERT INTO ReExam VALUES(@StuID,@CourseID,@Grade)
    END
    ELSE
        PRINT'输入信息有误!'
END TRY
BEGIN CATCH
    PRINT'出错!'
END CATCH
```

例 7-4

> **【注】** 存储过程的结构一般如下：
>
> CREATE PROC 存储过程名
>
> [@参数名 参数类型 [OUTPUT][,...n]]
>
> AS

```
BEGIN TRY
    IF EXISTS(...)
        SQL 语句[...n]
    ELSE
        SQL 语句[...n]
END TRY
BEGIN CATCH
    SQL 语句[...n]
END CATCH
```

7.6 存储过程的返回值

和高级语言中的函数一样,存储过程有输入参数,也有返回值,可以在存储过程中使用
RETURN 语句返回一个值。

1. 带有返回值的存储过程语法

要使存储过程返回值,可以使用 RETURN 语句,语法如下:

`RETURN value`

参数说明

`value`:返回整数值。

2. 执行带有返回值的存储过程

带有 RETURN 语句的存储过程执行时会返回 RETURN 语句后的值,要打印该返回
值,可以在执行时申明一个变量,用于保存存储过程带回的返回值。语法如下:

`DECLARE @ReturnValue int`

`EXEC @ReturnValue = 存储过程名 参数[,...n]`

`PRINT @ ReturnValue`

> 【注】 RETURN 语句只能返回单值且是整数值,一般使用 RETURN 语句返回状
> 态值。

7.6.1 一个场景

【任务7-3】 写一存储过程由用户输入学号和课程号,返回学生考试
成绩。

要完成任务 7-3,可以将其分成四个步骤,任务列表如表 7-3 所示。

含返回值的存储
过程示例

表 7-3 任务 7-3 列表

1	确定存储过程中需要返回的值
2	在数据库中创建存储过程
3	在数据库中查看已创建的存储过程
4	执行存储过程

【任务实现】

1. 确定存储过程中需要返回的值

任务中要求返回考试成绩,因此先获取学生的考试成绩,然后将这个值使用 RETURN 语句返回。值得注意的是,用户的输入可能有误,导致无法获取成绩的值,此时可返回状态-1 表示;还有一种可能是 TRY 语句块程序出错导致编译器报错被异常捕获,此时可返回状态-2 通知用户。

2. 在数据库中创建存储过程

选择 SchoolInfo 数据库,在查询分析器中输入创建存储过程语句:

```
CREATE proc prcReturnScore
@StuID char(10),
@CourseID int
AS
    BEGIN TRY
        IF EXISTS(SELECT * FROM SC WHERE StuID = @StuID AND CourseID = @CourseID)
        BEGIN
            DECLARE @Score int
            SELECT @Score = Score FROM SC WHERE StuID = @StuID and CourseID = @CourseID
            RETURN @Score
        END
            ELSE RETURN - 1
    END TRY
    BEGIN CATCH
        RETURN - 2
    END CATCH
```

3. 在数据库中查看已创建的存储过程

```
sp_helptext prcReturnScore
```

4. 执行存储过程

```
DECLARE @ReturnValue int
EXEC @ReturnValue = prcReturnScore' A00001',1
PRINT @ ReturnValue
```

7.6.2 示例

【例 7-5】 写一个存储过程,查找某个学生是否选修了某门课程,如果选修了则返回 1, 否则返回 0,错误返回-1。

```
CREATE PROC prcIsCourseSelected
@StuID int,
@CourseID int
AS
    BEGIN TRY
        IF EXISTS(SELECT * FROM SC WHERE StuID = @StuID and CourseID = @CourseID)
            RETURN 1
```

例 7-5

```
      ELSE RETURN 0
    END TRY
  BEGIN CATCH
        RETURN - 1
  END CATCH
```

【思考 7-5】 由于 RETURN 语句只能返回整数值,如果根据课程号返回相应课程名及学分,该如何操作?

【分析】 当存储过程需要返回整数之外其他类型的值或是多个值时,需要使用 SQL Server 提供的输出参数。

7.7 存储过程的输出参数

存储过程的参数分为输入参数和输出参数两种类型,输入参数用于向存储过程中代入数据,前几节例子中存储过程的参数都是输入参数,而输出参数则允许用户将存储过程中的多个数据返回到调用程序。

1. 带有输出参数存储过程语法

输出参数允许从存储过程返回输出值,因此在调用存储过程前,输出参数是没有初始值的。输出参数可以在存储过程中更改,并将改变的值反映到调用方对应的输出参数赋值的变量。语法如下:

```
CREATE PROC[EDURE]存储过程名
@参数名 数据类型[=默认值][OUTPUT][,...n]
AS
BEGIN
  SQL 语句 [...n]
END
```

参数说明

@参数名:关键字 OUTPUT 为可选项,当参数名后加上 OUTPUT 关键字时,表示为输出参数,否则默认为输入参数。

2. 执行带有输出参数的存储过程

仍然使用 EXEC 语句执行带有输出参数的存储过程,但值得注意的是,调用时的参数列表需与声明存储过程的参数列表一一对应,对于输入参数应传递实际的值,而输出参数在调用存储过程时不会有值,因此调用时,输出参数的处理应为输出参数名,后面跟上关键字 OUTPUT。语法如下:

```
DECLARE @输出参数名 输出参数类型[,...n]
EXEC 存储过程名 @输入参数[,...n], @输出参数 OUTPUT[,...n]
PRINT @输出参数 1
PRINT @输出参数 2
...
PRINT @输出参数 n
```

7.7.1　一个场景

【任务 7-4】　创建存储过程 prcGetAvgScore，用于根据给定的学号计算该学生所有课程的平均成绩，并使用输出参数返回平均成绩、最高成绩及最低成绩。

要完成任务 7-4，可以将其分成四个步骤，任务列表如表 7-4 所示。

表 7-4　任务 7-4 列表

1	确定存储过程中输入及输出参数
2	在数据库中创建存储过程
3	在数据库中查看已创建的存储过程
4	执行存储过程

【任务实现】

1. 确定存储过程中输入及输出参数

任务要求用户输入一个学号，能输出平均成绩、最高成绩及最低成绩，因此，输入参数是学号，输出参数有 3 个：平均成绩、最高成绩和最低成绩。

输入参数：

@StuID char(10)　--学号，输入参数

输出参数：

@AvgScore float OUTPUT　-- 平均成绩，输出参数

@MaxScore int OUTPUT　-- 最高成绩，输出参数

@MinScore int OUTPUT　--最低成绩，输出参数

2. 在数据库中创建存储过程

任务 7-4

```
CREATE PROC prcGetAvgScore
@StuID char(10),
@AvgScore float OUTPUT,
@MaxScore int OUTPUT,
@MinScore int OUTPUT
AS
BEGIN TRY
    IF EXISTS(SELECT * FROM Student WHERE StuID = @StuID)
    BEGIN
        SELECT @AvgScore = AVG(Score) FROM SC WHERE StuID = @StuID
        SELECT @MaxScore = MAX(Score) FROM SC WHERE StuID = @StuID
        SELECT @MinScore = MIN(Score) FROM SC WHERE StuID = @StuID
    END
    ELSE
        PRINT'该学号不存在!'
END TRY
BEGIN CATCH
    PRINT'出错!'
```

END CATCH

3. 在数据库中查看已创建的存储过程

sp_helptext prcGetAvgScore

4. 执行存储过程

```
DECLARE @AvgScore float
DECLARE @MaxScore int
DECLARE @MinScore int
EXEC prcGetAvgScore'A00001', @AvgScore OUTPUT, @MaxScore OUTPUT, @MinScore OUTPUT
PRINT @AvgScore
PRINT @MaxScore
PRINT @MinScore
```

7.7.2 示例

【例7-6】 输入学生的学号,如果输入信息正确,则统计该学生选课科目的科目数和不及格的科目数,并将以上数据使用输出参数返回。

```
CREATE PROC prcGetStuGradeInfo
@StuID char(10),
@ScoreCount int = 0 OUTPUT,
@FailCount int = 0 OUTPUT
AS
BEGIN TRY
    IF EXISTS(SELECT * FROM SC WHERE StuID = @StuID)
    BEGIN
        SELECT @ScoreCount = Count(Score) FROM SC
        WHERE StuID = @StuID
        SELECT @FailCount = COUNT(Score) FROM SC
        WHERE StuID = @StuID AND Score<60
    END
    ELSE PRINT'学生未选课或不存在该学生!'
END TRY
BEGIN CATCH
    PRINT'出错!'
END CATCH
```

例 7-6

执行存储过程:

```
DECLARE @ScoreCount int
DECLARE @FailCount int
EXEC prcGetStuGradeInfo'A00001', @ ScoreCount OUTPUT, @FailCount OUTPUT
PRINT @ScoreCount
PRINT @FailCount
```

【思考7-6】 针对存储过程 prcGetStuGradeInfo 的返回值,用户使用该存储过程,如果不及格数大于等于3门,则提示用户'亲,您挂了,重头再来吧!';否则显示学生已获学分。

【解决方案】

```
DECLARE @ScoreCount int
DECLARE @FailCount int
EXEC prcGetStuGradeInfo'A00001',@ ScoreCount OUTPUT,@FailCount OUTPUT
IF(@FailCount> = 3)
    PRINT'亲,您挂了,重头再来吧!'
ELSE
    BEGIN
        DECLARE @Credit int
        SELECT @Credit = SUM(Credit) from SC join Course
        ON SC.CourseID = Course.CourseID
        WHERE StuID = 'A00001' AND Score> = 60
        PRINT @Credit
    END
```

假设上述 T-SQL 语句需要重复执行,是否能将其写成存储过程?

7.8　存储过程调用存储过程

有存储过程 A 和 B,假设 B 中需要调用存储过程 A,则存储过程 B 的参数列表中,一般情况下输入参数必须与存储过程 A 的完全一致,且一一对应,A 中的输出参数不在 B 中出现,如果 B 不再被其他存储过程调用,则 B 中没有其他输出参数。

【任务 7-5】　编写一存储过程,完成思考 7-6 中提出的任务。

要完成任务 7-5,可以将其分成四个步骤,任务列表如下。

表 7-5　任务 7-5 列表

1	确定存储过程中输入、输出参数及被调用的存储过程
2	在数据库中创建存储过程
3	在数据库中查看已创建的存储过程
4	执行存储过程

【任务实现】

1. 确定存储过程中输入、输出参数及被调用的存储过程

被调用的存储过程为 prcGetStuGradeInfo,由于需要创建的存储过程无任何返回值,故无输出参数,输入参数应与 prcGetStuGradeInfo 的输入参数一致。

2. 在数据库中创建存储过程

```
CREATE PROC prcManageGradeInfo
@StuID char(10)
AS
BEGIN TRY
    DECLARE @ScoreCount float
    DECLARE @FailCount int
```

```
EXEC prcGetStuGradeInfo @StuID,@ ScoreCount OUTPUT,@FailCount OUTPUT
IF(@FailCount>=3)
        PRINT'亲,您挂了,重头再来吧!'
ELSE
    BEGIN
        DECLARE @Credit int
        SELECT @Credit = SUM(Credit)
        FROM SC JOIN Course
        ON SC.CourseID = Course.CourseID
        WHERE StuID = @StuID AND Score>=60
        PRINT @Credit print
        PRINT @MaxScore
    END
END TRY
BEGIN CATCH
    PRINT'出错!'
END CATCH
```

3. 在数据库中查看已创建的存储过程

```
sp_helptextprcManageGradeInfo
```

4. 执行存储过程

```
EXEC prcManageGradeInfo 'A00001'
```

7.9 修改与删除存储过程

1. 修改存储过程

有时存储过程中的语句需要按照需求进行修改,可以使用 ALTER PROCEDURE 语句修改存储过程,语法如下:

```
ALTER PROC[ EDURE ]存储过程名
[{ @参数名 数据类型 } [ = 默认值] [OUTPUT ]] [,...n ]
AS
    SQL 语句 [ ...n ]
```

2. 删除存储过程

当存储过程不再使用时,需要删除存储过程,可以使用 DROP PROCEDURE 语句删除存储过程,语法如下:

```
DROP PROC[EDURE]存储过程名
```

【例 7-7】 删除存储过程 prcIsCourseSelected。

【解决方案】

```
DROP PROC prcIsCourseSelected
```

实验七　存储过程

【任务1】　按步骤完成以下操作，并解释说明该存储过程的功能。

1. 在 SchoolInfo 数据库中创建存储过程 prcGetScore，存储过程 prcGetScore 如下所示：

```
CREATE PROC prcGetScore
@StuID char(10),
@CourseName varchar(20),
@Result varchar(20) OUTPUT
AS
    BEGIN TRY
        IF EXISTS(SELECT * FROM SC JOIN Course ON SC.CourseID = Course.CourseID
                WHERE StuID = @StuID AND CourseName = @CourseName)
        BEGIN
            DECLARE @Grade int
            SET @Grade = 0
            SELECT @Grade = Score FROM SC JOIN Course
            ON SC.CourseID = Course.CourseID
            WHERE StuID = @StuID AND CourseName = @CourseName
            IF @Grade < 60 SET @Result ='不及格'
            ELSE SET @Result ='及格'
        END
        ELSE
            SET @Result ='输入信息不存在!'
    END TRY
    BEGIN CATCH
        SET @Result ='出错!'
    END CATCH
```

2. 按 F5 键执行，展开编译环境中的树形菜单，选择"SchoolInfo→可编程性→存储过程"，可以看到子菜单中已存在存储过程"prcGetScore"。

3. 在新建查询中输入执行存储过程的语句，如下所示：

```
DECLARE @Result varchar(20)
EXEC prcGetScore'A00001','DataBase',@Result OUTPUT
PRINT @Result
```

4. 按 F5 键执行，可以看到存储过程的执行结果。

【解答】　存储过程的功能为用户通过输入学号及课程名，查找对应的成绩，如果输入的信息不存在，则提示用户'输入信息不存在!'，如果执行中遇到异常，则被 CATCH 语句块捕获并提示用户'出错!'，否则根据查到的成绩提示用户'及格'或'不及格'。

【任务2】　编写一存储过程 prcGetInfoByDepName，根据不同的系名，统计该系的男生人数、女生人数及入学的平均成绩,假设系名存在,则返回状态1,否则返回状态0,出错返回状态-1。

【分析】

要完成任务,可以将其分成三个步骤,任务列表如表7-6所示。

表7-6 任务7-6列表

1	确定存储过程 prcGetInfoByDepName 的输入、输出参数及返回值
2	创建存储过程 prcGetInfoByDepName
3	按 F5 键执行

【解答】

按照任务分步完成:

1. 确定存储过程 prcGetInfoByDepName 的输入、输出参数及返回值

输入参数:

@DepName varchar(40) --系名

输出参数:

@MaleCount int OUTPUT --男生人数

@FemaleCount int OUTPUT --女生人数

@AvgGrade float OUTPUT --平均成绩

返回值:1、0 或-1。

2. 创建存储过程 prcGetInfoByDepName

```
CREATE PROCprcGetInfoByDepName
@DepName varchar(40),
@MaleCount int OUTPUT,
@FemaleCount int OUTPUT,
@AvgGrade float OUTPUT
AS
BEGIN TRY
    IF EXISTS(SELECT * FROM Department WHERE DepName = @DepName)
    BEGIN
        SELECT @MaleCount = COUNT(StuID)
        FROM Student JOIN Department
        ON Student.DepID = Department.DepID
        WHERE DepName = @DepName AND StuSex ='男'
        SELECT @FemaleCount = COUNT(StuID)
        FROM Student JOIN Department
        ON Student.DepID = Department.DepID
        WHERE DepName = @DepName AND StuSex ='女'
        SELECT @AvgGrade = Avg(StuScore)
        FROM Student JOIN Department
        ON Student.DepID = Department.DepID
        WHERE DepName = @DepName
```

```
            RETURN 1
        END
        ELSE
            RETURN 0
    END TRY
    BEGIN CATCH
        RETURN - 1
    END CATCH
```

3. 按 F5 执行

【任务3】　根据任务2,再写一存储过程 prcShowInfo,该存储过程调用 prcGet-InfoByDepName,当返回值为 1 时,显示男生人数、女生人数及平均成绩;返回状态 0 时,显示不存在该系,否则提示用户出错。

【分析】

要完成任务,可以将其分成三个步骤,任务列表如表 7-7 所示。

表 7-7　任务 7-7 列表

1	确定存储过程 prcShowInfo 的输入、输出参数及返回值
2	创建能调用 prcGetInfoByDepName 的存储过程 prcShowInfo
3	执行存储过程 prcShowInfo 验证结果

【解答】

1. 确定存储过程 prcShowInfo 的输入、输出参数及返回值

输入参数:

@DepName varchar(40)　--系名

2. 创建能调用 prcGetInfoByDepName 的存储过程 prcShowInfo

```
CREATE PROC prcShowInfo
@DepName varchar(40)
AS
BEGIN TRY
    DECLARE @MaleCount int
    DECLARE @FemaleCount int
    DECLARE @AvgGrade float
    DECLARE @ReturnValue int
    EXEC @ReturnValue = prcGetInfoByDepName @DepName,@MaleCount OUTPUT,
    @FemaleCount OUTPUT,@AvgGrade OUTPUT
    IF(@ReturnValue = 1)
    BEGIN
        PRINT'男生人数:'+ CONVERT(char(30),@MaleCount)
        PRINT'女生人数:'+ CONVERT(char(30),@FemaleCount)
        PRINT'平均分:'+ CONVERT(char(30),@AvgGrade)
    END
```

```
        ELSE IF(@ReturnValue = 0)
        BEGIN
            PRINT'该系不存在!'
        END
        ELSE
            PRINT'存储过程 prcGetInfoByDepName 出错!'
END TRY
BEGIN CATCH
        PRINT'出错了!'
END CATCH
```

按 F5 执行创建存储过程。

3. 执行存储过程 prcShowInfo

```
EXEC prcShowInfo '计算机系'
```

按 F5 执行查看结果。

【任务 4】 创建存储过程 prcPageQuery 实现对表中的记录进行分页功能,由用户输入表名、页码、每页容纳的记录数和表的主键,存储过程按照用户的输入信息显示相应的记录。

【分析】

要完成任务,可以将其分成三个步骤,任务列表如表 7-8 所示。

表 7-8 任务 7-8 列表

1	确定存储过程 prcPageQuery 的输入、输出参数及返回值
2	创建存储过程 prcPageQuery
3	执行存储过程 prcPageQuery

【解答】

1. 确定存储过程 prcPageQuery 的输入、输出参数及返回值

输入参数:

@TableName nvarchar(4000), --表名

@Page int, --页码

@RecsPerPage int, --每页容纳的记录数

@ID varchar(255) --需要排序的不重复的 ID 号

2. 创建存储过程 prcPageQuery

```
CREATE PROC prcPageQuery
@TableName nvarchar(4000), --表名
@Page int, --页码
@RecsPerPage int, -- 每页容纳的记录数
@ID varchar(255) --需要排序的不重复的 ID 号
AS
    DECLARE @Str nvarchar(4000) --变量用于存储分页的 SQL 语句
    SET @Str = 'SELECT TOP' + CAST(@RecsPerPage AS VARCHAR(20)) + ' * FROM'
```

```
        SET @Str = @Str  + @TableName   +' WHERE'+ @ID +' NOT IN'+'(SELECT TOP'
        SET @Str = @Str  + CAST((@RecsPerPage * (@Page-1))AS VARCHAR(20))+"
        SET @Str = @Str  + @ID +' FROM'+ @TableName +')'
        EXEC sp_ExecuteSql @Str --执行分页的 SQL 语句
```

3. 执行存储过程 prcPageQuery

```
        EXEC prcPageQuery'Student',3,2,'StuID'
```

该执行语句表示对 Student 表的记录按 StuID 字段分页显示，每页显示 2 条记录，将第 3 页的记录显示出来。

存储过程 prcPageQuery 并不健壮，如用户的输入信息未经验证，分页中也未考虑显示字段及按字段排序等问题。存储过程 prcPageQuery 的改进工作留给有兴趣的读者进一步完成。

第8章 事 务

本章目标：

1. 事务的概念
2. 创建包含事务的存储过程
3. 保持部分事务
4. 事务的并发及控制

【思考 8-1】 写一个存储过程执行银行转账的功能，假设数据库中有账户表 Account（UserAccount，Amount），UserAccount 表示用户账号，Amount 表示账号金额，现要将账户 A 转账到账户 B 一定的金额，完成存储过程。

【分析】

可以使用以下存储过程完成功能：

思考 8-1

```
CREATE PROC prcTransfer
@OrginUser varchar(20), --账户 A
@DesUser varchar(20),--账户 B
@Money money - 转账金额
As
BEGIN TRY
   IF EXISTS(SELECT * FROM Account WHERE UserAccount = @OrginUser)
     IF EXISTS(SELECT * FROM Account WHERE UserAccount = @DesUser)
        IF (SELECT UserAccount FROM Account WHERE UserName = @OriginUser)> = @Money
       BEGIN
        UPDATE Account SET Amount = Amount - @Money
        WHERE UserAccount = @OrginUser  --更新语句①
        UPDATE Account SET Amount = Amount + @Money
        WHERE UserAccount = @DesUser    --更新语句②
      END
END TRY
BEGIN CATCH
   PRINT '出错了!'
END CATCH
```

以上存储过程完成了用户需求，但是假设当存储过程在执行到更新语句①时断电了，会导致 A 账户的金额被扣除了，而 B 账户的金额却没有转入，此时会造成数据库的不一致性。此种情况下，转账只有两种结果，即转账成功或转账失败，不存在除此之外的任一其他情况，否则数据就是不一致的。为了保证数据的一致性,处理存储过程时,应让更新语句①和②都保证执行(此时转账成功),或者更新语句①和②都不执行(此时转账失败,即使执行了更新语句①,由于某些原因导致更新语句②未得到执行,存储过程也要让执行过的更新语句①撤销至执行前的状态)。

【解决方案】

SQL Server 中,事务为我们提供了上述问题的解决机制。因此,这里的解决方案并不能满足实际转账的要求,需要使用事务来解决。

事务是数据库中非常重要的概念,它将一系列的操作当成整体执行,保证了数据库中数据的一致性。本章主要介绍事务的概念、事务的创建以及并发控制等问题。

8.1 事务的概念

事务的概念

SQL Server 提供了事务的机制,它可以保证指定的对数据库的一系列操作作为一个整体被执行,在最终提交操作之前,用户可以随时取消前面的操作,将数据库还原到没有执行操作前的状态,或者操作全部完成,将所有的操作提交到数据库。

事务是作为单个逻辑工作单元执行的一系列操作。事务应该具有四个属性:原子性、一致性、隔离性、持久性。这四个属性通常称为 ACID 特性。

原子性(Atomicity):一个事务是一个不可分割的工作单元,事务中包括的诸操作要么都做,要么都不做。

一致性(Consistency):事务必须是使数据库从一个一致性状态变到另一个一致性状态。一致性与原子性是密切相关的。

隔离性(Isolation):一个事务的执行不能被其他事务干扰。即一个事务内部的操作及使用的数据对并发的其他事务是隔离的,并发执行的各个事务之间不能互相干扰。

持久性(Durability):持续性也称永久性(Permanence),指一个事务一旦提交,它对数据库中数据的改变就应该是永久性的。接下来的其他操作或故障不应该对其有任何影响。

如果使用事务来解决思考1中的问题,其具有的 ACID 性质如下:

原子性。转账的事务包含2个操作,A 账户金额减去一个数值,B 账户的金额加上一个数值。这两个操作要么都做(转账成功),要么都不做(转账失败),从而保证了事务的原子性。

一致性。如果转账失败,A 账户和 B 账户的金额保持不变,数据库中的数据一致;如果转账成功,A 账户的金额减去一定的数值,同时 B 账户的金额会加上相应的数值,即 A 和 B 的和不变,此时数据仍然处于一致状态。

隔离性。当多个事务并发执行时,相互之间应互不干扰。事务中当 A 账户的金额减去一个数值,数据库暂时处于不一致的状态,此时若有第二个事务插入计算 A 账户与 B 账户的金额之和,则会得到错误的数据。并发控制机制可以避免此种错误数据的产生。

持久性。一旦事务执行完毕,此次转账就成功完成。用户将不能取消前面的操作,且接下来的其他操作或系统故障等都不应该对数据有任何影响。

8.2 事务的操作

事务的操作

定义一个事务需要三种操作,即启动事务、回滚事务和提交事务。启动事务相当于提交转账请求之前的状态;回滚事务相当于用户取消转账进行的操作;提交事务相当于用户转账成功。

1. 启动事务

启动事务标识着一个事务进入开始的阶段。使用 BEGIN TRANSACTION 语句表示,语法如下:

```
BEGIN TRAN[SACTION] [事务名]
```

事务名是可选项。事务名必须符合标识符的命名规则,但只能使用它的前 32 个字符。

2. 回滚事务

有时,由于某些原因导致事务中的一些语句不能被成功执行。如 A 用户和 B 用户之间的转账,当 A 账户的金额被扣除时,由于系统故障导致修改 B 账户金额的语句未被执行,这时数据处于了不一致的状态。在这种情况下,为了保证数据的一致性,需要回滚已被成功执行的语句。使用 ROLLBACK TRANSACTION 语句表示,语法如下:

```
ROLLBACK TRAN[SACTION] [事务名]
```

3. 提交事务

提交事务标志着一个事务在执行过程中未产生任何错误及故障且事务成功结束。使用 COMMIT TRANSACTION 语句表示,语法如下:

```
COMMIT TRAN[SACTION] [事务名]
```

> **【注】** 不能在发出 COMMIT TRANSACTION 语句之后回滚事务,因为数据修改已经成为数据库的永久部分。

8.3 包含事务的存储过程

8.3.1 一个场景

【任务 8-1】 以下存储过程是向 Student 表中插入两条记录。试在横线上补充相应语句使存储过程完整,并执行存储过程,查看 Student 表中的数据,是否发生了变化。

```
CREATE PROC prcInsertStudent
AS
BEGIN TRY
    BEGIN TRANSACTION
        --插入语句①
        INSERT INTO Student VALUES('A00010','Nancy',21,'女','Nanjing',590,1)
        --插入语句②
```

任务 8-1

```
        INSERT INTO Student VALUES('A00011','Tom',21,'男','Nanjing',950,1)
    COMMIT TRANSACTION
END TRY
BEGIN CATCH
    填写相应语句
END CATCH
```

【解决方案】

该存储过程是向 Student 表中插入两条记录，并使用事务来完成这两条操作。即两条插入语句要么一起插入成功，提交到数据库；要么都插入不成功。不难发现，插入语句②中入学成绩应该在 0～800 之间，而值 950 违反了约束性规则，故而插入语句②无法执行，此时程序会转入 CATCH 语句块，由于两条操作是包含在事务中的，因此已执行的插入语句①需要取消，回到执行前的状态。经过分析，填写的语句应为 ROLLBACK TRANSACTION。

> **【注】** 当存储过程中包含事务时，CATCH 语句块中的内容通常为 ROLLBACK TRANSACTION，如果没有该语句，当发生错误时，事务既没有提交也没有回滚，处于一种"无法结束"的状态。

8.3.2 示例

包含事务的存储
过程结构

【例 8-1】 使用事务完成思考 8-1。

【解决方案】

```
CREATE PROC prcTransfer
@OrginUser varchar(20), --账户 A
@DesUser varchar(20), --账户 B
@Money money - 转账金额
AS
BEGIN TRY
    IF EXISTS(SELECT * FROM Account WHERE UserAccount = @OrginUser)
        IF EXISTS(SELECT * FROM Account WHERE UserAccount = @DesUser)
            IF (SELECT UserAccount FROM Account WHERE UserName = @OriginUser) >= @Money
        BEGIN
            BEGIN TRANSACTION
                UPDATE Account SET Amount = Amount - @Money
                WHERE UserAccount = @OrginUser    --更新语句①
                UPDATE Account SET Amount = Amount + @Money
                WHERE UserAccount = @DesUser      --更新语句②
                COMMIT TRANSACTION
        END
END TRY
BEGIN CATCH
```

```
        ROLLBACK TRANSACTION
    END CATCH
```

【任务 8-2】 创建事务,假设给定学号的学生将从原系转入给定的系,
则相应的系总人数将发生变化,如果两系相差人数小于 10,则允许该生转
系,否则回滚事务。

任务 8-2

要完成任务,可以将其分成五个步骤,任务列表如表 8-1 所示。

表 8-1 任务 8-1 列表

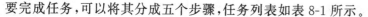

1	确定存储过程中输入及输出参数
2	确定事务提交及回滚的条件
3	列出事务包含的所有操作
4	创建存储过程
4	执行存储过程

【解决方案】

1. 确定存储过程中输入及输出参数

示例要求用户输入一个学号及学生要转入的系名,完成学生的转系要求。

输入参数:

@StuID char(10)   —学号,输入参数

@DepName varchar(40)   —系名,输入参数

输出参数:

存储过程只完成转系功能,不需输出值,因此无输出参数。

2. 确定事务提交及回滚的条件

IF(|原系人数 − 转入系人数| ≤ = 10) COMMIT TRANSACTION

ELSE ROLLBACK TRANSACTION

因此,存储过程可创建为:

```
CREATE PROC prcTransfer
@StuID char(10),
@DepName varchar(40)
AS
BEGIN TRY
    IF EXISTS(SELECT * FROM Student WHERE StuID = @StuID)
        IF EXISTS(SELECT * FROM Department WHERE DepName = @DepName)
        BEGIN
            BEGIN TRANSACTION
                //转系的所有操作语句
                IF(|原系人数 − 转入系人数| ≤ = 10)
                    COMMIT TRANSACTION
                ELSE
                    ROLLBACK TRANSACTION
        END
END TRY
```

```
BEGIN CATCH
      ROLLBACK TRANSACITON
END CATCH
```

3. 列出事务包含的所有操作

要完成转系的功能，需要 8 个原子操作。

```
DECLARE@OrginalDep int--原系号，@NewDep int--转入的新系号
DECLARE@OrginalTotal int--原系总人数，@NewTotal int--转入系总人数
```

（1）求出给定学号对应的原系号。

```
SELECT @OrginalDep = DepID FROM Student WHERE StuID = @StuID
```

（2）求出给定转入的系名对应的系号。

```
SELECT @NewDep = DepID FROM Department WHERE DepName = @DepName
```

（3）更新学生表中该学号对应的新系号。

```
UPDATE Student SET DepID = @NewDep where StuID = @StuID
```

（4）将系表中原系号对应的总人数-1。

```
UPDATE Department SET Total = Total - 1 WHERE DepID = @OrginalDep
```

（5）将系表中转入的系号对应的总人数+1。

```
UPDATE Department SET Total = Total + 1 WHERE DepName = @DepName
```

（6）获取原系号对应的人数。

```
SELECT @OrginalTotal = Total FROM Department WHERE DepID = @OrginalDep
```

（7）获取新系号对应的人数。

```
SELECT @NewTotal = Total FROM Department WHERE DepID = @NewDep
```

（8）如果人数相差<=10，则提交事务；否则回滚事务。

```
IF(@OrginalTotal - @NewTotal > = - 10 and @OrginalTotal - @NewTotal < = 10)
      COMMIT TRANSACTION
ELSE
      ROLLBACK TRANSACTION
```

4. 创建存储过程

```
CREATE PROC prcTransfer
@StuID char(10),
@DepName varchar(40)
AS
BEGIN TRY
    IF EXISTS(SELECT * FROM Student WHERE StuID = @StuID)
        IF EXISTS(SELECT * FROM Department WHERE DepName = @DepName)
        BEGIN
            BEGIN TRANSACTION
                DECLARE @OrginalDep int--原系号，@NewDep int--转入的新系号
                DECLARE@OrginalTotal int--原系总人数，@NewTotal int--转入系总人数
                SELECT @OrginalDep = DepID FROM Student WHERE StuID = @StuID
                SELECT @NewDep = DepID FROM Department WHERE DepName = @DepName
                UPDATE Student SET DepID = @NewDep where StuID = @StuID
                UPDATE Department SET Total = Total - 1 WHERE DepID = @OrginalDep
```

```
                    UPDATE Department SET Total = Total + 1 WHERE DepName = @DepName
                    SELECT @OrginalTotal = Total FROM Department
                    WHERE DepID = @OrginalDep
                    SELECT @NewTotal = Total FROM Department WHERE DepID = @NewDep
                    IF(@OrginalTotal - @NewTotal >= -10 and @OrginalTotal - @NewTotal <= 10)
                        COMMIT TRANSACTION
                    ELSE
                        ROLLBACK TRANSACTION
            END
    END TRY
    BEGIN CATCH
        ROLLBACK TRANSACITON
    END CATCH
```

5. 执行存储过程

```
EXEC prcTransfer 'A00001','Math'
```

8.4　设置事务的保存点

【思考 8-2】　SC 表和 Department 表需要用下面的事务来更新：

事务 1：

```
UPDATE SC SET Score = Score + 1 WHERE StuID = 'A00001' AND CourseID = 1
UPDATE SC SET Score = Score - 1 WHERE StuID = 'A00001' AND CourseID = 2
```

事务 2：

```
INSERT INTO Student VALUES('A00004','mary',21,'女','Nanjing',590,1)
UPDATE Department SET Total = Total + 1 WHERE DepID = 1
```

正常情况下以上所有更新应全部被执行。但是对于 Department 表，当系号为 1 的 Total 值大于 100，由第二个事务所产生的改变必须被回滚，而由第一个事务产生的改变应被提交到数据库。该如何解决呢？

【解决方案】

SQL Server 允许使用保存点的机制来完成以上操作。

8.4.1　保存点的概念及语法

在使用事务时，用户可以在事务内部设置事务保存点。事务的保存点用来定义在按条件取消某个事务的一部分时，该事务可以返回的一个保存点位置。如果将事务回滚到事务保存点，则该事务保存点之后的所有操作将被取消。在事务内部设置事务保存点使用 SAVE TRANSACTION 语句来实现，该语句的语法结构如下：

```
SAVE TRAN[SACTION] 保存点名
```

保存点名：表示设置事务保存点的名称。

8.4.2　示例

【例 8-2】　使用保存点完成思考 8-2。

【解决方案】

```
BEGIN TRANSACTION
UPDATE SC SET Score = Score + 1 WHERE StuID = 'A00001' AND CourseID = 1
UPDATE SC SET Score = Score - 1 WHERE StuID = 'A00001' AND CourseID = 2
SAVE TRANSACTION trnTransaction1
INSERT INTO STUDENT VALUES('A00004','mary',21,'女','Nanjing',590,1)
UPDATE Department SET Total = Total + 1 WHERE DepID = 1
IF (SELECT Total FROM Department WHERE DepID = 1) >100
BEGIN
    ROLLBACK TRANSACTION trnTransaction1
    COMMIT TRANSACTION
END
ELSE
    COMMIT TRANSACTION
```

8.5   事务的并发控制

【思考 8-3】   售票点执行售票功能是通过事务来完成的。每个售票点售票完成需要两个步骤，首先查看数据库中票的张数是否大于 0，如果大于 0，则售票后更新数据库中票的张数。现假设有两个售票点同时各自售出同一车次的 1 张票，且数据库中原来剩余的票的张数为 10，那么两个售票点售出各自的票后，剩余的票数应为 8。写出存储过程模拟售票过程，并查看执行结果。售票信息存在表 Ticket(TicketInfo, TicketLeaveNum)中（其中 TicketInfo 存放路线及时间信息，TicketLeaveNum 存放当前剩余票数的信息）。

【解决方案】

```
CREATE PROC prcSellTicket
@TicketInfo varchar(20)
AS
BEGIN TRY
    IF EXISTS(SELECT * FROM Ticket WHERE TicketInfo = @TicketInfo)
    BEGIN
        BEGIN TRANSACTION
        DECLARE @TicketLeaveNum int --变量保存剩余票的张数
        SELECT @TicketLeaveNum = TicketLeaveNum FROM Ticket
        WHERE TicketInfo = @TicketInfo
        WAITFOR DELAY'00:00:10'  --延时10秒便于查看并发情况
        UPDATE Ticket SET TicketLeaveNum = @TicketLeaveNum - 1
        WHERE TicketInfo = @TicketInfo
        IF(@TicketLeaveNum -1 < 0)      --剩余票的张数不足一张
            ROLLBACK TRANSACTION
        ELSE COMMIT TRANSACTION
    END
END TRY
```

思考 8-3

```
BEGIN CATCH
    ROLLBACK TRANSACTION
END CATCH
```

在数据库中创建存储过程,并同时打开两个"新建查询"窗口,每个窗口中都输入执行存储过程的语句用于模拟两个事务同时执行。执行后,查看结果,我们发现数据库中剩余票的张数并不为8,是什么原因导致了这一结果呢? 下面需要我们理解事务的并发性。

8.5.1 并发的概念

如果一个事务执行完全结束后,另一个事务才开始,则这种执行方式称为串行访问;如果多个事务同时执行,且在时间上重叠执行,则称这种执行方式为并发访问,如图 8-1 和图 8-2 所示。

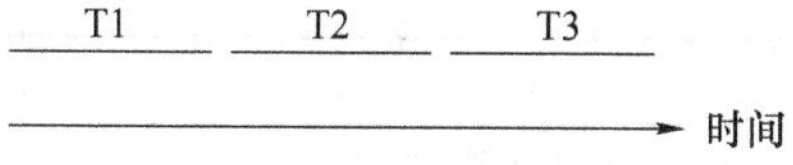

图 8-1　串行访问 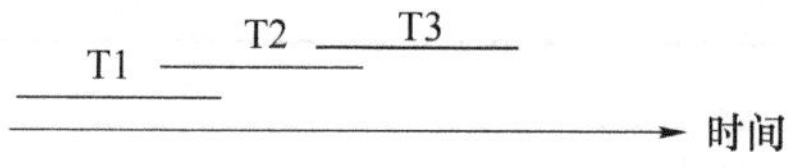　　　　　　　　　　图 8-2　并行访问

思考 3 中的售票系统是一个典型的并发访问的例子。假设有两个旅客同时在不同的两个售票点 A 和 B 进行订票,记作 T_A 和 T_B,下面是这两名旅客订票的一个活动序列:

① 事务 T_A:甲售票员读出某车次的剩余票数 A,设 A = 10。

② 事务 T_B:乙售票员读出某车次的剩余票数 A,A 也为 10。

③ 事务 T_A:甲售票员卖出一张车票,修改剩余票数 A←A−1,因此 A = 9,把 A 的值写入数据库。

④ 事务 T_B:乙售票员卖出一张车票,修改剩余票数 A←A−1,因此 A = 9,把 A 的值写入数据库。

从结果来看,总共卖出两张车票,结果数据库中剩余票数应为 8 张,但实际剩余票数却为 9 张。这是由于两个事务并发执行,对同一个数据进行更新,造成了数据库中数据的不一致性。

事务的并发操作引起的数据库的不一致性主要有:丢失更新、不可重复读、脏读及幻读。

（1）丢失更新

丢失更新是指事务 T_A 与事务 T_B 从数据库中读入同一数据并修改,事务 T_B 的提交结果覆盖了事务 T_A 的提交结果,导致事务 T_A 的修改被丢失,售票的例子导致数据的不一致性就是由丢失更新引起的,如图 8-3 所示。

丢失更新是由于两个事务对同一个数据并发写入造成的,称为"写-写冲突"。

（2）不可重复读

不可重复读是指事务 T_A 读取数据后,事务 T_B 执行更新操作,使事务 T_A 无法再读出先前读取的结果,如图 8-3 所示。

不可重复读是由读-写冲突引起。

（3）脏读

事务 T_A 修改某一数据,并将其写回数据库,事务 T_B 读取同一数据后,事务 T_A 由于某种原因将原来事务回滚并将修改过的数据恢复原值,此时事务 T_B 读到的数据与数据库中的数据不一致,导致读到的为"脏"数据,如图 8-4 所示。

并发引起的错误

串行化调度

时间	T_A	T_B	T_A	T_B
t1	① 读 A = 10		① 读 A = 10	
t2	③ A←A−1	② 读 A = 10		② A←A−1
t3	WRITE A = 9			WRITE A = 9
t4	TO DATABASE		③ 读 A = 9（两次读写数	TO DATABASE
t5		④ A←A−1	据不一致）	
t6		WRITE A = 9		
t7		TO DATABASE		
t8				
	丢失更新		不可重复读	

图 8-3　丢失更新与不可重复读

时间	T_A	T_B	T_A	T_B
t1	① 读 A = 10		① 读 Ticket 表中的记	
t2	A←A−1		录，记录数为 10	
t3	WRITE A = 9			② 向 Ticket 表插入一
t4	TO DATABASE			条记录
t5		② 读 A = 9（读到的数据	③ 读 Ticket 表中的记	
t6		与实际数据库中的数据	录，记录数为 11（两次读	
t7		不一致）	取的记录数不一致）	
t8				
t9	③ ROLLBACK			
	A 值恢复为 10			
	脏读		幻读	

图 8-4　脏读与幻读

（4）幻读

事务 T_A 和事务 T_B 并发执行，事务 T_A 查询数据，事务 T_B 插入或者删除数据，T_A 事务再次查询发现结果集中有以前没有的数据或者以前有的数据消失了，如图 8-4 所示。

从以上分析可知，并发所引起的问题，主要来自并发执行的事务对同一数据对象的写-写冲突和读-写冲突，且问题出在"写"上，只读事务并发执行不会发生问题。

由于事务的并发操作破坏了事务的隔离性，引发了数据不一致问题，因此需要并发控制机制来避免数据的不一致性。本节主要采用锁机制及设置事务的隔离级别方法来控制并发问题。

8.5.2　锁机制

1. 加锁

加锁是事务 T 在对某个数据对象（如表、记录等）操作之前，先向系统发出请求，对其加锁。加锁后事务 T 就对该数据对象有了一定的控制，在事务 T 释放它的锁之前，其他的事务不能更新此数据对象。加锁是实现并发控制的一个非常重要的技术。

给数据对象加锁的方式有多种，基本的锁类型有排他锁、共享锁和修改锁。

锁机制

排他锁又称为写锁(X 锁)。若事务 T 对数据对象 A 加上 X 锁,则只允许 T 读取和修改 A,其他任何事务都不能再对 A 加任何类型的锁,直到 T 释放 A 上的锁。这就保证了其他事务在 T 释放 A 上的锁之前不能再读取和修改 A。

共享锁又称为读锁(S 锁)。若事务 T 对数据对象 A 加上 S 锁,则事务 T 可以读 A 但不能修改 A,其他事务只能再对 A 加 S 锁,而不能加 X 锁,直到 T 释放 A 上的 S 锁。这就保证了其他事务可以读 A,但在 T 释放 A 上的 S 锁之前不能对 A 做任何的修改。

修改锁(UPDLOCK)。SQL Server 在读取数据时使用修改锁来代替共享锁,并将此锁保持至整个事务或命令结束。修改锁能够保证多个进程能同时读取数据但只有该进程能修改数据。

2. 锁协议

通过对数据加锁,可以限制其他事务对数据的访问,但这会降低事务的并发性。如何在保证事务的一致性的前提下尽可能地提高并发性,这需要封锁协议来解决。封锁协议有三个级别:一级封锁协议、二级封锁协议和三级封锁协议。

(1) 一级封锁协议:事务 T 在修改数据 R 之前必须先对其加 X 锁,直到事务结束才释放。事务结束包括正常结束(COMMIT)和非正常结束(ROLLBACK)。

一级封锁协议可以防止丢失修改,并保证事务 T 是可恢复的。使用一级封锁协议可以解决丢失修改问题。在一级封锁协议中,如果仅仅是读数据而不对其进行修改,是不需要加锁的,它不能保证可重复读、不读"脏"数据和不发生幻读,如图 8-5 所示。

时间	T_A	T_B
t1	① Xlock A	
t2	读 A = 10	
t3		② Xlock A
t4	③ A←A−1	等待
t5	WRITE A = 9	等待
t6	TO DATABASE	等待
t7	COMMIT	等待
t8	Unlock A	等待
t9		④ 获得 Xlock A
t10		读 A = 9
t11		⑤ A←A−1
t12		WRITE A = 8
t13		TO DATABASE
t14		COMMIT
t15		Unlock A

图 8-5　一级加锁协议可防止丢失更新

【注】 SQL Server 中当事务的隔离级别为 READ UNCOMMITTED 时(隔离级别将在 8.5.3 节介绍,默认的隔离级别为 READ COMMITTED),系统不会对语句默认加锁;否则,系统默认对更新语句加更新锁,查询语句加共享锁。脏读情况下,当事务隔离

级别设置为 READ UNCOMMITTED 时，事务 T_A 加上 X 锁，事务 T_B 不加锁，满足一级封锁协议，事务 T_B 不会处于等待状态而是继续读数据，因此不能防止脏读；当事务的隔离级别为默认时（即 READ COMMITTED），事务 T_A 加上 X 锁，即使不使用加锁语句对事务 T_B 加锁，系统也会默认的为事务 T_B 加上 S 锁且等待事务 T_A 的完成，不会产生读"脏"数据，但此种情况已不属于一级封锁协议，而已达到二级封锁协议。

（2）二级封锁协议：一级封锁协议加上事务 T 在读取数据 R 之前必须先对其加 S 锁，读完后方可释放 S 锁。

二级封锁协议除防止了丢失修改，还可以进一步防止读"脏"数据。但在二级封锁协议中，由于读完数据后即可释放 S 锁，所以它不能保证可重复读和不发生幻读，如图 8-6 所示。

时间	T_A	T_B
t1	① Xlock A	
t2	读 A = 10	
t3	A←A−1	
t4	WRITE A = 9	
t5	TO DATABASE	
t6		② Slock A
t7	③ ROLLBACK	等待
t8	A 值恢复为 10	等待
t9	Unlock A	等待
t10		④ 获得 Slock A
t11		读 A = 10
t12		COMMIT
t13		Unlock A

图 8-6　二级加锁协议可防止脏读

（3）三级封锁协议：一级封锁协议加上事务 T 在读取数据 R 之前必须先对其加 S 锁，直到事务结束才释放。

三级封锁协议除防止了丢失修改和不读"脏"数据外，还进一步防止了不可重复读和幻读，如图 8-7 所示。

【例 8-3】　使用锁机制改进思考 8-3 的存储过程。

【解决方案】
```
CREATE PROC prcSellTicket
@TicketInfo varchar(20)
AS
BEGIN TRY
    IF EXISTS(SELECT * FROM Ticket WHERE TicketInfo = @TicketInfo)
    BEGIN
        BEGIN TRANSACTION
        SELECT * FROM Ticket WITH (TABLOCKX)  --给 Ticket 表加锁排他锁
```

```
DECLARE @TicketLeaveNum int --变量保存剩余票的张数
SELECT @TicketLeaveNum = TicketLeaveNum FROM Ticket
WHERE TicketInfo = @TicketInfo
WAITFOR DELAY '00:00:10'  --延时 10 秒便于查看并发情况
UPDATE Ticket SET TicketLeaveNum = @TicketLeaveNum - 1
WHERE TicketInfo = @TicketInfo
IF(@TicketLeaveNum - 1 < 0)   --剩余票的张数不足一张
ROLLBACK TRANSACTION
ELSE COMMIT TRANSACTION
    END
END TRY
BEGIN CATCH
    ROLLBACK TRANSACTION
END CATCH
```

时间	T_A	T_B
t1	① Slock A	
t2	读 A = 10	
t3		② Xlock A
t4	③ 读 A = 10	等待
t5	COMMIT	等待
t6	Unlock A	等待
t7		④ 获得 Xlock A
t8		A←A-1
t9		WRITE A = 9
t10		TO DATABASE
t11		COMMIT
t12		Unlock A

图 8-7　三级加锁协议可防止数据不可重复读和幻读

此时,再次同时执行 2 个售票事务,查看数据库中票的剩余张数为总张数减去 2,有效地解决了并发问题。

3. 死锁

所谓死锁是指一个事务如果申请锁而未获准,则须等待其他事务释放锁。这就形成了事务间的等待关系。当事务中出现循环等待时,如果不加干预,则会一直等待下去,使得事务无法继续执行,如图 8-8 所示。

图 8-8 中,事务 T_A 在数据对象 B 上拥有 X 锁,而事务 T_B 申请数据对象 B 上的 S 锁不被批准(事务 T_A 还未释放),所以事务 T_B 等待事务 T_A 释放数据对象 B 上的锁;类似地,事务 T_B 在数据对象 A 上拥有 S 锁,而事务 T_A 申请数据对象上的 X 锁也不被批准,所以事务 T_A 等待事务 T_B 释放数据对象 A 上的锁。由于事务 T_A 和事务 T_B 处于相互等待的状态,都不能继续执行,这种情形发生了死锁。

时间	T$_A$	T$_B$
t1	① Xlock B	
t2	读 B	
t3	B←B−1	
t4	WRITE B	
t5	TO DATABASE	
t6		② Slock A
t7		读 A
t8		Slock B
t9		等待
t10	③ Xlock A	
t11	等待	

图 8-8　加锁带来的死锁现象

这里提供两种方式解决死锁：

（1）设置死锁优选级

语法：

SET DEADLOCK_PRIORITY {LOW|NORMAL|@*deadlock_var*}

（2）设置等待被阻塞资源的最长时间

语法：

SET LOCK_TIMEOUT [*timeout_period*]

8.5.3　设置事务隔离级别

隔离级别

SQL Server 解决并发问题的另一种途径是采取有效的隔离机制。有四种可选的事务隔离级别，分别是未提交读（READ UNCOMMITTED）、已提交读（READ COMMITTED）、可重复读（REPEATABLE READ)和可序列化（SERIALIZABLE)。

1. 未提交读（READ UNCOMMITTED）

未提交读指如果一个事务已经开始写数据，则另外一个事务不允许同时进行写（但可插入）操作，但允许其他事务读此行数据。未提交读不能防止丢失更新、脏读、可重复读及幻读，如表 8-2 所示。

【例 8-4】　有两个事务 prcA 和 prcB，且事务 prcA 先于事务 prcB 前 10 秒执行，判断事务是否会产生并发性？

```
CREATE PROC prcA
AS
SET TRANSACTION ISOLATION LEVEL READ UNCOMMITTED
BEGIN TRANSACTION
   UPDATE Department SET Total = Total − 1 WHERE DepID = 1   --更新语句①
   WAITFOR DELAY'00:00:20'
   UPDATE Department SET Total = Total − 1 WHERE DepID = 1   --更新语句③
COMMIT TRANSACTION

CREATE PROC prcB
```

未提交读

```
AS
DECLARE @s int
SET TRANSACTION ISOLATION LEVEL READ UNCOMMITTED
BEGIN TRANSACTION
    SELECT @s = Total FROM Department WHERE DepID = 1    --读语句②
    PRINT @s
COMMIT TRANSACTION
```

【解决方案】

会引起并发情况,造成脏读。假设数据库中 DepTotal 的值为 1 000,当事务 prcA 执行完更新语句①时,DepTotal 值为 999,事务进入等待状态,10 秒后,事务 prcB 开始执行读语句②,由于事务的隔离级别为"未提交读",因此读语句②可以顺利地执行,读到 DepTotal 的值为 999,20 秒后,事务 prcA 继续执行更新语句③,数据库中 DepTotal 的值为 998,因此事务 prcB 读到了脏数据。

2. 已提交读(READ COMMITTED)

已提交读指如果一个事务已经开始读数据,则另外一个事务允许同时进行读写操作;如果一个事务已经开始写数据,则另外一个事务不允许同时进行读写(但可插入)操作。已提交读不能防止丢失更新、可重复读及幻读,能防止脏读,如表 8-3 所示。

已提交读

表 8-2   隔离级别为"未提交读"的事务并发情况

当前事务	其他事务 (设置隔离级别)
读	能读,能修改
修改	能读,不能修改(可插入)

表 8-3   隔离级别为"已提交读"的事务并发情况

当前事务	其他事务 (设置隔离级别)
读	能读,能修改
修改	不能读,不能修改(可插入)

【例 8-5】 有两个事务 prcA 和 prcB,且事务 prcA 先于事务 prcB 前 10 秒执行,判断事务是否会产生并发性?

```
CREATE PROC prcA
AS
SET TRANSACTION ISOLATION LEVEL READ UNCOMMITTED
BEGIN TRANSACTION
    UPDATE Department SET Total = Total - 1 WHERE DepID = 1  --更新语句①
    WAITFOR DELAY'00:00:20'
    UPDATE Department SET Total = Total - 1 WHERE DepID = 1  --更新语句③
COMMIT TRANSACTION

CREATE PROC prcB
AS
DECLARE @s int
SET TRANSACTION ISOLATION LEVEL READ COMMITTED
BEGIN TRANSACTION
```

```
SELECT @s = Total FROM Department WHERE DepID = 1      --读语句②
PRINT @s
COMMIT TRANSACTION
```

【解决方案】

不会引起并发情况。假设数据库中 DepTotal 的值为 1 000，当事务 prcA 执行完更新语句①时，DepTotal 值为 999，事务进入等待状态。10 秒后，事务 prcB 开始执行读语句②，由于事务的隔离级别为"已提交读"，因此读语句②处于等待状态，直到 20 秒后，事务 prcA 继续执行更新语句③，数据库中 DepTotal 的值为 998 时，事务 prcB 才继续执行，读到数据为 998，因此解决了脏读问题。

> **【注】** SQL Server 在默认情况下，隔离级别为 READ COMMITTED。

3. 可重复读（REPEATABLE READ）

可重复读指如果一个事务已经开始读数据，则该事务会禁止另外一个事务写（但可插入）操作；如果事务已经开始写数据，则该事务会禁止另外一个事务进行读写（但可插入）操作。可重复读不能防止幻读，如表 8-4 所示。

可重复读

表 8-4　隔离级别为"已提交读"的事务并发情况

当前事务 （设置隔离级别）	其他事务 （设置隔离级别）
读	能读，不能修改（可插入）
修改	不能读，不能修改（可插入）

【例 8-6】 有两个事务 prcA 和 prcB，且事务 prcA 先于事务 prcB 前 10 秒执行，判断事务是否会产生并发性？

```
CREATE PROC prcA
AS
DECLARE @s int
SET TRANSACTION ISOLATION LEVEL REPEATABLE READ
BEGIN TRANSACTION
    SELECT @s = Total FROM Department WHERE DepID = 1      --读语句①
    WAITFOR DELAY'00:00:20'
    SELECT @s = Total FROM Department WHERE DepID = 1      --读语句②
COMMIT TRANSACTION


CREATE PROC prcB
AS
SET TRANSACTION ISOLATION LEVEL READ UNCOMMITTED
BEGIN TRANSACTION
    UPDATE Department SET Total = Total - 1 WHERE DepID = 1      --更新语句③
COMMIT TRANSACTION
```

【解决方案】

不会引起并发情况。假设数据库中 Total 的值为 1 000,当事务 prcA 执行完读语句①时,Total 值为 1 000,事务进入等待状态。10 秒后,事务 prcB 开始执行更新语句③,由于事务的隔离级别为"可重复读",因此更新语句③处于等待状态,直到 20 秒后,事务 prcA 继续执行读语句②,Total 值仍然为 1 000,事务 prcA 结束,事务 prcB 继续执行更新语句③,两次读到的数据相同,因此避免了不可重复读。但是如果事务 prcB 中的更新语句改为插入语句,则事务会并发,因此不能解决幻读。

4. 可序列化(SERIALIZABLE)

可序列化指事务执行的时候不允许别的事务并发执行。事务串行化执行,事务只能一个接着一个地执行,而不能并发执行。可序列化可以解决所有并发情况。

可序列化

事务隔离级别与解决的并发情况如表 8-5 所示(是代表会引起并发,否代表不引起并发)。

表 8-5 事务隔离级别与并发情况表

隔离级别	脏读	丢失更新	不可重复读	幻读
未提交读	是	是	是	是
已提交读	否	是	是	是
可重复读	否	否	否	是
序列化	否	否	否	否

从表 8-5 可以看出,隔离级别从高到低依次为序列化、可重复读、已提交读和未提交读。

【注】 可序列化可以解决所有的并发问题,并不意味着开发中事务的隔离级别都设置成 SERIALIZABLE。因为隔离级别越高,事务执行的效率就越低,但如果将事务的隔离级别设置得比较低,也可能造成并发问题。因此,在实际开发中,应根据实际需要选择适当的事务隔离级别。

实验八　事　务

【任务 1】　若两个售票点同时销售航班 A 的机票，在数据库服务器端可能出现如下的调度：

A：$R_1(A,x)$，$R_2(A,x)$，$W_1(A,x-1)$，$W_2(A,x-1)$

B：$R_1(A,x)$，$W_1(A,x-1)$，$R_2(A,x)$，$W_2(A,x-1)$

其中 $R_i(A,x)$，$W_i(A,x)$ 分别表示第 i 个销售点的读写操作。

(1) 假设当前航班 A 剩余 10 张机票，分析上述两个调度各自执行完后的剩余票数。

(2) 指出错误的调度。

【解答】

(1) 调度 A 的剩余票数为 9，调度 B 的剩余票数为 8。

(2) 调度 A 错误，调度 B 正确。

【任务 2】　用存储过程实现上述的调度，并将调度步骤写入事务中。其中 TicketInfo 存放路线及时间信息，TicketLeaveNum 存放当前剩余票数的信息。

【解答】

```
CREATE PROC prcSellTicket
@TicketInfo varchar(20)
AS
BEGIN TRY
    IF EXISTS(SELECT * FROM Ticket WHERE TicketInfo = @TicketInfo)
    BEGIN
        BEGIN TRANSACTION
        DECLARE @TicketLeaveNum int --变量保存剩余票的张数
        SELECT @TicketLeaveNum = TicketLeaveNum FROM Ticket
        WHERE TicketInfo = @TicketInfo
        WAITFOR DELAY '00:00:10'  --延时 10 秒便于查看并发情况
        UPDATE Ticket SET TicketLeaveNum = @TicketLeaveNum - 1
        WHERE TicketInfo = @TicketInfo
        IF(@TicketLeaveNum - 1 < 0)     --剩余票的张数不足一张
            ROLLBACK TRANSACTION
        ELSE COMMIT TRANSACTION
    END
END TRY
BEGIN CATCH
    ROLLBACK TRANSACTION
END CATCH
```

【任务3】 使用设置隔离级别的方式解决任务 2 中的并发问题。

【解答】

```
CREATE PROC prcSellTicket
@TicketInfo varchar(20)
AS
BEGIN TRY
    IF EXISTS(SELECT * FROM Ticket WHERE TicketInfo = @TicketInfo)
    BEGIN
        SET TRANSACTION ISOLATION LEVEL REPEATABLE READ
        BEGIN TRANSACTION
        DECLARE @TicketLeaveNum int --变量保存剩余票的张数
        SELECT @TicketLeaveNum = TicketLeaveNum FROM Ticket
        WHERE TicketInfo = @TicketInfo
        WAITFOR DELAY '00:00:10'  --延时 10 秒便于查看并发情况
        UPDATE Ticket SET TicketLeaveNum = @TicketLeaveNum - 1
        WHERE TicketInfo = @TicketInfo
        IF(@TicketLeaveNum - 1 < 0)     --剩余票的张数不足一张
            ROLLBACK TRANSACTION
        ELSE COMMIT TRANSACTION
    END
END TRY
BEGIN CATCH
    ROLLBACK TRANSACTION
END CATCH
```

第 9 章　触　发　器

本章目标：

1. 触发器的基本概念
2. 幻表
3. 创建 INSERT、DELETE、UPDATE 触发器
4. 创建 INSTEAD OF 触发器

【思考 9-1】　用户需要向 Student 表插入一个新生的记录如下：

('A00010','Nancy',21,'女','Nanjing',550,2)

【解决方案】

INSERT INTO Student VALUES('A00010','Nancy',21,'女','Nanjing',550,2)

思考 9-1

对于用户而言，用户往往只关注向表 Student 插入一条新纪录，而忽略了 Department 表中数据的修改，当插入一个新生的时候，Department 表中 DepID 为 2 的系总人数也应该相应的加上 1，否则会造成数据的不一致性。SQL Server 中是否有这样一种机制，当用户对数据库中的数据做修改时，系统能否自动为用户修改相关联表中的数据，从而保持数据的一致性？这就是本章中将要介绍的触发器。

在关系型数据库中，表和表是相互关联的，因此当修改一张表中的数据时，其他表的数据也可能会发生变化。例如思考 9-1，当为 Student 表添加一名学生时，Department 表对应的系总人数也会发生变化。除了存储过程外，SQL Server 还给我们提供了触发器的机制，保持数据的一致性。本章主要介绍了触发器的概念、分类、幻表以及如何修改和删除触发器。

9.1　触发器的概念

触发器(TRIGGER)是一种特殊的存储过程，它在指定表中的数据发生　触发器的概念
变化时自动执行。比如当对一个表进行操作(INSERT，DELETE，UPDATE)时就会激活它执行。触发器经常用于加强数据的完整性约束和业务规则等。

触发器是一种特殊的存储过程，它与存储过程是有区别的：触发器的执行不是由程序调用，也不是手工启动，而是由事件来触发，而存储过程必须有 EXEC 命令调用才会执行。

触发器常用的一些功能如下：

(1) 完成比约束更复杂的数据约束：触发器可以实现比约束更为复杂的数据约束。

(2) 检查所做的 SQL 是否允许：触发器可以检查 SQL 所做的操作是否被允许。例如，

在产品库存表里,如果要删除一条产品记录,在删除记录时,触发器可以检查该产品库存数量是否为零,如果不为零则取消该删除操作。

(3) 修改其他数据表里的数据:当一个 SQL 语句对数据表进行操作的时候,触发器可以根据该 SQL 语句的操作情况来对另一个数据表进行操作。例如,一个订单取消的时候,那么触发器可以自动修改产品库存表,在订购量的字段上减去被取消订单的订购数量。

(4) 调用更多的存储过程:约束的本身是不能调用存储过程的,但是触发器本身就是一种存储过程,而存储过程是可以嵌套使用的,所以触发器也可以调用一个或多过存储过程。

(5) 发送 SQL Mail:在 SQL 语句执行完之后,触发器可以判断更改过的记录是否达到一定条件,如果达到这个条件的话,触发器可以自动调用 SQL Mail 来发送邮件。例如,当一个订单交费之后,可以物流人员发送 E-mail,通知他尽快发货。

(6) 返回自定义的错误信息:约束是不能返回信息的,而触发器可以。例如,插入一条重复记录时,可以返回一个具体的友好的错误信息给前台应用程序。

(7) 更改原本要操作的 SQL 语句:触发器可以修改原本要操作的 SQL 语句,例如原本的 SQL 语句是要删除数据表里的记录,但该数据表里的记录是最要记录,不允许删除的,那么触发器可以不执行该语句。

(8) 防止数据表结构更改或数据表被删除:为了保护已经建好的数据表,触发器可以在接收到 Drop 和 Alter 开头的 SQL 语句里,不进行对数据表的操作。

SQL Server 包括三种常规类型的触发器:DML 触发器、DDL 触发器和登录触发器。

(1) DML 触发器

当数据库中表中的数据发生变化时,包括 INSERT,DELETE,UPDATE 任意操作,如果我们对该表写了对应的 DML 触发器,那么该触发器自动执行。DML 触发器的主要作用在于强制执行业务规则,以及扩展 SQL Server 约束,默认值等。因为我们知道约束只能约束同一个表中的数据,而触发器中则可以执行任意 SQL 命令。

(2) DDL 触发器

它是 SQL Server 2005 版本开始新增的触发器,主要用于审核与规范对数据库中表、触发器、视图等结构上的操作。例如在修改表、修改列、新增表、新增列等。它在数据库结构发生变化时执行,我们主要用它来记录数据库的修改过程,以及限制程序员对数据库的修改,比如不允许删除某些指定表等。

(3) 登录触发器

登录触发器将为响应 LOGIN 事件而激发存储过程,与 SQL Server 实例建立用户会话时将引发此事件。登录触发器将在登录的身份验证阶段完成之后且用户会话实际建立之前激发。因此,来自触发器内部且通常将到达用户的所有消息(例如错误消息和来自 PRINT 语句的消息)会传送到 SQL Server 错误日志。如果身份验证失败,将不激发登录触发器。

本章将主要介绍 DML 触发器,DDL 触发器和登录触发器不在本书讨论范围,有兴趣的读者可以自行查阅后两种触发器。

9.2 DML 触发器的分类及幻表

触发器分类

1. DML 触发器分为两类

（1）AFTER 触发器：这类触发器是在记录已经改变完之后（AFTER），才会被激活执行，它主要是用于记录变更后的处理或检查，一旦发现错误，也可以用 ROLLBACK TRANSACTION 语句来回滚本次的操作。

（2）INSTEAD OF 触发器：这类触发器一般是用来取代原本的操作，在记录变更之前发生，它并不去执行原来 SQL 语句里的操作（INSERT，DELETE，UPDATE），而去执行触发器本身所定义的操作。

2. 幻表

SQL Server 为每个 DML 触发器都定义了两个特殊的表，一个是插入表，另一个是删除表（统称幻表）。这两个表是建在数据库服务器的内存中的，是由系统管理的逻辑表，而不是真正存储在数据库中的物理表。对于这两个表，用户只有读取的权限，没有修改的权限。

幻表

这两个表的结构与触发器所在数据表的结构是完全一致的，当触发器的工作完成之后，这两个表也将会从内存中删除。

插入表（INSERTED）里存放的是更新后的记录：对于插入记录操作来说，插入表里存放的是要插入的数据；对于更新记录操作来说，插入表里存放的是要更新的记录。

删除表（DELETED）里存放的是更新前的记录：对于更新记录操作来说，删除表里存放的是更新前的记录（更新完后即被删除）；对于删除记录操作来说，删除表里存入的是被删除的旧记录。

假设用户对 Department 表创建了基于 INSERT、DELETE 和 UPDATE 操作的触发器。

（1）当用户执行 INSERT INTO Department VALUES(1,'Computer Science', 0)时，触发器触发产生幻表，其中 DELETED 表为空，INSERTED 表如表 9-1 所示。

（2）当用户执行 UPDATE Department SET DepTotal = 1 WHERE DepID = 1 时，触发器触发产生幻表，INSERTED 表及 DELETED 表如表 9-2、表 9-3 所示。

表 9-1　INSERTED 表

DepID	DepName	DepTotal
1	Computer Science	0

表 9-2　INSERTED 表

DepID	DepName	DepTotal
1	Computer Science	1

（3）当用户执行 DELETE FROM Department WHERE DepID = 1 时，触发器触发产生幻表，其中 INSERTED 表为空，DELETED 表如表 9-4 所示。

表 9-3　DELETED 表

DepID	DepName	DepTotal
1	Computer Science	0

表 9-4　DELETED 表

DepID	DepName	DepTotal
1	Computer Science	1

【注】 只有使用了 DML 触发器,才会产生幻表。

9.3　触发器的创建及应用

9.3.1　触发器的创建

触发器的创建

可以使用 CREATE TRIGGER 语句来创建触发器,语法如下:

```
CREATE TRIGGER 触发器名 ON {表名 |视图名 }
[ WITH ENCRYPTION ]
{
    { { FOR |AFTER | INSTEAD OF } {[DELETE] [ , ] [ INSERT ] [ , ] [ UPDATE ] }
    AS
        [ { IF Update (列名 )[ { AND | OR }UPDATE (列名 ) ][ ...n ]} ]
        SQL 语句 [ ...n ]
}
```

参数说明

触发器名:是触发器的名称。触发器名称必须符合标识符规则,并且在数据库中必须唯一。可以选择是否指定触发器所有者名称。

表名|视图名:是在其上执行触发器的表或视图,有时称为触发器表或触发器视图。可以选择是否指定表或视图的所有者名称。

WITH ENCRYPTION:加密 syscomments 表中包含 CREATE TRIGGER 语句文本的条目。使用 WITH ENCRYPTION 可防止将触发器作为 SQL Server 复制的一部分发布。

AFTER:指定触发器只有在触发 SQL 语句中指定的所有操作都已成功执行后才激发。所有的引用级联操作和约束检查也必须成功完成后,才能执行此触发器。如果仅指定 FOR 关键字,则 AFTER 是默认设置。不能在视图上定义 AFTER 触发器。

INSTEAD OF:指定执行触发器而不是执行触发 SQL 语句,从而替代触发语句的操作。在表或视图上,每个 INSERT、UPDATE 或 DELETE 语句最多可以定义一个 INSTEAD OF 触发器。然而,可以在每个具有 INSTEAD OF 触发器的视图上定义视图。INSTEAD OF 触发器不能在 WITH CHECK OPTION 的可更新视图上定义。

{[DELETE][,][INSERT][,][UPDATE]}:指定在表或视图上执行哪些数据修改语句时将激活触发器的关键字。必须至少指定一个选项。在触发器定义中允许使用以任意顺序组合的这些关键字。如果指定的选项多于一个,需用逗号分隔这些选项。对于 INSTEAD OF 触发器,不允许在具有 ON DELETE 级联操作引用关系的表上使用DELETE 选项。同样,也不允许在具有 ON UPDATE 级联操作引用关系的表上使用 Update 选项。

AS:是触发器要执行的操作。

SQL 语句:是触发器触发后要执行的操作,以确定 DELETE、INSERT 或 UPDATE 语句是否导致触发器操作的执行。

【注】

（1）触发器的命名一般以小写 trg 打头，后面跟上触发器的类型及创建触发器的表名。

（2）AFTER 触发器只能用于数据表中，INSTEAD OF 触发器可以用于数据表和视图上，但两种触发器都不可以建立在临时表上。

（3）一个数据表可以有多个触发器，但是一个触发器只能对应一个表。

（4）在同一个数据表中，对每个操作（如 INSERT、UPDATE、DELETE）而言可以建立多个 AFTER 触发器，但 INSETEAD OF 触发器针对每个操作只能建立一个。

（5）如果针对某个操作既设置了 AFTER 触发器又设置了 INSTEAD OF 触发器，那么 INSTEAD OF 触发器一定会激活，而 AFTER 触发器就不一定会激活了。

（6）TRUNCATE TABLE 语句虽然类似于 DELETE 语句可以删除记录，但是它不能激活 DELETE 类型的触发器。因为 TRUNCATE TABLE 语句是不记入日志的。

（7）WRITETEXT 语句不会触发 INSERT 和 UPDATE 类型的触发器。

9.3.2 应用

1. INSERT 触发器

【任务 9-1】 在 Student 表中创建一个 INSERT 触发器，当插入一条学生记录时，触发器触发使得 Department 表中对应系的 DepTotal 的值加 1，如果总人数超过 50 人，则拒绝插入该学生信息。

任务 9-1

要完成任务 9-1，可以将其分成四个步骤，任务列表如表 9-5 所示。

表 9-5 任务 9-1 列表

1	确定创建触发器的表及触发器类型
2	在数据库中创建触发器
3	执行 INSERT 语句
4	查看执行的结果验证触发器

【任务实现】

1. 确定创建触发器的表及触发器类型

要求在 Student 表中创建 INSERT 触发器，且插入记录成功后，触发 Department 表中人数发生变化，因此，可分析出：

（1）要创建触发器的表为 Student

（2）触发器的类型为 AFTER 类型的 INSERT 触发器

（3）触发器的名称为 trgInsertStudent

2. 在数据库中创建触发器

```
CREATE TRIGGER trgInsertStudent
ON Student FOR INSERT
AS
    DECLARE @DepID int    --存放插入学生的系号
```

```
DECLARE @DepTotal int   --存放系对应的总人数
SELECT @DepID = DepID FROM INSERTED   --从幻表中获取插入的学生对应的系号
UPDATE Department SET Total = Total + 1 WHERE DepID = @DepID
SELECT @DepTotal = Total FROM Department WHERE DepID = @DepID
IF(@DepTotal>50)
    ROLLBACK TRANSACTION
```

按 F5 键执行该触发器。

3. 执行 INSERT 语句

```
INSERT INTO Student VALUES('A00250','Jacky',21,'男','ShangHai',580,2)
```

4. 查看执行的结果验证触发器

执行语句 SELECT DepTotal FROM Department WHERE DepID = 2,查看 2 系的总人数是否加了 1。

当 2 系的总人数为 50 时,执行 INSERT INTO Student VALUES('A00251','Dora',21,'女','ShangHai',500,2)语句,并再次执行 SELECT Total FROM Department WHERE DepID = 2,查看 2 系的总人数是否加了 1,同时查看"A00251"号学生是否插入到 Student 表中。

2. DELETE 触发器

【任务 9-2】 在 SC 表中创建一个 DELETE 触发器,当删除一条学生考试记录时,触发器触发,先检查删除记录对应的学生成绩,如果小于 60,则同时删除 ReExam 表中对应的补考记录。

要完成任务 9-2,可以将其分成四个步骤,任务列表如表 9-6 所示。

表 9-6 任务 9-2 列表

1	确定创建触发器的表及触发器类型
2	在数据库中创建触发器
3	执行 DELETE 语句
4	查看执行的结果验证触发器

【任务实现】

1. 确定创建触发器的表及触发器类型

要求在 SC 表中创建 DELETE 触发器,且删除记录成功后,触发检查成绩是否及格,如不及格则删除 ReExam 表对应的补考记录,因此,可分析出:

(1)要创建触发器的表为 SC

(2)触发器的类型为 AFTER 类型的 DELETE 触发器

(3)触发器的名称为 trgDeleteSC

2. 在数据库中创建触发器

```
CREATE TRIGGER trgDeleteSC
ON SC FOR DELETE
AS
    DECLARE @StuID char(10)
```

```
DECLARE @CourseID int
SELECT @StuID = StuID,@CourseID = CourseID,@Score = Score
FROM DELETED   --从幻表中获取删除记录的学号、课程号及成绩
IF @Score < 60
    DELETE FROM ReExam WHERE StuID = @StuID AND CourseID = @CourseID
```

按 F5 键执行该触发器。

3. 执行 DELETE 语句

DELETE FROM SC WHERE StuID ='A00101' AND CourseID = 1

4. 查看执行的结果验证触发器

假设删除的记录成绩为不及格,查看 ReExam 表是否也删除了该记录。

3. UPDATE 触发器

【任务 9-3】　在 Department 表中创建一个 UPDATE 触发器修改院系名称,如果新的院系名称的长度超过 35 或小于 10 个字符,则不执行修改操作,并提示用户更新前的系名及"修改失败";否则,提示用户"修改成功"。

要完成任务 9-3,可以将其分成四个步骤,任务列表如表 9-7 所示。

表 9-7　任务 9-3 列表

1	确定创建触发器的表及触发器类型
2	在数据库中创建触发器
3	执行 UPDATE 语句
4	查看执行的结果验证触发器

【任务实现】

1. 确定创建触发器的表及触发器类型

要求在 Department 表中创建 UPDATE 触发器,且更新记录成功后,触发检查更新后的系名长度,如不符合要求则禁止更新操作,因此,可分析出:

（1）要创建触发器的表为 Department

（2）触发器的类型为 AFTER 类型的 UPDATE 触发器

（3）触发器的名称为 trgUPDATEDepartment

2. 在数据库中创建触发器

```
CREATE TRIGGER trgUPDATEDepartment
ON Department FOR UPDATE
AS
    DECLARE @DepName varchar(40)
    SELECT @DepName = DepName FROM INSERTED
    IF(LEN(@DepName)<10 OR LEN(@DepName)>35)
    BEGIN
        PRINT  '修改失败'
        SELECT DepName FROM DELETED
        ROLLBACK TRANSACTION
    END
```

```
ELSE
    PRINT'修改成功'
```

按 F5 键执行该触发器。

3. 执行 UPDATE 语句

```
UPDATE Department SET DepName = 'Computer Science and Technology'
WHERE DepName = 'Computer Science'
```

4. 查看执行的结果验证触发器

新的系名符合要求,应该更新成功。

【思考 9-2】　创建触发器,当用户删除 Department 表中的系时,禁止用户此操作。

【解决方案】

用户执行的是 DELETE 操作,当删除发生时,有两种处理方式:一种是创建 AFTER 触发器,触发时,使得删除操作回滚;另一种是让删除操作取消,直接提示用户禁止操作。第二种方式在项目开发中也常被采用,应该如何实现呢?这就需要使用前面提到的 INSTEAD OF 触发器。

4. INSTEAD OF 触发器

【任务 9-4】　在 Department 表中创建一个 DELETE 触发器删除院系,触发器触发,禁止该操作,并提示用户"禁止删除院系"。

要完成任务 9-4,可以将其分成四个步骤,任务列表如表 9-8 所示。

表 9-8　任务 9-4 列表

1	确定创建触发器的表及触发器类型
2	在数据库中创建触发器
3	执行 DELETE 语句
4	查看执行的结果验证触发器

【任务实现】

1. 确定创建触发器的表及触发器类型

要求在 Department 表中创建 DELETE 触发器,且禁止删除操作,并以提示信息取代删除操作,因此,可分析出:

(1) 要创建触发器的表为 Department

(2) 触发器的类型为 INSTEAD OF 类型的 DELETE 触发器

(3) 触发器的名称为 trgDeleteDepartment

2. 在数据库中创建触发器

```
CREATE TRIGGER trgDeleteDepartment
ON Department INSTEAD OF DELETE
AS
    PRINT'禁止删除任何系!'
```

按 F5 键执行该触发器。

3. 执行 DELETE 语句

```
DELETE FROM Department WHERE DepID = 1
```

4. 查看执行的结果验证触发器

删除系的操作不成功。

【思考 9-3】 在学生表上创建更新触发器，当学生更新其他字段时，提示用户更新成功；如果更新了学号或姓名，则让更新操作回滚，禁止用户更新。

【解决方案】

用户执行的是 UPDATE 操作，这里的更新是有条件的更新，当更新的字段为 StuID 或者 StuName 时，系统禁止用户更改学生的学号和姓名，但如果更新的是其他字段，则允许用户更新，并提示用户更新成功。这种带有条件的更新如何实现呢？需要使用 IF UPDATE 语句。

5. IF UPDATE 语句

当更新语句执行时，需要触发器按照更新的字段来分别处理，需要使用 IF UPDATE 语句，语法如下：

```
IF UPDATE(列名)[OR|AND {UPDATE(列名)}][...n]
```

【任务 9-5】 完成思考 9-3。

要完成任务 9-5，可以将其分成四个步骤，任务列表如表 9-9 所示。

表 9-9　任务 9-5 列表

1	确定创建触发器的表及触发器类型
2	在数据库中创建触发器
3	执行 UPDATE 语句
4	查看执行的结果验证触发器

【任务实现】

1. 确定创建触发器的表及触发器类型

要求在 Student 表中创建 UPDATE 触发器，当更新是其他列时，允许更新，且提示用户"更新成功"；否则，回滚事务，提示用户"更新失败"，因此可分析出：

（1）要创建触发器的表为 Student；

（2）触发器的类型为 AFTER 类型的 UPDATE 触发器；

（3）触发器的名称为 trgUpdateStudent。

2. 在数据库中创建触发器

```
CREATE TRIGGER trgUpdateStudent
ON Student FOR UPDATE
AS
    IF UPDATE(StuName) OR UPDATE(StuID)
    BEGIN
        ROLLBACK TRANSACTION
        PRINT'更新失败！'
    END
    ELSE
```

```
    PRINT'更新成功！'
```

按 F5 键执行该触发器。

3. 执行 UPDATE 语句

```
UPDATE Student SET StuName ='Linda' WHERE StuID ='A00102'
```

4. 查看执行的结果验证触发器

查看数据库中的该记录，修改不成功。并试图修改 StuID 和 StuName 以外的其他字段，应允许更新。

9.3.3 修改和删除触发器

1. 修改触发器

【思考 9-4】 假设任务 9-5 中的触发器仍然不满足项目需求，在更新操作发生时，除了 StuID 和 StuName 不允许用户更改之外，用户的性别字段 StuSex 也不允许用户更改，如何修改这个触发器呢？

【解决方案】

如果将原来的触发器删除，再重新创建符合要求的触发器，这样开发的效率会降低，能否直接在原触发器的基础上进行修改，这样就能大大提高开发的效率了？按照前面的经验，我们可以使用 ALTER 关键字来进行修改触发器。

修改触发器的语法和创建触发器相似，仅仅需要将 CREATE 关键字改为 ALTER 即可。语法如下：

```
ALTER TRIGGER 触发器名 ON {表名 |视图名 }
[ WITH ENCRYPTION ]
{
    { { FOR |AFTER | INSTEAD OF } {[DELETE][ , ][ INSERT ][ , ][ UPDATE ] }
    AS
        [ { IF Update (列名 )[ { AND | OR }UPDATE (列名 )][ ...n ]} ]
        SQL 语句 [ ...n ]
}
```

参数的说明与创建相同，不再赘述。

【任务 9-6】 按照思考 9-4 修改触发器。

要完成任务 9-6，可以将其分成三个步骤，任务列表如表 9-10 所示。

表 9-10 任务 9-6 列表

1	修改触发器
2	执行 UPDATE 语句
3	查看执行的结果验证触发器

【任务实现】

1. 修改触发器

```
ALTER TRIGGER trgUpdateStudent
ON Student FOR UPDATE
```

```
AS
    IF UPDATE(StuName) OR UPDATE(StuID) OR UPDATE(StuSex)
    BEGIN
        ROLLBACK TRANSACTION
        PRINT'更新失败！'
    END
    ELSE
        PRINT'更新成功！'
```

按 F5 键执行该触发器。

2. 执行 UPDATE 语句

```
UPDATE Student SET StuSex = 'M' WHERE StuID = 'A00102'
```

3. 查看执行的结果验证触发器

查看数据库中的该记录，修改不成功。

2. 删除触发器

当触发器不再有用时，应及时删除多余的没用的触发器。删除触发器的语法为：

```
DROP TRIGGER 触发器名[,...n]
```

【例 9-1】 删除触发器 trgUpdateStudent。

【解决方案】

```
DROP TRIGGER trgUpdateStudent
```

实验九 触发器

【任务1】 对"Student"表创建触发器,如果有学生转系(Student 中 DepID 发生变化),则"Department"表相应系总人数也一并修改。

【解答】

```
CREATE TRIGGER trgUpdateStudentTransfer
ON Student FOR UPDATE
AS
    DECLARE @OriginalDepNo int,@NewDepNo int
    SELECT @OriginalDepNo = DepID FROM DELETED
    SELECT @NewDepNo = DepID FROM INSERTED
    UPDATE Department SET Total = Total + 1 WHERE DepID = @NewDepNo
    UPDATE Department SET Total = Total - 1 WHERE DepID = @OriginalDepNo
```

执行:

```
UPDATE Student SET DepID =
(SELECT DepID FROM Department where DepName = 'math')
WHERE StuID = 'A00001'
```

【任务2】 在"SC"表中创建一个 DELETE 触发器,如果删除记录的成绩为不及格,则不执行删除操作,并提示用户;如果成绩及格,则允许删除。

【解答】

```
CREATE TRIGGER trgDeleteSC
ON SC FOR DELETE
AS
    DECLARE @Score int
    SELECT @Score = Score FROM DELETED
    IF(@Score<60)
    BEGIN
        PRINT'不能删除该系'
        ROLLBACK TRANSACTION
    END
```

执行:

```
DELETE FROM SC WHERE StuID = 'A00001' AND CourseID = 1
```

【任务3】 在"Department"表中创建一个 INSERT 触发器,如果插入记录的院系在"系"表中已存在,则不执行插入操作,并提示用户。

【解答】

```
CREATE TRIGGER trgInserDepartment
ON Department INSTEAD OF INSERT
```

任务3 替代触发器

```
AS
    DECLARE @DepName varchar(20)
    DECLARE @DepID int
    DECLARE @DepTotal int
    SELECT @DepID = DepID,@DepName = DepName,@DepTotal = Total FROM INSERTED
    IF EXISTS(SELECT * FROM Department WHERE DepName = @DepName)
        PRINT'该系已存在'
    ELSE
        INSERT INTO Department VALUES(@DepID,@DepName,@DepTotal)
```

执行：

```
INSERT INTO Department VALUES(5,'music',20)
```

【注】 这里不能使用 AFTER 触发器，否则在执行此语句时，触发器触发，该记录已加入表中，在做 if 语句判断之前，该记录已存在，所以无论插入什么系，都会执行回滚。

编译器提示：消息 3609，级别 16，状态 1，第 1 行

事务在触发器中结束。批处理已中止。

第10章 游 标

本章目标：

1. 游标的基本概念及分类
2. 创建游标的五个步骤
3. 实现游标遍历
4. 游标嵌套游标

【思考 10-1】 假设数据库中有教师表为：Teacher(TeaID,TeaName,TeaTitle,Course-Num)。其中,TeaID 表示教师工号,TeaTitle 表示教师职称,CourseNum 表示当月课时数。请根据教师表,编写存储过程完成教师工资的自动生成。工资表为：Salary(TeaID,Wage)。其中 Wage 表示当月工资。计算公式如下：

Wage ＝基本工资 ＋ 课时费

基本工资：讲师(1 000),副教授(1 500),教授(2 000)

课时费 ＝ 每课时工资 × 课时数

每课时工资：讲师(80),副教授(90),教授(100)

思考 10-1

【分析】

假设一种解决方案,设置类似于指针的机制使之指向 Teacher 表的首条记录(如表 10-1 所示),获取 TeaTitle 和 CourseNum 的值,将获取的值根据公式计算出结果,将指针指向的工号及结果插入 Salary 表中(如表 10-2 所示);接着指针指向 Teacher 表的下一条记录,重复上述的操作,一直遍历到 Teacher 表的最后一条记录为止。

表 10-1 Teacher 表

TeaID	TeaName	TeaTitle	CourseNum
T0001	Mary	讲师	50
T0002	Tom	教授	40
...	...	...	...

表 10-2 Salary 表

TeaID	Wage

【解决方案】

要实现上述功能,SQL Server 中提供了游标的机制。

游标是获取一组数据(结果集)并一次与一个单独的数据进行交互的机制。本章将对游标的概念、游标的基本操作进行详细介绍。

10.1　游标的概念

游标的概念

在开发数据库应用程序时，经常需要使用 SELECT 语句查询数据库，并将查询返回的数据存放在结果集中。用户在得到结果集后，需要逐行逐列的获取其中存储的数据，根据不同的值做不同的处理。这时需要使用游标，游标就是一种定位并控制结果集的机制。

在数据库中，游标是一个十分重要的概念。游标提供了一种对从表中检索出的数据进行操作的灵活手段，就本质而言，游标实际上是一种能从包括多条数据记录的结果集中每次提取一条记录的机制。游标总是与一条 SQL 查询语句相关联，游标由结果集（可以是零条、一条或由相关的选择语句检索出的多条记录）和结果集中指向特定记录的游标位置组成。

游标的特点：

（1）游标是映射结果集并在结果集内的单个行上建立一个位置的实体；

（2）有了游标，用户就可以访问结果集中的任意一行数据了；

（3）在将游标放置到某行之后，可以在该行或从该位置开始的行块上执行操作；

（4）最常见的操作是提取（检索）当前行或行块。

游标的缺点：效率较为低下。

10.2　游标的分类

SQL Server 支持三种类型的游标：Transact_SQL 游标、API 服务器游标和客户游标。

1. Transact_SQL 游标

Transact_SQL 游标是由 DECLARE CURSOR 语法定义，主要用在 Transact_SQL 脚本、存储过程和触发器中。Transact_SQL 游标主要用在服务器上，由从客户端发送给服务器的 Transact_SQL 语句或是批处理、存储过程、触发器中的 Transact_SQL 进行管理。Transact_SQL 游标不支持提取数据块或多行数据。

2. API 游标

API 游标支持在 OLE DB、ODBC 和 DB_library 中使用游标函数，主要用在服务器上。每一次客户端应用程序调用 API 游标函数，MS SQL SEVER 的 OLE DB 提供者、ODBC 驱动器或 DB_library 的动态链接库（DLL）都会将这些客户请求传送给服务器以对 API 游标进行处理。

3. 客户游标

客户游标主要是当在客户机上缓存结果集时才使用。在客户游标中，有一个默认的结果集被用来在客户机上缓存整个结果集。客户游标仅支持静态游标而非动态游标。由于服务器游标并不支持所有的 Transact-SQL 语句或批处理，所以客户游标常常仅被用作服务器游标的辅助。因为在一般情况下，服务器游标能支持绝大多数的游标操作。由于 API 游标和 Transact-SQL 游标使用在服务器端，所以被称为服务器游标，也被称为后台游标，而客户端游标被称为前台游标。在本章中，我们主要讲述服务器（后台）游标。

10.3　创建游标的步骤

游标提供了一种从表中检索数据并进行操作的灵活手段,它可以定位到结果集中的某一行,并可以对该行数据执行特定操作,为用户在处理数据的过程中提供了很大方便。一个完整的游标实现由五个步骤组成:

(1) 声明游标;

(2) 打开游标;

(3) 读取游标数据;

(4) 关闭游标;

(5) 释放游标。

创建游标步骤

10.3.1　声明游标

可以使用 DECLARE CURSOR 语句来声明游标,语法如下:

DECLARE 游标名 [INSENSITIVE][SCROLL]CURSOR [LOCAL | GLOBAL]

[FORWARD_ONLY | SCROLL]

[STATIC | KEYSET | DYNAMIC | FAST_FORWARD]

[READ_ONLY | SCROLL_LOCKS | OPTIMISTIC]

[TYPE_WARNING]

FOR select 语句

[FOR UPDATE [OF 列名 [,...n]]]

参数说明

游标名:指游标的名字。

INSENSITIVE:表明 SQL Server 会将游标定义所选取出来的数据记录存放在一临时表内(建立在 tempdb 数据库下)。对该游标的读取操作皆由临时表来应答。因此,对基本表的修改并不影响游标提取的数据,即游标不会随着基本表内容的改变而改变,同时也无法通过游标来更新基本表。如果不使用该保留字,那么对基本表的更新、删除都会反映到游标中。另外应该指出,当遇到以下情况发生时,游标将自动设定 INSENSITIVE 选项。

FORWARD_ONLY:指定游标只能从第一行滚动到最后一行。如果在指定 FORWARD_ONLY 时不指定 STATIC、KEYSET 和 DYNAMIC 关键字,则游标作为 DYNAMIC 游标进行操作。如果 FORWARD_ONLY 和 SCROLL 均未指定,则除非指定 STATIC、KEYSET 或 DYNAMIC 关键字,否则默认为 FORWARD_ONLY。STATIC、KEYSET 和 DYNAMIC 游标默认为 SCROLL。与 ODBC 和 ADO 这类数据库 API 不同,STATIC、KEYSET 和 DYNAMIC Transact-SQL 游标支持 FORWARD_ONLY。

SCROLL:表明所有的提取操作(如 FIRST、LAST、PRIOR、NEXT、RELATIVE、AB-SOLUTE)都可用。如果不使用该保留字,那么只能进行 NEXT 提取操作。由此可见,SCROLL 极大地增加了提取数据的灵活性,可以随意读取结果集中的任一行数据记录,而不必关闭再重开游标。

STATIC:指定声明的游标为静态游标。

KEYSET：指定当前游标为键集驱动游标。

DYNAMIC：指定声明的游标为动态游标。

FAST_FORWARD：指定启用了性能优化的 FORWARD_ONLY、READ_ONLY 游标。如果指定 FAST_FORWARD，则不能同时指定 SCROLL 或 FOR_UPDATE。FAST_FOR-WARD 和 FORWARD_ONLY 是互斥的；如果指定一个，则不能指定另一个。

OPTIMISTIC：指定如果行自从被读入游标以来已得到更新，则通过游标进行的定位更新或定位删除不成功。当将行读入游标时 SQL Server 不锁定行。

TYPE_WARNING：指定如果游标从所请求的类型隐性转换为另一种类型，则给客户端发送警告信息。select 语句：是定义结果集的 SELECT 语句。应该注意的是，在游标中不能使用 COMPUTE、COMPU- TE BY、FOR BROWSE 和 INTO 语句。

READ ONLY：表明不允许游标内的数据被更新，尽管在默认状态下游标是允许更新的。而且在 UPDATE 或 DELETE 语句的 WHERE CURRENT OF 子句中，不允许对该游标进行引用。

UPDATE [OF 列名[,...n]]：定义在游标中可被修改的列，如果不指出要更新的列，除非指定了 READ_LONY 选项，那么所有的列都将被更新。

【例 10-1】 声明一个游标，结果集为"Student"表中所有的男同学。

【解决方案】

```
DECLARE curMaleStudent CURSOR FOR SELECT * FROM Student WHERE StuSex = '男'
```

【注】 游标的命名一般以小写 cur 打头，后面跟上游标功能性说明。

10.3.2　打开游标

OPEN 语句的功能是打开 Transact-SQL 服务器游标，然后通过执行在 DECLARE CURSOR 或 SET 语句中指定的 Transact-SQL 语句填充游标。OPEN 语句语法如下：

```
OPEN {{[GLOBAL]游标名从}|游标变量的名称}
```

【例 10-2】 声明一个游标，结果集为"Student"表中所有的男同学，然后打开此游标。

【解决方案】

```
DECLARE curMaleStudent CURSOR FOR SELECT * FROM Student WHERE StuSex = '男'
OPEN curMaleStudent
```

【注】 不能打开一个未被声明过的游标，否则编译器报错；已打开的游标关闭之前不能再次打开，否则编译器也报错。

10.3.3　读取游标数据

当打开一个游标之后，就可以读取游标中的数据了。可以使用 FETCH 语句读取游标中的某一行数据。语法如下：

```
FETCH [[NEXT|PRIOR|FIRST|LAST|ABSOLUTE{n|@nvar}|RELATIVE {n|@nvar}]
FROM {{[GLOBAL]游标名称}|@游标变量名称}
[INTO @变量名[,...n]]
```

参数说明

NEXT：返回紧跟当前行之后的结果行，并且当前行递增为结果行。如果 FETCH NEXT 为对游标的第一次提取操作，则返回结果集中的第一行。NEXT 为默认的游标提取选项。

PRIOR：返回紧临当前行前面的结果行，并且当前行递减为结果行。如果 FETCH PRIOR 为对游标的第一次提取操作，则没有行返回并且游标置于第一行之前。

FIRST：返回游标中的第一行并将其作为当前行。

LAST：返回游标中的最后一行并将其作为当前行。

ABSOLUTE{n|@nvar}：如果 n 或@nvar 为正数，返回从游标头开始的第 n 行，并将返回的行变成新的当前行。如果 n 或@nvar 为负数，返回游标尾之前的第 n 行，并将返回的行变成新的当前行。如果 n 或@nvar 为 0，则没有行返回。

RELATIVE {n|@nvar}：如果 n 或@nvar 为正数，返回当前行之后的第 n 行，并将返回的行变成新的当前行。如果 n 或@nvar 为负数，返回当前行之前的第 n 行，并将返回的行变成新的当前行。如果 n 或@nvar 为 0，返回当前行。如果对游标的第一次提取操作时将 FETCHRELATIVE 的 n 或@nvar 指定为负数 或 0，则没有行返回。n 必须为整型常量且@nvar 必须为 smallint、tinyint 或 int。说明：在前两个参数中，包含了 n 和@nvar 其表示游标相对于作为基准的数据行所偏离的位置。

游标名称：要从中进行提取的开放游标的名称。如果同时有以 cursor_name 作为名称的全局和局部游标存在，若指定为 GLOBAL，则 cursor_name 对应于全局游标，未指定 GLOBAL，则对应于局部游标。

@游标变量名称：游标变量名，引用要进行提取操作的打开的游标。

INTO @变量名[,...n]：允许将提取操作的列数据放到局部变量中。列表中的各个变量从左到右与游标结果集中的相应列相关联。各变量的数据类型必须与相应的结果列的数据类型匹配或是结果列数据类型所支持的隐性转换。变量的数目必须与游标选择列表中的列的数目一致。

【例 10-3】　声明一个游标，结果集为 Student 表中所有的男同学，然后打开此游标，并读取第一行数据。

【解决方案】

```
DECLARE curMaleStudent CURSOR FOR SELECT * FROM Student WHERE StuSex='男'
OPEN curMaleStudent
FETCH NEXT FROM curMaleStudent
```

【思考 10-2】　如果需要使用游标继续读取第二行、第三行直至最后一行数据呢？

【解决方案】

读取多行数据可以使用循环结构处理，循环终止条件为读取到最后一行。如果能成功读取下一行数据，则游标未指向结果集的尾部，要判读是否能成功读取下一行，需要使用游标函数。

10.3.4　游标函数

本节介绍三个与游标相关的函数，分别是@@CURSOR_ROWS、@@CURSOR_STA-TUS 和@@FETCH_STATUS。

(1) @@CURSOR_STATUS；

(2) @@CURSOR_STATUS；

(3) @@FETCH_STATUS。

返回被 FETCH 语句执行的最后游标的状态，@@ FETCH_STATUS 函数的返回值如表 10-3 所示。

表 10-3　@@ FETCH_STATUS 函数返回值

返回值	描述
0	FETCH 语句成功
-1	FETCH 语句失败或此行不在结果集中
-2	被提取的行不存在

【例 10-4】　声明一个游标，结果集为 Student 表中所有的男同学，然后打开此游标，依次读取每一行数据。

【解决方案】

```
DECLARE curMaleStudent CURSOR FOR SELECT * FROM Student WHERE StuSex='男'
OPEN curMaleStudent
FETCH NEXT FROM curMaleStudent
WHILE @@FETCH_STATUS = 0
     FETCH NEXT FROM curMaleStudent
```

10.3.5　关闭游标

当游标使用完毕之后，应该使用 CLOSE 语句关闭一个打开的游标。关闭游标时，完成以下工作：

(1) 释放当前结果集；

(2) 解除定位游标行上的游标锁定。

CLOSE 语句语法如下：

```
CLOSE {{[GLOBAL]游标名称}|@游标变量名称}
```

【例 10-5】　声明一个游标，结果集为"Student"表中所有的男同学，然后打开此游标，依次读取每一行数据，最后关闭游标。

【解决方案】

```
DECLARE curMaleStudent CURSOR FOR SELECT * FROM Student WHERE StuSex='男'
OPEN curMaleStudent
FETCH NEXT FROM curMaleStudent
WHILE @@FETCH_STATUS = 0
     FETCH NEXT FROM curMaleStudent
CLOSE curMaleStudent
```

【注】

（1）CLOSE 语句必须在一个开放游标上使用，不允许在一个仅仅声明的游标或一个已关闭的游标上使用。

（2）游标关闭并不代表释放资源，释放前不能申明同名游标。

10.3.6　释放游标

当游标关闭之后，并没有在内存中释放所占用的系统资源，还应该使用 DEALLO-CATE 语句释放游标。当释放最后的游标引用时，组成该游标的数据结构由 SQL Server 释放。DEALLOCATE 语句的语法如下：

```
DEALLOCATE {{[GLOBAL]游标名称}|@游标变量名称}
```

DEALLOCATE 语句删除游标与游标名称或游标变量之间的关联。如果一个名称或变量是最后引用游标的名称或变量，则将释放游标，游标使用的任何资源也随之释放。

【例 10-6】　声明一个游标，结果集为 Student 表中所有的男同学，然后打开此游标，依次读取每一行数据，最后关闭及释放游标。

【解决方案】

```
DECLARE curMaleStudent CURSOR FOR SELECT * FROM Student WHERE StuSex = '男'
OPEN curMaleStudent
FETCH NEXT FROM curMaleStudent
WHILE @@FETCH_STATUS = 0
        FETCH NEXT FROM curMaleStudent
CLOSE curMaleStudent
DEALLOCATE curMaleStudent
```

10.4　使用游标读取数据到变量中

游标的使用

有时需要使用游标将当前读取的行对应的某些字段值放入变量保存，然后根据这些变量的取值做出不同的处理，这时需要改进 FETCH 语句的语法，如下：

```
FETCH 游标名称[ INTO @变量名[ ,...n]]
```

【注】　该语句的使用必须和游标声明语句配合使用。DECLARE 游标名称 CUR-SOR FOR select 语句中，Select 语句出现的字段必须与 INTO 后出现的变量名个数相等，且一一对应。

【例 10-7】　使用游标完成思考 10-1。

【解决方案】

```
DECLARE @TeaID char(10)  --用于存放教师工号
DECLARE @TeaTitle varchar(20) --用于存放教师职称
DECLARE @CourseNum int --用于存放教师本月课时数
DECLARE @Wage decimal --用于存放本月工资
```

```
DECLARE curTeacherWage CURSOR FOR SELECT TeaID,TeaTitle,CourseNum FROM Teacher
OPEN curTeacherWage  --声明游标指向教师表
--将游标当前指向的行的 TeaID、TeaTitle、CourseNum 字段值赋给变量保存
FETCH curTeacherWage INTO @TeaID,@TeaTitle,@CourseNum
WHILE(@@FETCH_STATUS = 0)
BEGIN
    --根据教师的职称及课时数,计算工资,保存变量@Wage
    IF(@TeaTitle ='讲师')
        SET @Wage = 1000 + 80 * @CourseNum
    ELSE IF(@TeaTitle ='副教授')
        SET @Wage = 1500 + 90 * @CourseNum
    ELSE
        SET @Wage = 2000 + 100 * @CourseNum
    INSERT INTO Salary VALUES(@TeaID,@Wage)--插入当前教师的工资
    FETCH curTeacherWage INTO @TeaID,@TeaTitle,@CourseNum
END
CLOSE curTeacherWage
DEALLOCATE curTeacherWage
```

10.5　游标嵌套游标

【思考 10-3】　对于 Student 表和 Department 表,先用游标 1 遍历 Department 表中的每个系,对于当前遍历到的系,再使用游标 2 遍历该系的所有学生的信息。

【分析】

需要两个游标才能完成任务,游标 1 先遍历 Department 表,当遍历到一个系时,游标 1 不能释放(需要继续获取其他的系),此时利用游标 2 再指向该系的所有学生,当游标 2 遍历完该系所有学生后,游标 1 继续遍历下一个系,最终可以按照系依次显示每个系的学生信息。这种结构使得游标 1 包含了游标 2,或者说游标 2 嵌套在游标 1 中。

【解决方案】

使用游标嵌套游标。

游标嵌套游标的程序结构如下:

```
DECLARE 游标 1 CURSOR FOR select 语句
OPEN 游标 1
FETCH NEXT 游标 1
WHILE(@@FETCH_STATUS = 0)
BEGIN
    DECLARE 游标 2 CURSOR FOR select 语句
    OPEN 游标 2
    FETCH NEXT 游标 2
    WHILE(@@FETCH_STATUS = 0)
    BEGIN
```

```
        --一些操作
            FETCH NEXT 游标 2
        END
    CLOSE 游标 2
    DEALLOCATE 游标 2
    FETCH NEXT 游标 1
END
CLOSE 游标 1
DEALLOCATE 游标 1
```

【例 10-8】 使用游标完成思考 10-3。

【解决方案】

```
DECLARE @DepID int
DECLARE curDepartment CURSOR FOR SELECT DepID FROM Department
OPEN curDepartment
FETCH curDepartment INTO @DepID
WHILE(@@FETCH_STATUS = 0)
BEGIN
    DECLARE curStudent CURSOR FOR SELECT * FROM Student WHERE DepID = @DepID
    OPEN curStudent
    FETCH curStudent
    WHILE(@@FETCH_STATUS = 0)
        FETCH curStudent
    CLOSE curStudent
    DEALLOCATE curStudent
    FETCH curDepartment INTO @DepID
END
CLOSE curDepartment
DEALLOCATE curDepartment
```

实验十　游　标

【任务1】　使用游标遍历 SC 表每条记录的成绩,如果有不及格,依次将学号、课程号以及成绩的值使用 PRINT 语句打印出来。

【解答】

```
DECLARE @StuID char(10),@CourseID int,@Score int
DECLARE curGetScore CURSOR FOR SELECT StuID,CourseID,Score FROM SC
OPEN curGetScore
FETCH curGetScore INTO @StuID,@CourseID,@Score
WHILE(@@FETCH_STATUS = 0)
BEGIN
    IF(@Score<60)
    BEGIN
        PRINT @StuID
        PRINT @CourseID
        PRINT @Score
    END
    FETCH curGetScore INTO @StuID,@CourseID,@Score
END
CLOSE curGetScore
DEALLOCATE curGetScore
```

【任务2】　将任务1写入存储过程。

【解答】

```
CREATE PROC prcGetScoreInfo
AS
BEGIN TRY
DECLARE @StuID char(10),@CourseID int,@Score int
DECLARE curGetScore CURSOR FOR SELECT StuID,CourseID,Score FROM SC
OPEN curGetScore
FETCH curGetScore INTO @StuID,@CourseID,@Score
WHILE(@@FETCH_STATUS = 0)
BEGIN
    IF(@Score<60)
    BEGIN
        PRINT @StuID
        PRINT @CourseID
        PRINT @Score
    END
    FETCH curGetScore INTO @StuID,@CourseID,@Score
```

```
END
CLOSE curGetScore
DEALLOCATE curGetScore
END TRY
BEGIN CATCH
    PRINT 'ERROR'
END CATCH
```

【注】 游标一般包含在存储过程中。

 【任务3】 对于"Course"表和"SC"表,先用游标1遍历"Course"表中的每门课程,对于当前遍历到的课程号,保存到变量@CourseID中,然后使用游标2遍历选择该课程的学号。

【解答】
```
DECLARE @CourseID int
DECLARE curCourse CURSOR FOR SELECT CourseID FROM Course
OPEN curCourse
FETCH curCourse INTO @CourseID
WHILE(@@FETCH_STATUS = 0)
BEGIN
    DECLARE curSC CURSOR FOR SELECT StuID FROM SC WHERE CourseID = @CourseID
    OPEN curSC
    FETCH curSC
    WHILE(@@FETCH_STATUS = 0)
        FETCH curSC
    CLOSE curSC
    DEALLOCATE curSC
    FETCH curCourse INTO @CourseID
END
CLOSE curCourse
DEALLOCATE curCourse
```

第 11 章　SQL Server 安全管理

本章目标：

1. 身份验证模式
2. 创建登录名与数据库用户
3. 角色与权限管理

【思考 11-1】　SchoolInfo 数据库中的表 SC 存放了学生对应课程的考试成绩，这些成绩是不允许学生修改的，如何防止学生进入数据库修改成绩呢？

【分析】　SQL Server 安全管理模型中提供了数据库系统安全性的管理机制，允许不同的用户、角色对不同的数据有着不同的访问权限。因此，要有效地保障数据库系统的安全性，需要掌握 SQL Server 安全管理机制。

本章将从安全性的角度介绍了对 SQL Server 系统的基本管理方法，因为无论对于系统管理员还是数据库编程人员，甚至对于每个用户，数据库系统的安全性都至关重要。通过对本章的学习，读者将会了解到要想确保系统的安全性，应该使用用户账户，同时还应该对账户授予相应的权限。对用户、角色和权限的管理可以通过企业管理器来操作，也可以使用系统存储过程来实现。

SQL Server 中的安全管理模型中包括 SQL Server 登录、数据库用户、权限和角色四个主要方面。

（1）SQL Server 登录：要想连接到 SQL Server 服务器实例，必须拥有相应的登录账户和密码。SQL Server 的身份认证系统验证用户是否拥有有效的登录账户和密码，从而决定是否允许该用户连接到指定的 SQL Server 服务器实例。

（2）数据库用户：通过身份认证后，用户可以连接到 SQL Server 服务器实例。但是，这并不意味着该用户可以访问到指定服务器上的所有数据库。在每个 SQL Server 数据库中，都存在一组 SQL Server 用户账户。登录账户要访问指定数据库，就要将自身映射到数据库的一个用户账户上，从而获得访问数据库的权限。一个登录账户可以对应多个用户账户。

（3）权限：权限规定了用户在指定数据库中所能进行的操作。

（4）角色：类似于 Windows 的用户组，角色可以对用户进行分组管理；可以对角色赋予数据库访问权限，此权限将应用于角色中的每一个用户。

11.1　SQL Server 登录

登录指用户连接到指定 SQL Server 数据库实例的过程。在此期间，系统要对该用户进行身份验证。只有拥有正确的登录账户和密码,才能连接到指定的数据库实例。

11.1.1　身份验证模式

用户要访问 SQL Server 中的数据,首先需要登录 SQL Server 数据库实例。登录时要从系统中获得授权,并通过系统的身份验证。SQL Server 提供以下两种身份验证模式:Windows 身份验证和 SQL Server 身份验证。

1. Windows 身份验证模式

当用户通过 Windows 用户账户进行连接时,SQL Server 通过回叫 Windows 操作系统以获得信息,重新验证账户名和密码。

SQL Server 通过使用网络用户的安全性特性控制登录访问,以实现与 Windows 的登录安全集成。用户的网络安全特性在网络登录时建立,并通过 Windows 域控制器进行验证。当网络用户尝试连接时,SQL Server 使用基于 Windows 的功能确定经过验证的网络用户名。

2. SQL Server 身份验证

可以设置 SQL Server 登录账户。用户登录时,SQL Server 将对用户名和密码进行验证。如果 SQL Server 未设置登录账户或密码不正确,则身份验证将失败,而且用户将收到系统错误提示信息。

系统管理员账户 sa 是为向后兼容而提供的特殊登录。默认情况下,它指派给固定服务器角色 sysadmin,并不能进行更改。在安装 SQL Server 时,如果请求混合模式身份验证,则 SQL Server 安装程序将提示更改 sa 登录密码。

11.1.2　创建登录名

使用系统管理员 sa 可以创建和管理其他登录名,可以使用向导方式或命令创建登录名。

1. 使用向导方式创建登录名

在 SQL Server Management Studio 中,选中"安全性"/"登录名"项,右击"登录名",在弹出菜单中选择"新建登录名"命令,打开"登录名－新建"窗口。默认的身份认证方式为"Windows 身份验证"。如果选择"SQL Server 身份验证",则需要手动设置密码,如图 11-1 所示。

2. 使用 SQL 语句创建登录名

可以使用 CREATE LOGIN 语句创建登录名,语法如下:

```
CREATE LOGIN 登录名 { WITH <option_list1> | FROM <sources> }

<option_list1> ::=
    PASSWORD = {'password' | hashed_password HASHED } [ MUST_CHANGE ]
    [ , <option_list2> [ ,... ] ]
<option_list2> ::=
    SID = sid
    | DEFAULT_DATABASE = database
    | DEFAULT_LANGUAGE = language
```

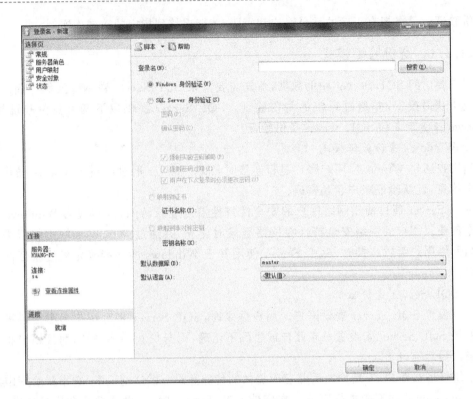

图 11-1 新建登录名

    | CHECK_EXPIRATION = { ON | OFF}

    | CHECK_POLICY = { ON | OFF}

    | CREDENTIAL = credential_name

<sources> ::=

    WINDOWS [WITH <windows_options>[,...]]

    | CERTIFICATE certname

    | ASYMMETRIC KEY asym_key_name<windows_options> ::=

    DEFAULT_DATABASE = database

    | DEFAULT_LANGUAGE = language

参数说明

    登录名：指定创建的登录名。有四种类型的登录名：SQL Server 登录名、Windows 登录名、证书映射登录名和非对称密钥映射登录名。在创建从 Windows 域账户映射的登录名时，必须以[<domainName>\<login_name>]格式使用 Windows 2000 之前的用户登录名。UPN 不能采用 login_name@DomainName 格式。SQL Server 身份验证登录名的类型为 sysname，必须符合标识符的规则，且不能包含"\"。Windows 登录名可以包含"\"。

    PASSWORD = 'password'：仅适用于 SQL Server 登录名。指定正在创建的登录名的密码。密码是区分大小写的。密码应始终至少包含 8 个字符，并且不能超过 128 个字符。密码可以包含 a-z、A-Z、0-9 和大多数非字母数字字符。密码不能包含单引号或 login_name。

    PASSWORD = hashed_password：仅适用于 HASHED 关键字。指定要创建的登录名的

密码的哈希值。

HASHED：仅适用于 SQL Server 登录名。指定在 PASSWORD 参数后输入的密码已经过哈希运算。如果未选择此选项，则在将作为密码输入的字符串存储到数据库中之前，对其进行哈希运算。此选项应仅用于在服务器之间迁移数据库。切勿使用 HASHED 选项创建新的登录名。HASHED 选项不能用于 SQL Server 7 或更早版本创建的哈希。

MUST_CHANGE：仅适用于 SQL Server 登录名。如果包括此选项，则 SQL Server 将在首次使用新登录名时提示用户输入新密码。

CREDENTIAL = credential_name：将映射到新 SQL Server 登录名的凭据的名称。该凭据必须已存在于服务器中。当前此选项只将凭据链接到登录名。凭据不能映射到 sa 登录名。

SID = sid：用于重新创建登录名。仅适用于 SQL Server 身份验证登录名，不适用于 Windows 身份验证登录名。指定新的 SQL Server 身份验证登录名的 SID。如果未使用此选项，SQL Server 将自动分配 SID。SID 结构取决于 SQL Server 版本。

DEFAULT_DATABASE = database：指定将指派给登录名的默认数据库。如果未包括此选项，则默认数据库将设置为 master。

DEFAULT_LANGUAGE = language：指定将指派给登录名的默认语言。如果未包括此选项，则默认语言将设置为服务器的当前默认语言。即使将来服务器的默认语言发生更改，登录名的默认语言也仍保持不变。

CHECK_EXPIRATION = { ON | OFF }：仅适用于 SQL Server 登录名。指定是否应对此登录账户强制实施密码过期策略。默认值为 OFF。

CHECK_POLICY = { ON | OFF }：仅适用于 SQL Server 登录名。指定应对此登录名强制实施运行 SQL Server 的计算机的 Windows 密码策略。默认值为 ON。

WINDOWS：指定将登录名映射到 Windows 登录名。

Certname：指定将与此登录名关联的证书名称。此证书必须已存在于 master 数据库中。ASYMMETRIC KEY asym_key_name：指定将与此登录名关联的非对称密钥的名称。此密钥必须已存在于 master 数据库中。

【例 11-1】　创建登录名 HH，采用 SQL Server 验证方式，密码为 123456。

【解决方案】

```
CREATE LOGIN HH WITH PASSWOR = '123456' MUST_CHANGE, CHECK_EXPIRATION = ON
```

3. 使用系统存储过程创建登录账户

（1）使用系统存储过程创建 Windows 身份验证模式登录账户。

可以使用 sp_grantlogin 存储过程创建新的 Windows 身份验证模式登录账户，基本语法如下：

```
sp_grantlogin'登录名'
```

登录名指要添加到 Windows 用户或组的名称。Windows 组和用户必须用 Windows 域名限定，格式为"域名\用户名"。

【例 11-2】　使用 sp_grantlogin 存储过程将用户 HH\public 映射到 SQL Server 登录账户。

【解决方案】

sp_grantlogin'HH\public'

（2）使用系统存储过程创建 SQL Server 身份验证模式的登录账户。

可以使用 sp_addlogin 存储过程创建新的登录账户，基本语法如下：

sp_addlogin'登录名'[,'登录密码'] [,'默认数据库'] [,'默认语言']

【例 11-3】 使用 sp_addlogin 存储过程创建 SQL Server 登录账户 Mary，密码为 123456，默认数据库为 SchoolInfo。

【解决方案】

sp_addlogin'Mary','123456' ,'SchoolInfo'

11.1.3 修改和删除登录名

可以使用向导或系统存储过程修改和删除登录账户。

1. 使用向导修改账户

在 SQL Server Management Studio 中，选中"安全性"/"登录名"项，选中其中一个"登录名"，右击"属性"，打开"登录属性"对话框，可以分别修改 Windows 身份验证模式账户和修改 SQL Server 身份验证模式账户。如果是 Windows 身份验证模式账户，则可以修改该账户的安全性访问方式、默认数据库、默认语言等；如果是 SQL Server 身份验证模式账户，则可以修改该账户的密码、默认数据库、默认语言等。如图 11-2 所示。

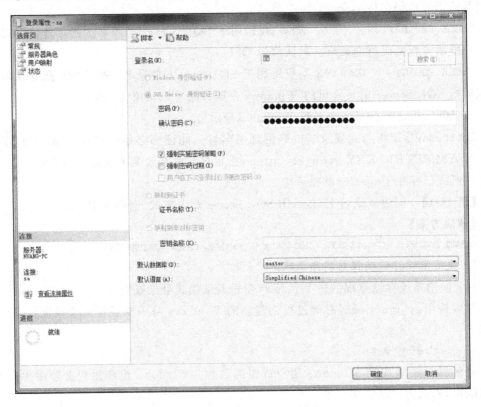

图 11-2　修改身份验证模式账户

2．使用向导删除账户

在 SQL Server Management Studio 中，用鼠标右击 SQL Server 账户，在弹出的快捷菜单中选择"删除"命令，在弹出的确认对话框中单击"是"按钮，可以删除该账户。

3．使用系统存储过程修改和删除账户

（1）sp_denylogin 存储过程。

sp_denylogin 存储过程用于阻止 Windows 用户或用户组连接到 SQL Server 实例，语法如下：

sp_denylogin'用户或用户组名'

> **【注】** sp_denylogin 只能和 Windows 账户一起使用，sp_denylogin 无法用于通过 sp_addlogin 添加的 SQL Server 登录。sp_denylogin 和 sp_grantlogin 是对应的两个存储过程，它们可以互相反转对方的效果，允许和拒绝用户访问 SQL Server。

【例 11-4】 使用 sp_denylogin 存储过程拒绝用户 HH\public 访问 SQL Server 实例。

【解决方案】

sp_denylogin'HH\public'

（2）sp_revokelogin 存储过程。

sp_revokelogin 存储过程用于删除 SQL Server 中使用 sp_denylogin 或 sp_grantlogin 创建的 Windows 身份认证模式登录名，语法如下：

sp_revokelogin'用户或用户组名'

【例 11-5】 使用 sp_revokelogin 存储过程删除用户 HH\public 对应的 SQL Server 登录账户。

【解决方案】

sp_revokelogin'HH\public'

（3）sp_password 存储过程。

sp_password 存储过程用于修改 SQL Server 登录的密码，语法如下：

sp_password'旧密码','新密码','登录名'

【例 11-6】 使用 sp_password 存储过程将登录账户 Mary 的密码修改为'111111'。

【解决方案】

sp_password'123456','111111','Mary'

（4）sp_droplogin 存储过程。

sp_droplogin 存储过程用于删除 SQL Server 登录账户，以阻止使用该登录账户访问 SQL Server，语法如下：

sp_droplogin'登录名称'

【例 11-7】 使用 sp_droplogin 存储过程删除登录账户'Mary'。

【解决方案】

sp_droplogin'Mary'

11.2　数据库用户

SQL Server 账号有两种：一种是登录服务器的登录账号（login name），另一种是使用数据库的用户账号（user name）。登录账号是指能登录到 SQL Server 的账号，属于服务器的层面，它本身并不能让用户访问服务器中的数据库，而登录者要使用服务器中的数据库时，必须要有用户账号才能够存取数据库。

一个 SQL Server 的登录账号只有成为数据库的用户时，才有对数据库访问权限。在安装 SQL Server 后，默认数据库如：master、tempdb、msdb 等包含两个用户：dbo 和 guest。任何一个登录账号都可以通过 guest 用户账号来存取相应的数据库。但是当新建一个数据库时，默认只有 dbo 用户账号而没有 guest 用户账号。每个登录账号在一个数据库中只能有一个用户账号，但是每个登录账号可以在不同的数据库中各有一个用户账号。如果在新建登录账号过程中，指定对某个数据库具有存取权限，则在该数据库中将自动创建一个与登录账号同名的用户账号。

【注】

（1）master 和 tempdb 数据库中的 guest 用户账号不能删除，而其他数据库中的 guest 用户账号可以删除。因为 master 数据库中记录了所有的系统信息，每个登录的用户若没有特别指定数据库，默认都是使用 master 数据库。而 tempdb 数据库是临时使用的数据库，所有与服务器连接的数据都会存储在该处，因此也必须提供 guest 用户账号。

（2）登录账号具有对某个数据库的访问权限，并不表示该登录账号对数据库具有存取的权限。如果要对数据库的对象进行插入、更新等操作，还需要设置用户账号的权限。

11.2.1　创建数据库用户

可以使用向导、SQL 语句和系统存储过程创建数据库用户。

1. 使用向导创建数据库用户

在 SQL Server Management Studio 中，选中要添加用户的数据库，选中"安全性"/"用户"项，右击"用户"项，在弹出的菜单中选择"新建用户"，打开"数据库用户—新建"对话框，如图 11-3 所示。

输入用户名，然后选择对应的登录名。选择用户所属的架构和角色成员，接着单击"确定"按钮，保存用户，新添加的用户 ID 将出现在"用户"文件夹中。

2. 使用 SQL 语句创建数据库用户

可以使用 CREATE USER 语句创建数据库用户，语法如下：

```
CREATE USER 用户名
    [
        { FOR | FROM } LOGIN 登录名
    ]
    [ WITH DEFAULT_SCHEMA = schema_name ]
```

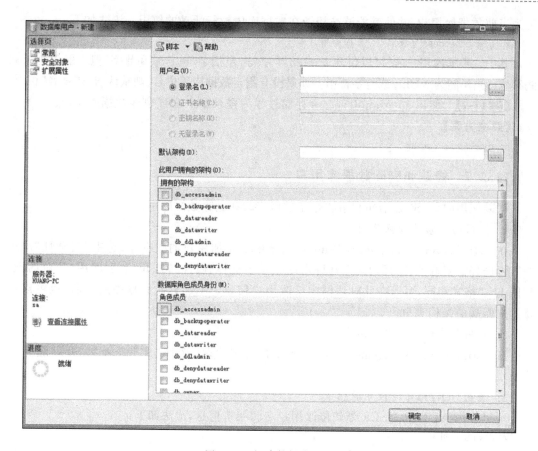

图 11-3　新建数据库用户

参数说明

用户名:指定在此数据库中用于识别该用户的名称。用户名的数据类型为 sysname,它的长度最多是 128 个字符。在创建基于 Windows 主体的用户时,除非指定其他用户名,否则 Windows 主体名称将成为用户名。

LOGIN 登录名:指定要为其创建数据库用户的登录名。登录名必须是服务器中的有效登录名。可以是基于 Windows 主体(用户或组)的登录名,也可以是使用 SQL Server 身份验证的登录名。当此 SQL Server 登录名进入数据库时,它将获取正在创建的这个数据库用户的名称和 ID。

WITH DEFAULT_SCHEMA = schema_name:指定服务器为此数据库用户解析对象名时将搜索的第一个架构。

【例 11-8】　创建登录名 HH,然后在 SchoolInfo 数据库中创建同名的数据库用户。

【解决方案】

```
CREATE LOGIN HH WITH PASSWORD = '123456'
USE SchoolInfo
CREATE USER HH
```

3. 使用 sp_grantdbaccess 存储过程创建数据库用户

可以使用 sp_grantdbaccess 存储过程将 SQL Server 登录和 Windows 用户(用户组)指

定为当前数据库用户，并使其能够被授予在数据库中执行活动的权限。语法如下：

```
sp_grantdbaccess'登录名'[,'数据库用户名']
```

其中，"数据库用户名"可以包含 1~128 个字符，包括字母、符号和数字，但不能包含反斜线符号(\)、不能为 NULL 或空字符串。如果没有指定数据库用户名，则默认与"登录名"相同。

【例 11-9】 使用 sp_grantdbaccess 存储过程为登录账户 HH 创建数据库用户。

【解决方案】

```
sp_grantdbaccess'HH'
```

11.2.2 修改和删除数据库用户

可以使用向导、SQL 语句和系统存储过程修改和删除数据库用户。

1. 使用向导修改数据库用户

在 SQL Server Management Studio 中，选中要添加用户的数据库，选中"安全性"/"用户"项，选择需要修改的"用户名"，在弹出的菜单中选择"属性"，打开"数据库用户"对话框，与图 11-3 格式相同，可以在此对话框中修改用户信息。不能修改数据库用户名，但可以设置用户所属的架构和角色。

2. 使用向导删除数据库用户

在 SQL Server Management Studio 中，右击用户名，选择"删除"命令，可以删除用户 ID。

3. 使用 SQL 语句修改用户信息

可以使用 ALTER USER 语句修改用户名和架构信息，语法如下：

```
ALTER USER 用户名
    WITH <set_item> [ ,...n ]
<set_item> ::=
    NAME = 新用户名
  | DEFAULT_SCHEMA = { schemaName | NULL }
```

参数说明

用户名：指定要修改的数据库用户名称。

NAME = 新用户名：指定此用户的新名称。新用户名不能是已存在于当前数据库中的名称。

DEFAULT_SCHEMA = { schemaName | NULL }：指定服务器在解析此用户的对象名时将搜索的第一个架构。

【例 11-10】 将用户名 HH 改名为 Mary。

【解决方案】

```
ALTER USER HH WITH NAME = Mary
```

4. 使用 sp_revokedbaccess 存储过程删除数据库用户

可以使用 sp_revokedbaccess 存储过程删除指定的数据库用户，语法如下：

```
sp_revokedbaccess  '数据库用户名'
```

【例 11-11】 使用 sp_revokedbaccess 存储过程删除用户名 Mary。

【解决方案】

```
sp_revokedbaccess'Mary'
```

5. 使用 SQL 语句删除数据库用户

可以使用 DROP USER 语句删除数据库用户,语法如下:

DROP USER '数据库用户名'

【例 10-12】 使用 DROP USER 删除数据库用户名 Mary。

【解决方案】

DROP USER'Mary'

11.3 角　色

角色是一个强大的工具,可以将用户集中到一个单元中,然后对该单元应用权限。对一个角色授予、拒绝或废除的权限也适用于该角色的任何成员;可以建立一个角色来代表单位中一类工作人员所执行的工作,然后给这个角色授予适当的权限。和登录账号类似,用户账号也可以分成组,称为数据库角色(Database Roles)。数据库角色应用于单个数据库。

11.3.1　角色分类

在 SQL Server 中,数据库角色可分为两种:固定数据库角色和用户自定义的数据库角色。

1. 固定数据库角色

固定数据库角色是由数据库成员所组成的组,此成员可以是用户或者其他的数据库角色。在创建一个数据库时,系统默认创建 10 个固定的标准角色。在企业管理器中,展开SQL Server 组及其服务器,在“数据库”文件夹中,展开某一数据库(如 SchoolInfo)的文件夹,然后单击“角色”选项,这时可在企业管理器的右侧窗格中显示出默认的 10 个固定数据库角色:

(1) db_owner:在数据库中有全部权限。

(2) db_accessadmin:可以添加或删除用户 ID。

(3) db_securityadmin:可以管理全部权限、对象所有权、角色和角色成员资格。

(4) db_ddladmin:可以发出除 GRANT、REVOKE、DENY 之外的所有数据定义语句。

(5) db_backupoperator:可以发出 DBCC、CHECKPOINT 和 BACKUP 语句。

(6) db_datareader:可以选择数据库内任何用户表中的所有数据。

(7) db_datawriter:可以更改数据库内任何用户表中的所有数据。

(8) db_denydatareader:不能选择数据库内任何用户表中的任何数据。

(9) db_denydatawriter:不能更改数据库内任何用户表中的任何数据。

(10) Public:最基本的数据库角色。每个用户可以不属于其他 9 个固定数据库角色,但是至少会属于 public 数据库角色。当在数据库中添加新用户账号时,SQL Server 会自动将新用户账号加入 public 数据库角色中。

2. 用户自定义数据库角色

除了固定数据库角色外,用户还可以自定义数据库角色。

11.3.2　创建用户自定义的数据库角色

可以使用向导和 SQL 语句创建用户自定义角色。

1. 使用向导创建用户自定义角色

在 SQL Server Management Studio 中，展开对象资源管理器，选中要创建角色的数据库，展开"安全性"/"角色"。如果要创建数据库角色，则右击"数据库角色"，在弹出菜单中选择"新建数据库角色"。打开的"数据库角色—新建"窗口，如图 11-4 所示。

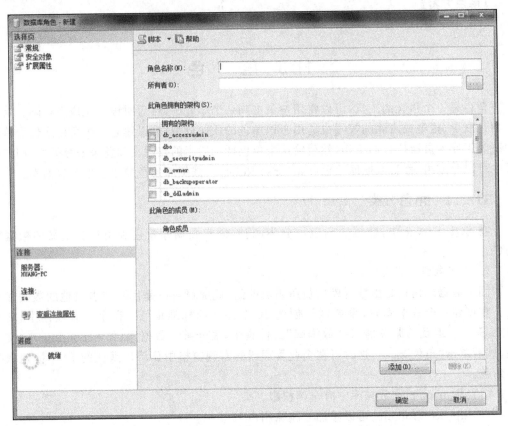

图 11-4　新建数据库角色

在"角色名称"文本框中输入新角色的名称，选择或输入角色的所有者，然后选中角色拥有的架构，最后单击"确定"按钮。

2. 使用 SQL 语句创建数据库角色

可以使用 CREATE ROLE 语句创建数据库角色，语法如下：

CREATE ROLE 角色名[AUTHORIZATION owner_name]

参数说明

角色名：指定角色名称。

AUTHORIZATION owner_name：指定拥有新角色的数据库用户或角色。如果未指定用户，则执行 CREATE ROLE 的用户将拥有该角色。

【例 11-13】　在 SchoolInfo 数据库中创建数据库角色 StuRole。

【解决方案】

CREATE ROLE StuRole

3. 使用 sp_addrole 存储过程创建数据库角色

可以使用 sp_addrole 存储过程创建数据库角色，语法如下：

sp_addrole'数据库角色名'

【例 11-14】 在 SchoolInfo 数据库中使用 sp_addrole 存储过程创建数据库角色 Tea-Role。

【解决方案】

sp_addrole'TeaRole'

11.3.3 管理角色

角色只有包含了用户后才有存在的意义,不需要的角色应及时删除。当角色中添加用户后,用户就拥有了角色的所有权限;将用户从角色中删除后,用户从角色得到的权限将被取消。

可以使用向导和系统存储过程对角色进行管理。

1. 使用向导添加和删除角色成员

在 SQL Server Management Studio 中右击数据库角色,在弹出的快捷菜单中选择"属性"命令,打开"数据库角色属性"窗口,如图 11-5 所示。

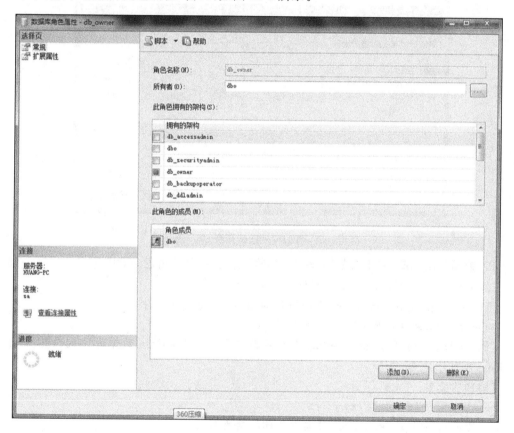

图 11-5 "数据库角色属性"窗口

单击"添加"按钮,打开"选择数据库用户或角色"对话框,如图 11-6 所示。

可以直接输入用户名,然后单击"浏览"按钮,打开"查找对象"对话框,如图 11-7 所示。列表框中显示了当前数据库中所有用户名和角色,不包括 dbo。选择一个用户,单击"确定"按钮,可以将用户添加到角色中。

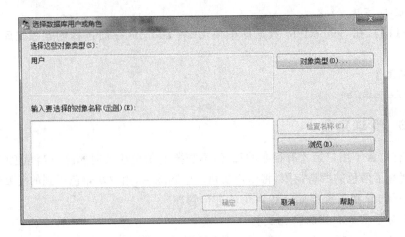

图 11-6 选择数据库用户或角色

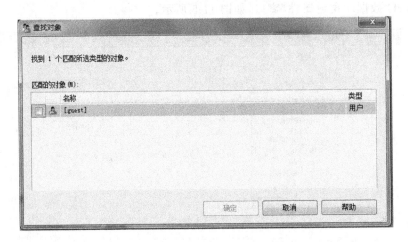

图 11-7 选择用户

在"数据库角色属性"对话框中，单击"删除"按钮，可以从角色中删除用户。

2. 使用 sp_addrolemember 存储过程添加角色成员

可以使用 sp_addrolemember 存储过程向角色中添加用户，语法如下：

sp_addrolemember'数据库角色名','数据库用户名'

【例 11-15】 使用 sp_addrolemember 存储过程在 SchoolInfo 数据库中向数据库角色 StuRole 添加用户 Mary。

【解决方案】

sp_addrolemember'StuRole','Mary'

3. 使用 sp_droprolemember 存储过程删除角色成员

可以使用 sp_droprolemember 存储过程删除角色成员，语法如下：

sp_droprolemember'数据库角色名','数据库用户名'

【例 11-16】 使用 sp_droprolemember 存储过程在 SchoolInfo 数据库中将数据库角色 StuRole 中删除用户 Mary。

【解决方案】

sp_droprolemember'StuRole','Mary'

4. 使用 sp_droprole 存储过程删除数据库角色

可以使用 sp_droprole 存储过程删除数据库角色,语法如下:

sp_droprole'数据库角色名'

【例 11-17】 使用 sp_droprole 存储过程在 SchoolInfo 数据库中将数据库角色 StuRole 删除。

【解决方案】

sp_droprolemember'StuRole'

11.4 权限管理

当用户连接到 SQL Server 实例后,若要进行任何涉及更改数据库定义或访问数据的活动,则必须有相应的权限。权限决定了用户在数据库中可以进行的操作,可以对数据库用户或角色设置权限。

11.4.1 权限的分类

SQL Server 有三种类型的权限:对象权限、语句权限和暗示性权限。

1. 对象权限

对象权限表示一个用户对特定的数据库对象,如表、视图、字段等的操作权限,即用户能否进行查询、删除、插入和修改一个表中的行,或能否执行一个存储过程。对象权限包括:

(1) SELECT、INSERT、UPDATE 和 DELETE 语句权限,可以应用到整个表或视图中。

(2) SELECT 和 UPDATE 语句权限,可以有选择性地应用到表或视图中的单个列上。

(3) SELECT 权限,可以应用到用户定义函数。

(4) INSERT 和 DELETE 语句权限,会影响整行,因此只可以应用到表或视图中,而不能应用到单个列上。

(5) EXECUTE 语句权限,可以影响存储过程和函数。

2. 语句权限

语句权限表示一个用户对数据库的操作权限,如能否执行创建和删除对象的语句,能否执行备份和恢复数据库的语句等。语句权限包括:

(1) BACKUP DATABASE:备份数据库的权限。

(2) BACKUP LOG:备份数据库日志的权限。

(3) CREATE DATABASE:创建数据库的权限。

(4) CREATE DEFAULT:创建默认值对象的权限

(5) CREATE FUNCTION:创建函数的权限。

(6) CREATE PROCEDURE:创建存储过程的权限。

(7) CREATE RULE:创建规则的权限。

(8) CREATE TABLE:创建表的权限。

(9) CREATE VIEW:创建视图的权限。

3. 暗示性权限

暗示性权限主要控制那些只能由预定义系统角色的成员或数据库对象所有者执行的活

动。例如，数据库对象所有者可以对所拥有的对象执行一切活动，拥有表的用户可以查看、添加或删除数据，更改表定义，或者控制允许其他用户对表进行操作的权限。

11.4.2 设置权限

设置权限包括授予权限、拒绝权限和废除权限。

（1）授予权限：授予用户、组或角色的语句权限和对象权限，使数据库用户在当前数据库中具有执行活动或处理数据的权限。

（2）拒绝权限：包括删除以前授予用户、组或角色的权限，停用从其他角色继承的权限，确保用户、组或角色将来不继承更高级别的组或角色的权限。

（3）废除权限：废除以前授予或拒绝的权限。废除类似于拒绝，因为二者都是在同一级别上删除已授予的权限。但是，废除权限是删除已授予的权限，并不妨碍用户、组或角色从更高级别继承已授予的权限。

可以使用向导和 SQL 语句设置权限。

1. 使用向导给用户授予数据库中的语句权限

在 SQL Server Management Studio 中，展开"数据库"项，右击将被授予语句权限的用户所在的数据库，然后从弹出菜单中选择"属性"选项，单击"权限"标签页，单击"添加"按钮，输入要设置权限的数据库用户名，单击"确定"，如图 11-8 所示。

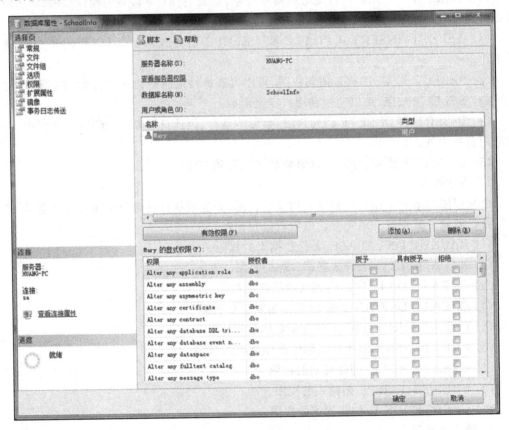

图 11-8　设置语句权限

2. 使用向导给用户授予数据库中的对象权限

在 SQL Server Management Studio 中展开"数据库"项,然后展开对象所属的数据库,根据对象类型,单击表、视图、存储过程等对象,右击"属性"选项,单击"权限"标签页,单击"添加"按钮,输入要设置权限的数据库用户名,单击"确定",如图 11-9 所示。

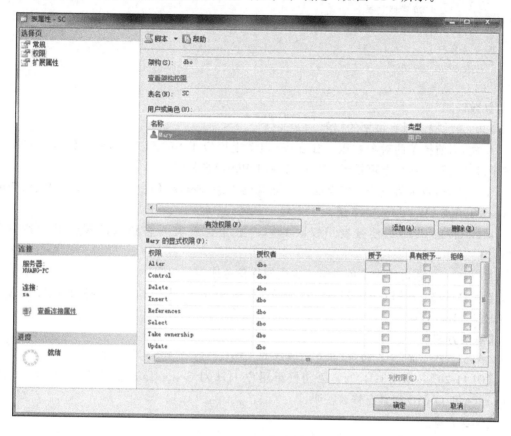

图 11-9　设置对象权限

3. 使用 GRANT 语句

可以使用 GRANT 语句授权用户或角色语句权限和对象权限。

(1) 授予语句权限

使用 GRANT 语句授予用户或角色的语句权限语法如下:

```
GRANT {ALL|语句[,...n]} TO 安全账户[,...n]
```

其中,安全账户是当前数据库中的用户、角色或组,包括 SQL Server 角色、SQL Server 用户、Windows NT 组和 Windows NT 用户。若权限被授予 SQL Server 角色或 Windows NT 组,权限可影响到当前数据库中该组或该角色成员的所有用户。

【例 11-18】　使用 GRANT 语句对用户 HH 在 SchoolInfo 数据库上授予创建表的权限。

【解决方案】

```
GRANT CREATE TABLE TO HH
```

(2) 授予对象权限

使用 GRANT 语句授予用户或角色的对象权限语法如下:

```
GRANT
        { ALL | 权限 [ ,...n ] }
        { [ ( 列名 [ ,...n ] ) ] ON { 表 | 视图 }
           | ON { 表 | 视图 } [ ( 列名 [ ,...n ] ) ]
           | ON 存储过程
           | ON 用户自定义函数 }
TO 安全账户 [ ,...n ]
[ WITH GRANT OPTION ]
[ AS { 组 | 角色 } ]
```

参数说明

ALL：表示授予所有可用的权限。

权限：当前授予的对象权限。如在表、视图上可授予 SELECT、INSERT、DELETE 或 UPDATE 权限。在列上可授予 SELECT 和 UPDATE 权限。

安全账户：权限将应用的安全账户。可以是：SQL Server 用户；SQL Server 角色；Windows NT 用户；Windows NT 组。

WITH GRANT OPTION：使被授予权限的用户或角色拥有再将该权限授予其他用户的权限。

AS { 组 | 角色 }：作为角色或组的成员使用角色或组的权限。

【例 11-19】 使用 GRANT 语句对角色 TeaRole 授予对表"SC"的 INSERT、UPDATE 和 DELETE 的权限。

【解决方案】

```
GRANT INSERT, UPDATE, DELETE ONSC TO TeaRole
```

【例 11-20】 使用 GRANT 语句授予用户 HH 对 SchoolInfo 数据库的 Student 表的 StuGrade 和 DepID 列具有修改权限。

【解决方案】

```
GRANT UPDATE(StuGrade , DepID) ON SC TO HH
```

【例 11-21】 使用 GRANT 语句将对 SchoolInfo 数据库的 Student 表的 SELECT 权限授予角色 StuRole，并允许该角色用户再将该权限授予其他用户或角色。

【解决方案】

```
GRANT SELECT ON Student TO StuRole WITH GRANT OPTION
```

4. 使用 DENY 语句

可以使用 DENY 语句拒绝用户或角色的语句权限和对象权限。

（1）拒绝语句权限

可以使用 DENY 语句拒绝用户的语句权限，语法如下：

```
DENY {ALL | 语句 [ ,...n ]} TO 安全账户 [ ,...n ]
```

【例 11-22】 使用 DENY 语句对用户 HH 拒绝创建表的权限。

【解决方案】

```
DENY CREATE TABLE TO HH
```

（2）拒绝对象权限

可以使用 DENY 语句拒绝用户或角色的对象权限，语法如下：

DENY
　　{ ALL ｜权限 [,...n] }
　　{ [(列名 [,...n])] ON { 表 ｜视图 }
　　　｜ON { 表 ｜视图 } [(列名 [,...n])]
　　　｜ON { 存储过程｜用户自定义函数 } }
TO 安全账户 [,...n]
[CASCADE]

参数说明

CASCADE:拒绝安全账户的权限时,也将拒绝由安全账户授权的任何其他安全账户的权限。

【例 11-23】　使用 DENY 语句拒绝角色 TeaRole 对"SC"表的 INSERT、UPDATE 和 DELETE 的权限。

【解决方案】

DENY INSERT, UPDATE, DELETE ON SC TO TeaRole

【例 11-24】　CASCADE 使用。

设管理员使用以下 GRANT 语句对 Mary 进行授权,使用户 HH 具有对 SC 表的 SELECT 权限。

GRANT SELECT ONSC TO Mary WITH GRANT OPTION

因此,用户 Mary 具有了将 SC 对象的 SELECT 权限授予其他用户的权限,于是用户 Mary 执行以下授权:

GRANT SELECT ON SC TO Tom

这时,管理员希望拒绝用户 Mary 和 Tom 对 SC 表的 SELECT 权限,以及 Mary 的 WITH GRANT OPTION 权限。

【解决方案】

DENY SELECT ON SC TO Mary CASCADE

5. 使用 REVOKE 语句

可以使用 REVOKE 语句废除语句权限和对象权限。

(1) 废除语句权限

可以使用 REVOKE 语句废除语句权限,语法如下:

REVOKE { ALL ｜语句 [,...n] } FROM 安全账户 [,...n]

【例 11-25】　使用 REVOKE 语句废除用户 HH 创建表的权限。

【解决方案】

REVOKE CREATE TABLE FROMHH

(2) 废除对象权限

可以使用 REVOKE 语句废除用户或角色对象权限,语法如下:

REVOKE [GRANT OPTION FOR]
　　{ ALL ｜权限 [,...n] }
　　{ [(列名 [,...n])] ON { 表 ｜视图 }
　　　｜ON { 表 ｜视图 } [(列名 [,...n])]
　　　｜ON { 存储过程｜用户自定义函数 } }
{ TO ｜ FROM } 安全账户 [,...n]

［CASCADE］

［AS｛组|角色｝］

参数说明

GRANT OPTION FOR：指定要收回 WITH GRANT OPTION 权限。用户仍然具有指定的权限，但是不能将该权限授予其他用户。

CASCADE：收回指定安全账户的权限时，是将收回由其授权的任何其他安全账户的权限。如果要收回的权限原先是通过 WITH GRANT OPTION 设置授予的，需指定 CAS-CADE 和 GRANT OPTION FOR 子句，否则将返回一个错误。

AS｛组|角色｝：说明要管理的用户从哪个角色或组继承权限。

【例 11-26】 使用 REVOKE 语句废除角色 TeaRole 对"SC"表的 INSERT、UPDATE 和 DELETE 的权限。

【解决方案】

REVOKE INSERT, UPDATE, DELETE ON SC TO TeaRole

【例 11-27】 CASCADE 使用。

设管理员使用以下 GRANT 语句对 Mary 进行授权，使用户 HH 具有对 SC 表的 SELECT 权限。

GRANT SELECT ONSC TO Mary WITH GRANT OPTION

因此，用户 Mary 具有了将 SC 对象的 SELECT 权限授予其他用户的权限，于是用户 Mary 执行以下授权：

GRANT SELECT ON SC TO Tom

这时，管理员希望废除用户 Mary 和 Tom 对 SC 表的 SELECT 权限，以及 Mary 的 WITH GRANT OPTION 权限。

【解决方案】

REVOKE SELECT ON SC TO Mary CASCADE

【注】 REVOKE 和 DENY 的区别：

（1）如果使用 DENY 语句禁止用户获得某个权限，那么以后将该用户添加到已得到该权限的组或角色时，该用户不能获得这个权限。

（2）如果使用 REVOKE 语句禁止用户获得某个权限，那么以后将该用户添加到已得到该权限的组或角色时，该用户还是可以获得这个权限。

示例：

REVOKE：

GRANTSELECT, INSERT ON SC TO Tom --Tom 拥有 SC 表的 SELECT,INSERT 权限

REVOKE INSERT ON sc FROM Tom --Tom 将没有 SC 表的 INSERT 权限

GRANT SELECT, INSERT ON SC TO TeaRole --角色 TeaRole 拥有 SC 表的 SELECT,INSERT 权限

sp_addrolemember TeaRole,'Mary'

--将 Mary 加入角色 TeaRole,此时 Mary 仍然拥有 SC 表的 INSERT 权限

DENY：

GRANT SELECT, INSERT ON SC TO Tom --Tom 拥有 SC 表的 SELECT,INSERT 权限

DENY INSERT ON sc FROM Tom --Tom 将没有 SC 表的 INSERT 权限

GRANT SELECT, INSERT ON SC TO TeaRole --角色 TeaRole 拥有 SC 表的 SELECT,INSERT 权限

sp_addrolemember TeaRole,'Mary'--将 Mary 加入角色 TeaRole,此时 Mary 没有 SC 表的 INSERT 权限

实验十一 SQL Server 安全管理

【任务1】 按要求完成以下操作保证数据库安全性要求。

（1）创建登录账户 user1、user2、user3，密码为 123456，默认数据库为 SchoolInfo。

（2）创建数据库用户 user1、user2、user3。

（3）创建角色 Role1。

（4）给角色 Role1 添加成员 user1 和 user2。

（5）授予 user3 对 Department 表 SELECT 权限；授予角色 Role1 对 Department 表 SELECT 和UPDATE 的权限，并允许 Role1 可将该权限继续授予其他人。

（6）先测试 user3 是否可以更新 Department 表，然后以 user1 账户登录，将对 Department 表的 SELECT、UPDATE 权限授予 user3。

（7）以 user3 身份登录，查看是否可以更新 Department 表，然后以 user1 身份废除 user3 对Department 表的 SELECT、UPDATE 权限。

（8）以 user3 身份登录，查看是否可以更新 Department 表，然后查看是否可以查询 Department 表（可查询不可更新，此时只是废除了 user1 授予的 SELECT 权限，sa 授予的 SELECT 权限并未被废除）。重新执行步骤（6），以 sa 身份使用 DENY 拒绝该权限并再次查看 user3 是否具有对 Department 表的 SELECT 权限。

【解答】

（1）

```
sp_addlogin'user1','123456','SchoolInfo'
sp_addlogin'user2','123456','SchoolInfo'
sp_addlogin'user3','123456','SchoolInfo'
```

（2）

```
sp_grantdbaccess'user1'
sp_grantdbaccess'user2'
sp_grantdbaccess'user3'
```

（3）

```
sp_addrole'Role1'
```

（4）

```
sp_addrolemember'Role1','user1'
sp_addrolemember'Role1','user2'
```

（5）

```
GRANT SELECT ONDepartment TO user3
GRANT SELECT,UPDATE ON Department TO Role1 WITH GRANT OPTION
```

（6）

```
GRANT SELECT,UPDATE ON Department TO user3 AS Role1
--以 user1 身份登录
```

（7）

REVOKE SELECT,UPDATE ON Department FROM user3 AS Role1 --以 user1 身份登录

（8）

DENY SELECT ON DEPARTMENT TO user3 --以 sa 身份登录

【任务 2】 对于 SchoolInfo 数据库,要求使用 DCL 语句保证数据的安全性。要求如下:t1、t2、s1、s2 分别为数据库用户,其中 t1 和 t2 属于角色 TeaManager,s1 和 s2 属于角色 StuManager,TeaManager 可以添加、删除、修改、查询 Teacher、Salary 和 SC 表;StuManager 可以添加、删除、修改、查询 Student、Department 及 SC 表;数据库用户 u1 可以添加、删除、修改、查询 Course 及 Department 表;数据库用户 u2 可以添加、查询 Course 及 Department 表;用户 u1 可将权限授予其他用户或废除其授予的权限;角色 TeaManager 可将权限授予其他用户或废除其授予的权限。

【解答】

--创建登录账户

sp_addlogin't1','123456','SchoolInfo'

sp_addlogin't2','123456','SchoolInfo'

sp_addlogin's1','123456','SchoolInfo'

sp_addlogin's2','123456','SchoolInfo'

sp_addlogin'u1','123456','SchoolInfo'

sp_addlogin'u2','123456','SchoolInfo'

--创建数据库用户

sp_grantdbaccess't1'

sp_grantdbaccess't2'

sp_grantdbaccess's1'

sp_grantdbaccess's2'

sp_grantdbaccess'u1'

sp_grantdbaccess'u2'

--创建角色 TeaManager 并添加成员

sp_addrole'TeaManager'

sp_addrolemember"TeaManager','t1'

sp_addrolemember"TeaManager','t2'

--创建角色 StuManager 并添加成员

sp_addrole'StuManager'

sp_addrolemember'StuManager','s1'

sp_addrolemember'StuManager','s2'

--授予角色 TeaManager 权限

GRANT SELECT,INSERT,DELETE,UPDATE ON Teacher TO TeaManager

WITH GRANT OPTION

GRANT SELECT,INSERT,DELETE,UPDATE ON Salary TO TeaManager

WITH GRANT OPTION

GRANT SELECT,INSERT,DELETE,UPDATE ON SC TO TeaManager

WITH GRANT OPTION

—授予角色 StuManager 权限

GRANT SELECT,INSERT,DELETE,UPDATE ON Student TO StuManager

GRANT SELECT,INSERT,DELETE,UPDATE ON Department TO StuManager

GRANT SELECT,INSERT,DELETE,UPDATE ON SC TO StuManager

—授予用户 u1 权限

GRANT SELECT,INSERT,DELETE,UPDATE ON Course TO u1

WITH GRANT OPTION

GRANT SELECT,INSERT,DELETE,UPDATE ON Department TO u1

WITH GRANT OPTION

—授予用户 u2 权限

GRANT SELECT,INSERT ON Course TO u2

GRANT SELECT,INSERT ON Department TO u2

【任务3】 根据任务 2,(1)测试 StuManager 是否能访问 Teacher 表;(2)t1 将 Teacher 表的 SELECT 权限授予 u1,并以 u1 登录验证是否对 Teacher 表有 SELECT 权限;(3)以 sa 登录,将 Teacher 表的 SELECT 权限授予 u1;(4)分别使用 REVOKE 和 DENY 测试授予 u1 的 Teacher 表上的 SELECT 权限。

【解答】

(1)不能访问;(2)u1 对 Teacher 表有 SELECT 权限;(3)u1 具有对 Teacher 表的 SELECT 权限,分别是 sa 和 t1 授予其该权限;(4)如果使用 REVOKE,则 u1 仍然有此权限,如果使用 DENY,则 u1 无此权限。

第 12 章 综合案例

本章目标：

1. 设计数据库
2. 实现数据库

本章将从一个培训学校信息管理系统的需求分析出发，将本书中所有的知识点串接，详细介绍数据库开发的流程。内容涉及概念模式设计、关系模式设计、数据库及表的创建、索引、视图、存储过程、触发器和游标相关知识，进一步帮助读者掌握 SQL Server 数据库以及开发流程。

12.1 需求分析

【说明】

某培训学校需要一个全面的信息管理平台。需求分析结果如下。

【需求分析】

（1）学生参加培训课程前，先到培训学校报到，安排宿舍。新生报到的时候，需要将个人基本信息包括学号、姓名、出生日期、身份证号、性别输入系统，在系统中形成自己的数据项。报到后，由宿舍管理部门分配宿舍，宿舍信息包含房间号、容量、剩余容量、性别。分配的时候，按照性别不同依次安排在某个宿舍中，不存在男女同住的情况。每个宿舍可以容纳6名学生，每名学生只能住一个宿舍。

（2）教职工分为教师和职员两类。教师负责授课，职员负责日常事务。教职工信息包含教职工工号、姓名、出生日期、身份证号、性别、教职工类型，其中教师还包含职称信息。教师可以开设教学班，教学班信息包含教学班号、开课学期、上课起止时间、教室、人数、评价。一名教师可以开设多个教学班，一个教学班仅对应一名教师。一门课可以对应多个教学班，但一个教学班仅对应一门课程，课程信息包含课程号、课程名、学时。

（3）学生选择教学班，一个学生可以选择多个教学班，一个教学班也包含多名学生。培训结束时，产生考试成绩。

（4）每个月发放教职工工资，工资信息包含发工资年月、基本工资、课时费、扣税、应发工资。

注：教职工工资记录每月1条；开课学期为××××-××，表示学年第1（或2）学期，如2016学年第1学期表示为2016-01；学生学号以S打头，加上六位数字，前两位数字表示年份，后四位数字表示学号，学号从0001记起，如S160001表示16年入学，学号为0001的学生；房间号和教室为××-×××，如11-321表示11栋321室；课程号以C打头，加上四位

数字,课程号从 0001 记起;教师工号以 T 打头(职员以 E 打头),加上四位数字,教职工号以 0001 记起;教学班号为 TC-××××-×××,如 TC-2016-001 表示 2016 年第一个教学班;上课起止时间可表示如周三 8:00～10:00 等。

12.2 数据库设计

要完成信息管理系统,需要先根据需求分析进行数据库设计,包括概念设计和关系模式设计。

12.2.1 概念设计

【任务 12-1】 根据需求阶段收集的信息,画出实体联系图。

【解答】

根据需求分析,可以刻画出以下实体:学生、宿舍、教学班、课程、教职工和工资。

其中,一位学生只能住宿在一间宿舍,一间宿舍可以容纳多名学生,因此宿舍与学生是一对多关系。一位教师可以开设多门课程,一门课程也可以由多位教师开设,因此教师与课程是多对多关系。一位学生可以选择多个教学班,一个教学班也可以由多位学生来选择,因此,学生与教学班是多对多关系。一位教职工可以有多条工资记录,一条工资记录只对应一位教职工,因此,教职工和工资是一对多关系。

根据上述分析,可以画出 E-R 图如图 12-1 所示。

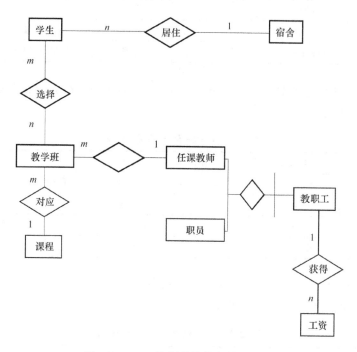

图 12-1 ××培训学校信息管理平台

12.2.2 关系模式设计

【任务 12-2】 根据实体联系图,设计关系模式,并给出每个关系中的主键和外键。

【解答】

根据 E-R 设计规则，可以创建数据库的表结构如下。

Employee 表（教职工表）包含 EmpID、EmpName、BirthDate、IDCard、EmpSex、Emp-Type 字段，用于存放培训学校所有教职员工信息。其中，EmpType 为 0 表示职员，为 1 表示教师。如表 12-1 所示。

表 12-1　Employee 表（教职工表）说明

列名	数据类型	是否为主键	说明	备注
EmpID	char(5)	√	员工号	E 或 T 打头，加四位数字
EmpName	varchar(20)		员工姓名	
BirthDate	datetime		生日	
IDCard	char(18)		身份证号码	18 位数字组成，最后一位可能是字母
EmpSex	char(2)		性别	男或女
EmpType	char(1)		员工类型	0 或 1，0 代表职员，1 代表教师

Teacher 表（教师表）包含 EmpID 和 EmpTitle 两个字段，用来存放教师的更多信息（如职称）。如表 12-2 所示。

表 12-2　Teacher 表（教师表）说明

列名	数据类型	是否为主键	说明	备注
EmpID	char(5)	√	员工号	外键，参照 Employee 表
EmpTitle	varchar(20)		职称	取值为"初级""中级"或"高级"

Room 表（宿舍表）包含 RoomID、Capacity、LeftCapacity 和 RoomSex 字段，用来存放宿舍相关信息。如表 12-3 所示。

表 12-3　Room 表（宿舍表）说明

列名	数据类型	是否为主键	说明	备注
RoomID	char(6)	√	宿舍号	形式为××-×××，如 11-321
Capacity	int		容量	1～6
LeftCapacity	int		剩余容量	0～6
RoomSex	char(2)		宿舍性别	男或女

Student 表（学生表）包含 StuID、StuName、BirthDate、IDCard、StuSex、RoomID 字段，用来存放学生相关信息。如表 12-4 所示。

表 12-4　Student 表（学生表）说明

列名	数据类型	是否为主键	说明	备注
StuID	char(7)	√	学号	以 S 打头，加六位数字
StuName	varchar(20)		学生姓名	
BirthDate	datetime		出生日期	

列名	数据类型	是否为主键	说明	备注
IDCard	char(18)		身份证号	由 18 位数字组成，最后一位可能是字母
StuSex	char(2)		性别	男或女
RoomID	char(6)		宿舍号	外键，参照 Room 表

Course 表（课程表）包含 CourseID、CourseName 和 CourseHours 字段，用来存放课程相关信息。如表 12-5 所示。

表 12-5 Course 表（课程表）说明

列名	数据类型	是否为主键	说明	备注
CourseID	char(5)	√	课程号	以 C 打头，加四位数字
CourseName	varchar(20)		课程名称	
CourseHours	int		学时	大于 0

TeachingClass 表（教学班表）包含 TeachingClassID、CourseID、EmpID、Semester、TeachingTime、ClassRoom、Total 和 Evaluation 字段，用来存放教学班相关信息。如表 12-6 所示。

表 12-6 TeachingClass 表（教学班表）说明

列名	数据类型	是否为主键	说明	备注
TeachingClassID	char(11)	√	教学班号	形式为 TC-××××-×××，如 TC-2016-001
CourseID	char(5)		课程号	外键，参照 Course 表
EmpID	char(5)		员工号	外键，参照 Employee 表
Semester	char(7)		开课学期	形式为 ××××-××，如 2016-01
TeachingTime	varchar(20)		上课起止时间	
ClassRoom	char(6)		教室	形式为 ××-×××，如 11-321
Total	int		人数	大于等于 0
Evaluation	varchar(100)		评价	允许空

SC 表（学生选课表）包含 StuID、TeachingClassID 和 Grade 字段，用来存放学生选课信息。如表 12-7 所示。

表 12-7 SC 表（学生选课表）说明

列名	数据类型	是否为主键	说明	备注
StuID	char(7)	√	学号	外键，参照 Student 表
TeachingClassID	char(11)	√	教学班号	外键，参照 TeachingClass 表
Grade	int		成绩	0-100

Salary 表（工资表）包含 EmpID、SalaryTime、BaseSalary、CourseFee、Tax 和 FinalSalary 字段，用来存放教职工工资信息，工资信息由程序自动生成。如表 12-8 所示。

表 12-8　Salary 表（工资表）说明

列名	数据类型	是否为主键	说明	备注
EmpID	char(5)	√	员工号	外键，参照 Employee 表
SalaryTime	char(7)	√	工资年月	
BaseSalary	money		基本工资	
CoursePay	money		课时费	
Tax	money		扣税	
FinalSalary	money		应发工资	

12.2.3　表的创建

根据 E-R 图设计完表结构，接下来的主要任务是创建数据库和表。本小节主要介绍如何使用 T-SQL 语句创建数据库及表。

【任务 12-3】　根据 12.2.2 小节设计的关系模式，创建相应的数据库及表。

【解答】

CREATE DATABASE TrainingSchool　-- 创建数据库语句，如需要按照用户需求创建，可添加相应参数。

（1）创建 Employee 表

```
CREATE TABLE Employee
(
    EmpID char(5) PRIMARY KEY CONSTRAINT chkEmpID CHECK
                                    (EmpID LIKE'[E,T][0-9][0-9][0-9][0-9]'),
    EmpName varchar(20),
    Birthdate datetime,
    IDCard char(18) CONSTRAINT chkIDCard CHECK(IDCard LIKE
        '[0-9][0-9][0-9][0-9][0-9][0-9][0-9][0-9][0-9][0-9][0-9][0-9][0-9][0-9][0-9][0-9]
[0-9][0-9,A-Z]'),
    EmpSex char(2) CONSTRAINT chkEmpSex CHECK(EmpSex IN('男','女')),
    EmpType char(1) CONSTRAINT chkEmpType CHECK(EmpType IN('0','1'))
)
```

（2）创建 Teacher 表

```
CREATE TABLE Teacher
(
    EmpID char(5) CONSTRAINT fkEmpID foreign key references Employee(EmpID)
                CONSTRAINT pkEmpID primary key,
    EmpTitle varchar(20) CONSTRAINT chkEmpTitle CHECK(EmpTitle IN('初级','中级','高级'))
)
```

（3）创建 Room 表

```
CREATE TABLE Room
(
    RoomID char(6) PRIMARY KEY
                CONSTRAINT chkRoomID CHECK(RoomID LIKE'[0-9][0-9]-[0-9][0-9][0-9]'),
```

```
        Capacity int CONSTRAINT chkCapacity CHECK(Capacity BETWEEN 1 AND 6),
        LeftCapacity int CONSTRAINT chkLeftCapacity CHECK(LeftCapacity BETWEEN 0 AND 6),
        RoomSex char(2) CONSTRAINT chkRoomSex CHECK(RoomSex IN('男','女')),
    )
```

（4）创建 Student 表

```
CREATE TABLE Student
(
    StuID char(7) PRIMARY KEY
                CONSTRAINT chkStuID CHECK(StuID LIKE'S[0-9][0-9][0-9][0-9][0-9][0-9]'),
    StuName varchar(20),
    Birthdate datetime,
    IDCard char(18)  CONSTRAINT chkIDCard1 CHECK(IDCard LIKE
        '[0-9][0-9][0-9][0-9][0-9][0-9][0-9][0-9][0-9][0-9][0-9][0-9][0-9][0-9][0-9][0-9]
[0-9][0-9,A-Z]'),
    StuSex char(2) CONSTRAINT chkStuSex CHECK(StuSex IN('男','女')),
    RoomID char(6) CONSTRAINT fkRoomID FOREIGN KEY REFERENCES Room(RoomID)
)
```

（5）创建 Course 表

```
CREATE TABLE Course
(
    CourseID char(5) primary key
                        CONSTRAINT chkCourseID CHECK(CourseID LIKE'C[0-9][0-9][0-9][0-9]'),
    CourseName varchar(20),
    CourseHours int CONSTRAINT chkCourseHours CHECK(CourseHours> = 0)
)
```

（6）创建 TeachingClass 表

```
CREATE TABLE TeachingClass
(
    TeachingClassID char(11)PRIMARY KEY
                            CONSTRAINT chkTeachingClassID CHECK(TeachingClassID LIKE
                                        'TC-[0-9][0-9][0-9][0-9]-[0-9][0-9][0-9]'),
    CourseID char(5) CONSTRAINT fkCourseID FOREIGN KEY REFERENCES Course(CourseID),
    EmpID char(5) CONSTRAINT fkEmpID1 FOREIGN KEY REFERENCES Employee(EmpID),
    Semester char(7) CONSTRAINT chkSemester CHECK(Semester LIKE
                                        '[0-9][0-9][0-9][0-9]-[0-9][0-9]'),
    TeachingTime varchar(20),
    ClassRoom char(6) CONSTRAINT chkClassRoom CHECK(ClassRoom LIKE
                                        '[0-9][0-9]-[0-9][0-9][0-9]'),
    Total int CONSTRAINT chkTotal CHECK(Total> = 0),
    Evaluation varchar(100) NULL
)
```

（7）创建 SC 表

```
CREATE TABLE SC
(
    StuID char(7) FOREIGN KEY REFERENCES Student(StuID),
    TeachingClassID char(11) FOREIGN KEY REFERENCES TeachingClass(TeachingClassID)
                            PRIMARY KEY(StuID,TeachingClassID),
    Grade int CONSTRAINT chkGrade CHECK(Grade BETWEEN 0 AND 100)
)
```

（8）创建 Salary 表

```
CREATE TABLE Salary
(
    EmpID char(5)FOREIGN KEY REFERENCES Employee(EmpID),
    SalaryTime char(7) PRIMARY KEY(EmpID,SalaryTime),
    BaseSalary MONEY,
    CoursePay MONEY,
    Tax MONEY,
    FinalSalary MONEY
)
```

12.3 T-SQL 程序设计

数据库设计完后，应该使用 T-SQL 来实现数据库，包括创建存储过程、事务、触发器和游标等。

【任务 12-4】 编写存储过程，完成学生查询自己最高成绩和最低成绩相关信息。

输入：学号、身份证号；

输出：最好成绩及课程名、最差成绩及课程名。

【解答】

```
    CREATE PROC prcGetMaxAndMinScore
@StuID char(7),
@IDCard char(18)
AS
BEGIN TRY
    IF EXISTS(SELECT * FROM Student WHERE StuID = @StuID AND IDCard = @IDCard)
    BEGIN
            DECLARE @MaxGrade int,@MinGrade int
            SELECT @MaxGrade = MAX(Grade),@MinGrade = MIN(Grade) FROM SC
            WHERE StuID = @StuID
            PRINT @MaxGrade
            SELECT CourseName FROM SC JOIN TeachingClass
            ON SC.TeachingClassID = TeachingClass.TeachingClassID JOIN Course
            ON TeachingClass.CourseID = Course.CourseID
            WHERE StuID = @StuID AND Grade = @MaxGrade
```

```
            PRINT @MinGrade
            SELECT CourseName FROM SC JOIN TeachingClass
            ON SC.TeachingClassID = TeachingClass.TeachingClassID JOIN Course
            ON TeachingClass.CourseID = Course.CourseID
            WHERE StuID = @StuID AND Grade = @MinGrade
        END
        ELSE
            PRINT'输入信息不存在！'
END TRY
BEGIN CATCH
    PRINT'出错！'
END CATCH
```

【任务 12-5】 编写存储过程，完成学生查询自己总课程数、不及格和均分等相关信息。

输入：学号、身份证号；

输出：选修总课程数、不及格课程数、平均分（输出参数）。

【解答】

```
CREATE PROC prcGetScoreInfo
@StuID char(7),
@IDCard char(18),
@CourseCount int = 0 OUTPUT,
@FailCourseCount int = 0 OUTPUT,
@AVGGrade float = 0 OUTPUT
AS
BEGIN TRY
    IF EXISTS(SELECT * FROM Student WHERE StuID = @StuID AND IDCard = @IDCard)
    BEGIN
        SELECT @CourseCount = COUNT( * ) FROM SC WHERE StuID = @StuID
        SELECT @FailCourseCount = COUNT( * ) FROM SC WHERE StuID = @StuID AND Grade<60
        SELECT @AVGGrade = AVG(Grade)FROM SC WHERE StuID = @StuID

    END
    ELSE
        PRINT'输入信息不存在！'
END TRY
BEGIN CATCH
    PRINT'出错！'
END CATCH
```

【任务 12-6】 编写存储过程，完成教职工工资发放，自动生成当月所有教职工工资（使用游标）。

输入：发放年月；

输出：生成工资。

注:根据输入的年月判断当前的学期,如输入 2016-04,则为 2016 年第一学期(1～6 月为当年第 1 学期,7～12 月为当年第二学期),根据学期判断教学班中每位教师的授课时数来计算工资,即先判断当前是第 1 还是第 2 学期,然后判断本学期该教师授课总时数,最后除以 6,作为当前学期每月工资。工资计算公式如下:

月工资＝基本工资＋课时费－扣税

基本工资:讲师(1 000),副教授(1 500),教授(2 000)

课时费＝每课时工资×课时数

每课时工资:讲师(80),副教授(90),教授(100)

工资低于 3 500 元不扣税,工资在 3 500～5 000,超出部分按 3％扣税,工资在 5 000 以上,超出部分按 10％扣税。如果是普通职员,则基本工资为 3 000,课时费为 0。

【解答】

```
CREATE PROC prcGenerateTeacherWage
@SalaryTime char(7)
AS
BEGIN TRY
    DECLARE curTeacherWage CURSOR FOR SELECT EmpID,EmpType FROM Employee
    OPEN curTeacherWage
    DECLARE @EmpID char(10),@EmpType char(1),@EmpTitle varchar(20)
    DECLARE @Semester char(7),@CourseNum int
    DECLARE @BaseSalary money,@CoursePay money,@Tax money,@FinalSalary money
    FETCH curTeacherWage INTO @EmpID,@EmpType
    IF(CONVERT(int,SUBSTRING(@SalaryTime,6,2))>= 7)
        SET @Semester = + SUBSTRING(@SalaryTime,1,4)+'- 02'
    ELSE
        SET @Semester = + SUBSTRING(@SalaryTime,1,4)+'- 01'
    WHILE(@@FETCH_STATUS = 0)
    BEGIN
        IF(@EmpType = 1)  --教师工资
        BEGIN
            --查找教师职称
            SELECT @EmpTitle = EmpTitle FROM Teacher WHERE EmpID = @EmpID
            --统计教师本学期总课时数
            SELECT @CourseNum = SUM(CourseHours)
            FROM TeachingClass JOIN Course
            ON TeachingClass.CourseID = Course.CourseID
            WHERE EmpID = @EmpID AND Semester = @Semester
            IF(@EmpTitle = '初级')
            BEGIN
                SET @BaseSalary = 1000
                SET @CoursePay = @CourseNum * 80/6
            END
            ELSE IF(@EmpTitle = '中级')
```

```
BEGIN
    SET @BaseSalary = 1500
    SET @CoursePay = @CourseNum * 90/6
END
ELSE
BEGIN
    SET @BaseSalary = 2000
    SET @CoursePay = @CourseNum * 100/6
END
--计算交税
IF(((@BaseSalary + @CoursePay) >= 3500 AND (@BaseSalary + @CoursePay)<5000)
BEGIN
    SET @Tax = (@BaseSalary + @CoursePay - 3000) * 0.03
END
ELSE IF((@BaseSalary + @CoursePay) >= 5000)
BEGIN
    SET @Tax = (@BaseSalary + @CoursePay - 5000) * 0.1
END
ELSE
BEGIN
    SET @Tax = 0
END
END
ELSE    --职员工资
BEGIN
    SET @BaseSalary = 3000
    SET @CoursePay = 0
    SET @Tax = 0
END
SET @FinalSalary = @BaseSalary + @CoursePay - @Tax
INSERT INTO Salary
VALUES(@EmpID, @SalaryTime, @BaseSalary, @CoursePay, @Tax, @FinalSalary)
FETCH curTeacherWage INTO @EmpID, @EmpType
END
CLOSE curTeacherWage
DEALLOCATE curTeacherWage
END TRY
BEGIN CATCH
    PRINT'出错！'
END CATCH
```

【任务 12-7】 编写存储过程,完成任课教师了解课程情况。

输入:教师工号、身份证号、教学班号;

输出:不及格人数、平均分、最高分、最低分(输出参数)。

【解答】

```
CREATE PROC prcTeacherCourseDetails
@EmpID char(5),
@IDCard char(18),
@TeachingClassID char(11),
@FailStudentCount int OUTPUT,
@AVGGrade float OUTPUT,
@MaxGrade int OUTPUT,
@MinGrade int OUTPUT
AS
BEGIN TRY
    IF EXISTS(SELECT * FROM Employee JOIN TeachingClass ON Employee.EmpID = TeachingClass.
EmpID
    WHERE Employee.EmpID = @EmpID AND IDCard = @IDCard AND TeachingClassID = @Teaching-
ClassID)
    BEGIN
        SELECT @failStudentCount = COUNT(StuID)
        FROM SC WHERE TeachingClassID = @TeachingClassID AND Grade<60
        SELECT @AVGGrade = AVG(Grade) FROM SC WHERE TeachingClassID = @TeachingClassID
        SELECT @MaxGrade = MAX(Grade) FROM SC WHERE TeachingClassID = @TeachingClassID
        SELECT @MinGrade = Min(Grade) FROM SC WHERE TeachingClassID = @TeachingClassID
    END
    ELSE
        PRINT'输入信息不存在！'
END TRY
BEGIN CATCH
    PRINT'出错！'
END CATCH
```

【任务 12-8】 编写存储过程，完成教师开课。

输入：教学班号、教师工号、课程号、学期、上课起止时间、教室；

输出：产生新的教学班。

注：假定教室冲突等问题已由高级语言处理，存储过程中可不作处理。

【解答】

```
CREATE PROC prcCreateNewClass
@TeachingClassID char(11),
@CourseID char(5),
@EmpID char(5),
@Semester char(7),
@TeachingTime varchar(20),
@ClassRoom char(6)
AS
BEGIN TRY
```

```
IF EXISTS(SELECT * FROM TeachingClass WHERE TeachingClassID = @TeachingClassID)
    PRINT'教学班已存在！'
ELSE
BEGIN
    IF EXISTS(SELECT * FROM Teacher WHERE EmpID = @EmpID)
    BEGIN
        IF EXISTS(SELECT * FROM Course WHERE CourseID = @CourseID)
        BEGIN
            INSERT INTO TeachingClass
VALUES(@TeachingClassID,@CourseID,@EmpID,@Semester,@TeachingTime,@ClassRoom,0,
NULL)
        END
        ELSE
            PRINT'课程不存在！'
    END
    ELSE
        PRINT'教师不存在！'

    END
    END TRY
    BEGIN CATCH
        PRINT'出错！'
    END CATCH
```

【任务12-9】 编写存储过程，完成学生选课。

输入：学号、教学班号；

输出：产生一条选课信息。

注：假定选课时可能出现选择的多门课程恰巧安排在同一时间的问题已由高级语言处理，存储过程可不作处理。

【解答】

```
CREATE PROC prcStudentChooseCourse
@StuID char(7),
@TeachingClassID char(11)
AS
BEGIN TRY
    IF EXISTS(SELECT * FROM Student WHERE StuID = @StuID)
    BEGIN
        IF EXISTS(SELECT * FROM TeachingClass WHERE TeachingClassID = @TeachingClassID)
        BEGIN
            INSERT INTO SC
            VALUES  (@StuID,@TeachingClassID,0)
        END
        ELSE
```

```
        PRINT'教学班号不存在！'
    END
    ELSE
        PRINT'学生信息不存在！'
END TRY
BEGIN CATCH
    PRINT'ERROR！'
END CATCH
```

【任务 12-10】　编写存储过程，完成为新生安排宿舍，由两个存储过程完成。存储过程 1 显示可选宿舍；存储过程 2 选定宿舍，为新生安排。

存储过程 1 输入：学号。

存储过程 1 输出：显示符合条件的房间号。

注：适合的房间号含义为性别和该学号学生相同，同时房间剩余容量大于零。

存储过程 2 输入：学号、房间号。

存储过程 2 输出：为学生安排宿舍，同时相应宿舍剩余容量减 1。

【解答】

存储过程 1：

```
CREATE PROC prcSearchRoom
@StuID char(7)
AS
BEGIN TRY
    IF EXISTS(SELECT * FROM Student WHERE StuID = @StuID)
    BEGIN
        SELECT RoomID FROM Room WHERE RoomSex =
    (SELECT StuSex FROM Student WHERE StuID = @StuID) AND LeftCapacity>0
    END
    ELSE
        PRINT'学生信息不存在！'
END TRY
BEGIN CATCH
    PRINT'出错！'
END CATCH
```

存储过程 2：

```
CREATE PROC prcArrangeRoom
@StuID char(7),
@RoomID char(6)
AS
BEGIN TRY
    BEGIN TRANSACTION
        UPDATE Student SET RoomID = @RoomID WHERE StuID = @StuID
        UPDATE Room SET LeftCapacity = LeftCapacity - 1 WHERE RoomID = @RoomID
```

```
        COMMIT TRANSACTION
    END TRY
    BEGIN CATCH
        ROLLBACK TRANSACTION
    END CATCH
```

【任务 12-11】 编写存储过程,允许学生转宿舍,如果该生要转换的宿舍是同性别宿舍,且宿舍剩余容量大于 0,则允许该生转换宿舍发生,否则拒绝(提示:事务完成)。

输入:学号;

输出:转入新宿舍。

【解答】

```
CREATE PROC prcChangeRoom
@StuID char(7),
@RoomID char(6)
AS
BEGIN TRY
    IF EXISTS(SELECT * FROM Student WHERE StuID = @StuID)
        IF EXISTS(SELECT * FROM Room WHERE RoomID = @RoomID AND RoomSex =
        (SELECT StuSex FROM Student WHERE StuID = @StuID) AND LeftCapacity>0)
        BEGIN
            BEGIN TRANSACTION
            DECLARE @OldRoomID char(6)
            SELECT @OldRoomID = RoomID FROM Student WHERE StuID = @StuID
            UPDATE Room SET LeftCapacity = LeftCapacity + 1 WHERE RoomID = @OldRoomID

            UPDATE Student SET RoomID = @RoomID WHERE StuID = @StuID
            UPDATE Room SET LeftCapacity = LeftCapacity - 1 WHERE RoomID = @RoomID
            COMMIT TRANSACTION
        END
        ELSE
            PRINT'此学生与此宿舍不符合要求!'
    ELSE
        PRINT'不存在此学生!'
END TRY
BEGIN CATCH
    ROLLBACK TRANSACTION
END CATCH
```

【任务 12-12】 编写触发器,允许学生转宿舍,如果该生要转换的宿舍是同性别宿舍,且宿舍剩余容量大于 0,则允许该生转换宿舍发生,否则拒绝。

【解答】

```
CREATE TRIGGER trgChangeRoom
ON Student FOR UPDATE
AS
```

```
IF UPDATE(RoomID)
BEGIN
    DECLARE @StuSex int,@OldRoomID char(6),@NewRoomID char(6)
    --从幻表中查询学生的性别和原宿舍号
    SELECT @StuSex = StuSex,@OldRoomID = RoomID FROM DELETED
    --从幻表中查询新宿舍号
    SELECT @NewRoomID = RoomID FROM INSERTED
    DECLARE @NewRoomSex char(2),@LeftCapacity int
    --查询新宿舍对应的性别和宿舍剩余容量
    SELECT @NewRoomSex = RoomSex,@LeftCapacity = LeftCapacity FROM Room
    WHERE RoomID = @NewRoomID
    --如果宿舍对应的性别与学生相同且剩余容量大于,则转宿舍
    IF(@StuSex = @NewRoomSex AND @LeftCapacity>0)
      BEGIN
            UPDATE Room SET LeftCapacity = LeftCapacity + 1 WHERE RoomID =
@OldRoomID
            UPDATE Room SET LeftCapacity = LeftCapacity - 1 WHERE RoomID =
@NewRoomID
      END
    END
```

【任务 12-13】 为学生提供定车票服务,车票信息包含车次、日期、起发时间、到达时间、剩余张数。编写存储过程进行购票。

```
CREATE PROC prcSellTicket
@TicketInfo varchar(20),   --车次信息
@TicketNum int             --售出张数
AS
BEGIN TRY
    IF EXISTS(SELECT * FROM Ticket WHERE TicketInfo = @TicketInfo)
    BEGIN
        BEGIN TRANSACTION
        DECLARE @TicketLeaveNum int --存放数据库中剩余票的张数
        SELECT @TicketLeaveNum = TicketLeaveNum FROM Ticket
        WHERE TicketInfo = @TicketInfo        --①
        WAITFOR DELAY'00;00;20.000'
        UPDATE Ticket SET TicketLeaveNum = @TicketLeaveNum - @TicketNum
        WHERE TicketInfo = @TicketInfo        --②
        IF(@TicketLeaveNum < @TicketNum )
        BEGIN
            ROLLBACK TRANSACTION
            PRINT'售票失败'
```

```
            END
        ELSE
        BEGIN
            COMMIT TRANSACTION
            PRINT'售票成功'
        END
    END
    ELSE
        PRINT'车次信息不存在'
END TRY
BEGIN CATCH
    ROLLBACK TRANSACTION
END CATCH
```

上述存储过程是否会产生并发错误？如何解决？

【解答】

每个售票点模拟一个事务，当多个事务同时执行时，产生了"写-写"冲突，会发生并发错误，这种错误称为"丢失更新"。

在 BEGIN TRANSACTION 下为 Ticket 表添加排它锁：

```
SELECT TicketLeaveNum FROM Ticket WITH(TABLOCKX)
```

12.4 调式与执行

数据库实施之后，需要调试与执行，检验程序是否健壮与正确。本小节给出了任务 4～任务 13 的执行语句，测试应用程序的各种功能是否满足要求。

执行任务 4：EXEC prcGetMaxAndMinScore'S160001','320106199501010026'

执行任务 5：

```
DECLARE @CourseCount int,@FailCourseCount int,@AVGGrade float
EXEC prcGetScoreInfo'S160001','320106199501010026',@CourseCount   OUTPUT,
@FailCourseCount OUTPUT,@AVGGrade OUTPUT
PRINT @CourseCount
PRINT @FailCourseCount
PRINT @AVGGrade
```

执行任务 6：EXEC prcGenerateTeacherWage'2016-04'

执行任务 7：

```
DECLARE @FailStudentCount int
DECLARE @AVGGrade float
DECLARE @MaxGrade int
DECLARE @MinGrade int
EXEC prcTeacherCourseDetails'E0001','320106198001010035','TC-2016-001',
@FailStudentCount OUTPUT,@AVGGrade OUTPUT,@MaxGrade OUTPUT,@MinGrade OUTPUT
```

PRINT @FailStudentCount

PRINT @AVGGrade

PRINT @MaxGrade

PRINT @MinGrade

执行任务 8：EXEC prcCreateNewClass'TC－2016－002','C0001','E0001','2016-02','周一 8：00-10：00','01-101'

执行任务 9：EXEC prcStudentChooseCourse'S160001','TC－2016－001'

执行任务 10：

（1）存储过程 1 执行语句：EXEC prcSearchRoom'S160001'

（2）存储过程 2 执行语句：EXEC prcArrangeRoom'S160001','11－101'

执行任务 11：EXEC prcChangeRoom'S160001','11－102'

执行任务 12：UPDATE Student SET RoomID ＝'11－102' WHERE StuID ＝'S160001'

执行任务 13：在 SQL Server Management Studio 中，打开两个新建查询，分别模拟两个售票窗口，同时执行存储过程，查看结果。

EXEC prcSellTicket'G4592',1

第13章 ADO.NET 访问数据库

本章目标:

1. ADO.NET 的体系结构
2. ADO.NET 中的常用 SQL Server 访问类
3. 使用 ADO.NET 访问数据库

Visual C# 使用 ADO.NET 技术访问数据库。ADO.NET 是英文 ActiveX Data Objects for the .NET Framework 的缩写,它为.NET Framework 提供高效的数据访问机制。ADO.NET 对象在应用程序和数据库之间扮演着"桥梁"的角色。

本章介绍 ADO.NET 数据库访问技术的基本概念、常用对象和访问数据库的方法及步骤。

13.1 ADO.NET 简介

ADO.NET 是.NET Framework 提供给.NET 开发人员的一组类,其功能全面且灵活,在访问各种不同类型的数据时可以保持操作的一致性。ADO.NET 的各个类位于 System.Data.dll 中,并且与 System.Xml.dll 中的 XML 类相互集成。ADO.NET 的两个核心组件是.NET Framework 数据提供程序和 DataSet。.NET Framework 数据提供程序是一组包括 Connection、Command、DataReader 和 DataAdapter 对象的组件,负责与后台物理数据库的连接;而 DataSet 是断开连接结构的核心组件,用于实现独立于任何数据源的数据访问。

13.1.1 ADO.NET 的作用

ADO.NET 提供了平台互用性和可伸缩的数据访问。ADO.NET 增强了对非连接编程模式的支持,并支持 RICH XML。由于传送的数据都是 XML 格式的,因此任何能够读取 XML 格式的应用程序都可以进行数据处理。事实上,接受数据的组件不一定要是 ADO.NET 组件,它可以是基于一个 Microsoft Visual Studio 的解决方案,也可以是任何运行在其他平台上的任何应用程序。

ADO.NET 是一组用于和数据源进行交互的面向对象类库。通常情况下,数据源是数据库,但它同样也能够是文本文件、Excel 表格或者 XML 文件。

ADO.NET 允许和不同类型的数据源以及数据库进行交互。然而,并没有与此相关的一系列类来完成这样的工作。因为不同的数据源采用不同的协议,所以对于不同的数据源必须采用相应的协议。一些老式的数据源使用 ODBC 协议，许多新的数据源使用 OleDb 协议，并且现在还不断出现更多的数据源，这些数据源都可以通过.NET 的 ADO.NET 类库来进行连接。

ADO.NET 提供与数据源进行交互的相关的公共方法，但是对于不同的数据源采用一组不同的类库。这些类库称为 Data Providers，并且通常是以与之交互的协议和数据源的类型来命名的。

13.1.2　ADO.NET 的体系结构

以前，数据处理主要依赖于基于连接的双层模型。当数据处理越来越多地使用多层结构时，程序员正在向断开方式转换，以便为他们的应用程序提供更佳的可缩放性。

可以使用 ADO.NET 的两个组件来访问和处理数据：

- .NET Framework 数据提供程序。
- DataSet。

1. .NET Framework 数据提供程序

.NET Framework 数据提供程序是专门为数据处理以及快速地只进、只读访问数据而设计的组件。Connection 对象提供与数据源的连接，Command 对象使您能够访问用于返回数据、修改数据、运行存储过程以及发送或检索参数信息的数据库命令。DataReader 从数据源中提供高性能的数据流。最后，DataAdapter 提供连接 DataSet 对象和数据源的桥梁。DataAdapter 使用 Command 对象在数据源中执行 SQL 命令，以便将数据加载到 DataSet 中，并使对 DataSet 中数据的更改与数据源保持一致。

2. DataSet

ADO.NET DataSet 专门为独立于任何数据源的数据访问而设计。因此，它可以用于多种不同的数据源，用于 XML 数据，或用于管理应用程序本地的数据。DataSet 包含一个或多个 DataTable 对象的集合，这些对象由数据行和数据列以及有关 DataTable 对象中数据的主键、外键、约束和关系信息组成。

.NET Framework 数据提供程序与 DataSet 之间的关系如图 13-1 所示。

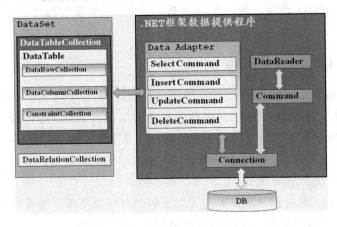

图 13-1　ADO.NET 结构体系

13.1.3 ADO.NET 访问数据库的两种模式

ADO.NET 访问数据库提供了两种模式:连接模式和非连接模式。

在断开数据库连接之前对数据进行读取和操作,这样的工作方式称为连接模式,一般使用 DataReader 对象。

在断开数据库连接之后对数据的读取和操作,这样的工作方式称为断开模式,一般使用 DataSet。

在图 13-1 中,右边为连接模式,左边为非连接模式。

两种连接模式各有优缺点,可参见表 13-1。

表 13-1 连接模式与非连接模式的比较

连接模式	优点	缺点
连接式	(1) 数据并发性问题更容易控制	(1) 持续的网络连接有时可能导致网络流量阻塞
	(2) 数据是当前的和更新的	(2) 应用程序中的可扩展性和性能问题
非连接式	(1) 允许多个应用程序同时与数据源进行交互	(1) 由于没有与数据源建立连接,数据不是总保持最新
	(2) 提高可扩展性和应用程序的性能	(2) 当多个用户向数据源更新数据时,可能会发生数据并发性问题

一般来说,数据量小、系统规模不大、客户机和服务器在同一网络内的环境、只读的情况下优先选连接模式;而网络数据量大、系统节点多、网络结构复杂,尤其是通过 Internet/Intranet进行连接的网络,需要在绑定数据源的情况下修改数据同时更新到数据库时,选择非连接模式。

【注】 没有哪种模式是绝对的,开发中应根据实际情况选择合适的访问模式。

13.2 连接模式访问数据库

使用连接模式访问数据库,可以通过 SqlConnection、SqlCommand 和 SqlDataReader 对象来完成。具体操作分为五个步骤:

(1) 建立 SqlConnection 对象;

(2) 打开连接;

(3) 创建命令对象;

(4) 将数据操作命令通过连接传送到数据源执行并取得其返回的数据;

(5) 数据处理完成后,关闭连接。

13.2.1 SqlConnection 类

SqlConnection 类用于连接 SQL Server 数据源,使用 SqlConnection 类时应引入命令空

间 System. Data. SqlClient。

1. 构造函数

SqlConnection 类提供了以下两种构造函数建立 SqlConnection 对象。

（1）默认构造函数，SqlConnection()

默认构造函数不包括任何参数，它所建立的 SqlConnection 对象在未设定它的任何属性之前，它的 ConnectionString、Database 和 DataSource 属性的初始值为空字符值（""），而 ConnectionTimeout 属性的初始值为 15 秒。

使用 SqlConnection 类的默认构造函数建立连接时，先建立 SqlConnection 对象，然后设置 ConnectionString 属性以便指定连接字符串。

语法格式如下：

```
SqlConnection = new  SqlConnection()
```

（2）以连接字符串为参数的构造函数：SqlConnection(string ConnectionString)。语法格式如下：

```
SqlConnection  连接对象名  = new  SqlConnection(连接字符串)
```

这个构造函数以一个连接字符串作为其参数，一般有两种表现方式。

方式一：将连接字符串作为参数，直接写在括号内，代码如下所示。

```
//以连接字符串作为参数建立一个 SqlConnection 对象
SqlConnection sqlconn = new SqlConnection("Server = (local);Database = Student;
Integrated Security = SSPI")
```

方式二：先定义一个字符串变量保存连接字符串，然后以字符串变量作为构造函数的参数，代码如下所示。

```
//定义一个字符串变量
string strConnectionStringg = "Server = (local);Database = Student;Integrated Security = SSPI";
//以字符串变量作为参数建立一个 SqlConnection 对象
SqlConnection sqlconn = new SqlConnection(strConnectionString);
```

2. SqlConnection 类的属性

利用 SqlConnection 类的各个属性，不仅可以获取连接的相关信息，还可以对连接进行所需的设置。SqlConnection 类的常用属性如表 13-2 所示。

表 13-2　SqlConnecfion 类的常用属性

属性名	功　　能	读写特性	注意事项
ConnectionString	取得或设置连接的连接字符串，其中包含源数据库名称和建立连接所需的其他参数	可读可写属性	（1）当连接处于关闭状态时才可以设置 ConnectionString 属性 （2）如果重新设置一个当前处于关闭状态的连接的 ConnectionString 属性时，将使所有的连接字符中值与相关属性被重新设置
DataSource	取得连接的数据库所在的计算机名称，或者是 Microsoft Access 文件的名称	只读属性	不能使用 DataSource 属性来改变 SqlConnection 对象所要连接的 SQL Server 实例

续表

属性名	功　　能	读写特性	注意事项
Connection Timeout	取得在尝试建立连接时的等待时间,默认值为 15 秒	只读属性	0 值表示无限制,即无限制地等待连接
State	取得连接当前的状态,默认值为 Closed	只读属性	如果连接当前是关闭的,将返回 0;如果连接是打开的,将返回 1

为了避免已打开的连接重新打开时出现异常,将前面打开连接的代码 sqlconn. Open()改为以下形式更恰当。

```
if(sqlconn.State = = ConnectionState.Closed)
        sqlconn.Open();
```

同理,为了避免关闭处于关闭状态的连接,将前面关闭连接的代码 sqlconn. Close()改为以下形式更恰当。

```
if(sqlconn.State = = ConnectionState.Open)
        sqlconn.Close();
```

3. SqlConnection 类的方法

(1) Open()方法

Open()方法使用连接字符串中的数据来连接数据源并建立开放连接。

连接的打开是指根据连接字符串的设置与数据源建立顺畅的通信关系,以便为后来的数据操作做好准备。使用方法 Open()打开连接的方式称为显式打开方式;在某些情况下连接不需要使用 Open()打开,而会随着其他对象的打开而自动打开,这种打开方式称为隐式打开方式,如调用数据适配器的 Fill()方法或 Update()方法就能隐式打开连接。

(2) Close()方法

Close()方法用于关闭连接。

当调用数据适配器(DataAdapter)对象的 Fill()方法或 Update()方法时,会先检查连接是否已打开,如果尚未打开,则先自行打开连接,执行其操作,然后再次关闭连接。

4. 连接字符串

可以将连接字符串写成如下形式:

```
"Provider = SQLOLEDB;Server = (local);Database = JWInfo;Integrated Security = SSPI;
Persist Security Info = false;Connection Timeout = 30"
```

连接字符串中的各个键值都起什么作用以及如何设置,可以参见表 13-3。

表 13-3　SqlConnection 对象的连接字符串中键值的功能及设置

键值名称	可替代的键值名称	功能说明
Provider		指定 OLEDB 提供程序,如果连接的数据源为 SQL Server 数据库,可以省略不写
Server	(1) Data　Source (2) Address (3) Addr (4) NetworkAddress	指定要连接的数据库服务器名称或网络地址,如果要连接本机上的 SQL Server,可设置为"(local)"、localhost、"."和"127.0.0.1"中的一种

键值名称	可替代的键值名称	功能说明
Database	Initial Catalog	指定要连接的数据库名称
Integrated Security	Trusted_Connection	（1）如果将此键值设置为 true，表示使用当前的 Windows 账户证书进行验证，也就是使用信任的连接，一般设置为 SSPI，也可以设置为 yes （2）如果将此键值设置为 false，必须在连接字符串中指定用户标识（UserID）与密码（Password）。该键值的默认值为 false，也就是说如果没有设置 Integrated Security 的属性值，则采用 SQL Server 登录账户来连接 SQL Server 数据库
User ID		指定 SQL Server 登录账户的名称
Password	Pwd	指定 SQL Server 登录账户的密码
PersistSecurity Info		如果将此键值设置为 false 或 no（建议使用，且为默认值），则当连接被打开或曾经处于打开状态时，并不会将安全性相关信息（如登录密码）作为连接的一部分返回
Connection Timeout		SqlConnection 等待服务器响应的时间（单位：秒），如果时间已到但服务器还未响应，将会停止尝试并抛出一个异常，默认值为 15 秒。0 表示没有限制，应避免使用
Workstation ID		连接 SQL Server 的工作站名称

根据数据库用户账号和用户密码进行身份验证的连接字符串的示例如下：

```
string strConn = "Server = (local);Initial Catalog = JWInfo;User Id = sa;Pwd = 123";
```

采用 Windows 安全验证模式的连接字符串的示例如下。

```
string strConn = "Server = (local);Database = JWInfo;Integrated Security = SSPI";
```

13.2.2　SqlCommand 类

使用 SqlConnection 对象建立了连接后，可以使用 SqlCommand 对象对数据源执行 SQL 语句或者存储过程把数据返回到 SqlDataReader 或者 DataSet 中，实现查询、修改和删除等操作。

1．构造函数

要将某一个类实例化，必须通过其构造函数来进行。SqlCommand 类提供了 4 种构造函数来建立 SqlCommand 类的实例。

（1）创建 SqlCommand 对象的语法格式

语句格式如下：

```
SqlCommand 对象名 = new SqlCommand(SQL 字符串 , Connection 对象)
```

其中，"SQL 字符串"就是要执行的 SQL 语句，"Connection 对象"是前面连接数据库时建立的连接对象。

（2）SqlCommand 类的四种构造函数

SqlCommand 类提供了以下四种构造函数建立 SqlCommand 对象。

① SqlCommand()

② SqlCommand(string cmdText)

③ SqlCommand(string cmdText,SqlConnection connection)

④ SqlCommand(string cmdText,SqlConnection connection,SqlConnection transaction)

参数说明

cmdText:代表所要执行的 SQL 语句或存储过程的名称。

Connection:代表 SqlCommand 对象所要使用的连接。

Transaction:代表 SqlCommand 对象所要执行的 SqlTransaction(事务对象)。

如果构造函数中未指定参数,则可以使用 Command 对象的属性来设定。

(3) SqlCommand 类构造函数应用举例

已建立连接对象 conn,如果要查询"班级信息"表中所有的"班级名称"数据,分别应用前三种构造函数创建 SqlCommand 对象。

①应用第一种构造函数建立数据命令对象。

```
comm = new SqlCommand()
comm.Connection = conn;
comm.CommandType = CommandType.Text;
comm.CommandText = "Select 班级名称 From 班级信息";
```

② 应用第二种构造函数建立数据命令对象。

```
comm = new SqlComman("Select 班级名称 from  dbo.班级信息");
comm.Connection = conn;
```

③ 应用第三种构造函数建立数据命令对象。

```
comm = new SqlCommand("Select 班级名称 from dbo.班级信息",conn);
```

2. SqlCommand 类的属性

SqlCommand 类的常用属性如表 13-4 所示。

表 13-4　SqlCommand 对象的常用属性

属性名称	属性说明	默认值
Connection	获取或设置 Connection 对象	
CommandText	获取或设置要执行的 SQL 语句或存储过程	空字符串
CommandType	获取或设置命令的类型,有三种类型:Text、TableDirect、Stored-Procedure,分别代表 SQL 语句数据表和存储过程	Text
CommandTimeout	获取或设置在终止执行命令尝试并生成错误之前的等待时间,以秒为单位,值 0 表示无限期等待执行命令	30 秒
Parameters	用于设置 SQL 语句或存储过程的参数	

3. SqlCommand 类的常用方法

SqlCommand 对象的常用方法如表 13-5 所示。

表 13-5　SqlCommand 对象的常用方法

方法名称	方法说明
ExecuteScalar()	用于执行查询语句，并返回单一值或结果集中的第一条记录的第一个字段的值。该方法适合于只有一个结果的查询，如 Sum、Avg 等函数的 SQL 语句
ExecuteReader()	用于执行查询语句，并返回一个 DataReader 类型的行集合
ExecuteNonQuery()	用于执行 SQL 语句，并返回 SQL 语句所影响的行数。该方法一般用于执行 Insert、Delete 和 Update 等语句
ExecuteXmlReader()	用于执行查询语句，并生成一个 XmlReader 对象
Cancel()	用于取消 Command 对象的执行
GetType()	获取当前实例的 Type

使用 SqlConnection 对象建立连接后，可以使用 SqlCommand 对象对数据源执行 SQL 语句或存储过程，从而把数据返回到 DataReader 或者 DataSet 中，实现查询、修改和删除等操作。

调用 SqlCommand 对象的 ExecuteScalar()方法来执行数据命令，主要应用以下两种场合。

（1）通过 SqlCommand 对象所执行的 SQL 语句或存储过程只会返回单一值。例如，取得计算或者汇总函数的运算结果，就可以调用 SqlCommand 对象的 ExecuteScalar()方法来执行数据命令。

（2）如果想取得结果集的第一条数据记录的第一个字段的内容，也可以使用 ExecuteScalar()方法，此时虽然 SqlCommand 对象所执行的 SQL 语句或存储过程会返回结果集而不只是单一值；但 ExecuteScalar()方法将只返回结果集的第一条数据记录的第一个字段的内容，其他的数据记录与字段将会被忽略。

例如，以下程序代码会获取成绩最高的学生的学号：

```
SqlConnection conn = new SqlConnection();
conn.ConnectionString = "Server = (local);Database = JWInfo;Integrated Security = SSPI";
conn.Open();
SqlCommand comm = new SqlCommand();
comm.Connection = conn;
comm.CommandType =  CommandType.Text;
comm.CommandText = "Select top 1 学号 From 成绩表 Order By 成绩 DESC";
string mName = comm.ExecuteScalar().ToString();
conn.Close();
```

13.2.3　SqlDataReader 类

SqlDataReader 对象用于从数据源提取只进、只读的数据流，由于它是"只进"的，所以不能任意浏览，只能从前往后顺序浏览；由于它是"只读"的，所以不能更新数据。数据读取器提供了一种高效的数据读取方式，就效率而言，数据读取器高于数据集，适合于单次且短时间的数据读取操作。SqlDataReader 所提取的数据流一次只处理一条记录,而不会将结果集中的所有记录同时返回,可以避免耗费大量的内存资源。

1. 创建 SqlDataReader 对象

创建 SqlDataReader 对象不能使用 new 方法来创建,而只能通过 SqlCommand 对象的 ExecuteReader 方法创建。例如,使用 SqlCommand 命令对象创建 SqlDataReader 对象的代码如下。

```
SqlDataReader reader;
reader = comm.ExecuteReader();    //comm 是 Command 命令对象
```

2. SqlDataReader 类的属性

SqlDataReader 类的属性如表 13-6 所示。

表 13-6　SqlDataReader 类的属性

属性名称	属性说明
FieldCount	获取当前行中的列数,默认值为 -1。如果所执行的查询并未返回任何记录,则该属性会返回 0
HasRows	用于判断 SqlDataReader 对象是否包含记录
IsClosed	获取一个值,该值指示数据读取器是否关闭。如果 DataReader 已关闭,则返回 true;否则返回 false
Item	获取以本机格式取得列的值
RecordsAffected	获取执行 SQL 语句所插入、修改或删除的行数。如果没有任何行受到影响或读取失败,则返回

当 SqlDataReader 关闭后,只能访问 IsClosed 和 RecordsAffected 属性。

尽管可以在 SqlDataReader 打开时随时访问 RecordsAffected 属性,但调用方法 Close()关闭 SqlDataReader 后,返回 RecordsAffected 的值更能确保返回值的正确性。

3. SqlDataReader 类的方法

SqlDataReader 类的方法如表 13-7 所示。

表 13-7　SqlDataReader 类的方法

方法名称	方法说明
Close()	关闭 SqlDataReader 对象
GetName()	获取指定列的名称
GetOrdinal()	在给定列名称的情况下获取从零开始的序列号
GetSqlValues()	获取当前行中的所有属性列
GetString()	获取指定列的字符串形式的值
GetType()	获取当前实例的数据类型
GetDataTypeName()	将字段序号传递给 GetDataTypeName()方法,可获得字段的原始数据类型名称
GetFieldType()	将字段序号传递给 GetFieldType()方法,可获得代表对象的类型

方法名称	方法说明
GetValue()	获取以本机格式表示的指定列的值
GetValues()	获取当前行集合中的所有属性列
IsDBNull()	获取一个值，该值指示列中是否包含不存在的或缺少的值。如果指定的列值与 DB-Null 等效，则返回 true；否则返回 false
NextResult()	当读取批处理 SQL 语句的结果时，使数据读取器前进到下一个结果。默认情况下，数据读取器定位在第一项结果上
Read()	DataReader 的默认位置是在第一条记录之前，要调用 Read() 方法前进到下一条记录才能开始访问记录。如果 Read 方法能够顺利地前移到下一条记录，它会返回 true；如果已经没有下一条记录，它会返回 false。它可以自动导航到数据流中的第一条记录之前的位置，且能自动向前移动一条记录位置

13.2.4　连接模式访问数据库应用

【例 13-1】　利用 ADO. NET 访问 SchoolInfo 数据库，将 Student 表学号和姓名显示出来。

【解决方案】

```
string ConnStr = "Data Source = HUANG - PC\\SQLEXPRESS；Initial Catalog = SchoolInfo；User ID =
sa；Password = 123456";
SqlConnection conn = new SqlConnection();
conn.ConnectionString = ConnStr;
conn.Open();
string sql = "select * from student";
SqlCommand cmd = new SqlCommand(sql,conn);
SqlDataReader reader = cmd.ExecuteReader();
while(reader.Read())
{
    Console.WriteLine("学号:{0},姓名:{1}", reader[0].ToString(),reader[1].ToString());
}
reader.Close();
conn.Close();
```

【例 13-2】　利用 ADO. NET 从控制台输入一个学生学号，程序将该学生从数据库中删除。

【解决方案】

```
string ConnStr = "Data Source = HUANG - PC\\SQLEXPRESS；Initial Catalog = SchoolInfo；User ID =
sa；Password = 123456";
SqlConnection conn = new SqlConnection();
conn.ConnectionString = ConnStr;
conn.Open();
Console.WriteLine("请输入要删除的学号");
```

```
string StuID = Console.ReadLine();
string sql = "delete from student where StuID = " + "'" + StuID + "'";
SqlCommand cmd = new SqlCommand(sql,conn);
int iRows = cmd.ExecuteNonQuery();
if(iRows>0)
    Console.WriteLine("success");
else
    Console.WriteLine("failed");
conn.Close();
```

【例13-3】 利用 ADO.NET 从控制台输入系号、系名和总人数,程序将该信息加入 Department 表。

【解决方案】

```
string ConnStr = "Data Source = HUANG-PC\\SQLEXPRESS; Initial Catalog = SchoolInfo; User ID = sa;
Password = 123456";
SqlConnection conn = new SqlConnection();
conn.ConnectionString = ConnStr;
conn.Open();
int DepID = Convert.ToInt32(Console.ReadLine());
string DepName = Console.ReadLine();
int Total = Convert.ToInt32(Console.ReadLine());
string sql = " insert into Department values(" + DepID.ToString() + "," + "'" + DepName + "'" +
"," + Total.ToString() + ")";
SqlCommand cmd = new SqlCommand(sql,conn);
int iRows = cmd.ExecuteNonQuery();
if(iRows>0)
    Console.WriteLine("success");
else
    Console.WriteLine("failed");
conn.Close();
```

【例13-4】 利用 ADO.NET 从控制台输入系号和新系名,程序将信息修改到 Department 表。

【解决方案】

```
string ConnStr = "Data Source = HUANG-PC\\SQLEXPRESS; Initial Catalog = SchoolInfo; User ID =
sa; Password = 123456";
SqlConnection conn = new SqlConnection();
conn.ConnectionString = ConnStr;
conn.Open();
Console.WriteLine("请输入要更新的系号");
int DepID = Convert.ToInt32(Console.ReadLine());
Console.WriteLine("输入新系名");
string DepName = Console.ReadLine();
string sql = "update Department set DepName = '" + DepName + "' where DepID = " + DepID.ToS-
```

```
tring();
    SqlCommand cmd = new SqlCommand(sql,conn);
    int iRows = cmd.ExecuteNonQuery();
    if(iRows>0)
        Console.WriteLine("success");
    else
        Console.WriteLine("failed");
    conn.Close();
```

13.3 非连接模式访问数据库

使用非连接模式访问数据库，除了通过 SqlConnection、SqlCommand 对象外，还需要 SqlDataAdapter 和 DataSet 对象来完成。具体操作分为六个步骤：

（1）创建连接；

（2）创建 SqlDataAdapter 对象；

（3）创建 DataSet 对象；

（4）通过 SqlDataAdapter 将数据库的数据读入 DataSet，并断开连接；

（5）如读数据，则将 DataSet 中内容绑定到控件；如修改数据，则在 DataSet 中进行修改；

（6）将修改的数据更新到数据库。

13.3.1 SqlDataAdapter 类

SqlDataAdapter 是 DataSet 和 SQL Server 之间的桥接器，通过对数据源使用适当的 SQL 语句填充（Fill）数据集（DataSet）和更新（Update）数据库。

1. 构造函数

SqlDataAdapter 类或 OleDbDataAdapter 类有四种重载形式，SqlDataAdapter 构造函数的重载形式如下。

（1）SqlDataAdapter()

第一种重载形式不需要任何参数，使用此构造函数建立 SqlDataAdapter 对象，然后将 SqlCommand 对象赋给 SqlDataAdapter 对象的 SelectCommand 属性即可。创建对象的语法如下：

```
SqlDataAdapter 对象名 = new SqlDataAdapter();
```

（2）SqlDataAdapter(SqlCommand selectCommand)

第二种重载形式使用指定的 SqlCommand 作为参数来初始化 SqlDataAdapter 类的实例。

（3）SqlDataAdapter(string selectCommandText,SqlConnectionselectConnection)

第三种重载形式使用指定的 Select 语句或者存储过程以及 SqlConnection 对象来初始化 SqlDataAdapter 类的实例。

（4）SqlDataAdapter(string selectCommandText,string selectConnectionString)

第四种重载形式使用指定的 Select 语句或者存储过程以及连接字符串来初始化

SqlDataAdapter 类的实例。

2. SqlDataAdapter 类的主要属性

数据访问最主要的操作是查询、插入、删除和更新四种，SqlDataAdapter 对象提供了四个属性与这四种操作相对应，设置了这四个属性后，DataAdapter 对象就知道如何从数据库获得所需的数据，可以是新增记录或者删除记录，也可以是更新数据源。四种属性如表 13-8 所示。

表 13-8 SqlDataAdapter 类的常用属性

属性名称	属性说明
SelectCommand	设置或获取从数据库中选择数据的 SQL 语句或存储过程
InsertCommand	设置或获取向数据库中插入新记录的 SQL 语句或存储过程
DeleteCommand	设置或获取数据库中删除记录的 SQL 语句或存储过程
UpdateCommand	设置或获取更新数据源中记录的 SQL 语句或存储过程
TableMappings	获取一个集合，提供数据源表和 DataTable 之间的主映射，该对象决定了数据表中的列与数据源之间的关系。默认值是一个空集合

SelectCommand、InsertCommand、UpdateCommand 和 DeleteCommand 这四个属性的值应设置成 Command 对象，而不能直接设置成字符串类型的 SQL 语句。这四个属性都包括 CommandText 属性，可以用于指定需要执行的 SQL 语句。

3. SqlDataAdapter 类的常用方法

（1）Fill()方法

Fill()方法用于向 DataSet 对象填充从数据源中读取的数据。

调用 Fill()方法的语法格式如下：

```
SqlDataAdapter 对象名.Fill(DataSet 对象名,"数据表名");
```

其中第一个参数是数据集对象名，表示要填充的数据集对象；第二个参数是一个字符串，表示本地缓冲区中建立的临时表的名称。

（2）Update()方法

Update 方法用于将数据集 DataSet 对象中的数据按 InsertCommand 属性、DeleteCommand 属性和 UpdateCommand 属性所指定的要求更新数据源，即调用三个属性中所定义的 SQL 语句更新数据源。

Update()方法常见的调用格式如下。

```
SqlDataAdapter 对象名.Update(DataSet 对象名,"数据表名");
```

其中，第一个参数是数据集对象名，表示要将哪个数据集对象中的数据更新到数据源；第二个参数是一个字符串，表示临时表的名称。

【注】 在调用 Fill()方法和 Update()方法时，相关的连接对象不需要处于打开状态，但是为了有效控制与数据源的连接、减少连接打开的时间和有效利用资源，一般应自行调用连接对象的 Open 方法来明确打开连接，调用连接对象的 Close()方法来明确关闭连接。

13.3.2　DataSet 类

DataSet 内部包含由一个或多个 DataTable 对象组成的集合，此外它还包含了 DataTable 对象的主键、外键、条件约束以及 DataTable 对象之间的关系等。我们可以将 DataSet 看成一个关系数据库，DataTable 相当于数据库中的数据表，DataRow 和 DataColumn 就是该表中的行和列。所有的表（DataTable）组成了 DataTableCollection，所有的行（DataRow）组成了 DataRowCollection，所有的列（DataColumn）组成了 DataColumnColletion。

DataSet 对象模型比较复杂，DataSet 的组成结构示意图如图 13-2 所示，从图中可以看出，DataSet 对象有许多属性，其中最重要的是 Tables 属性和 Relations 属性。

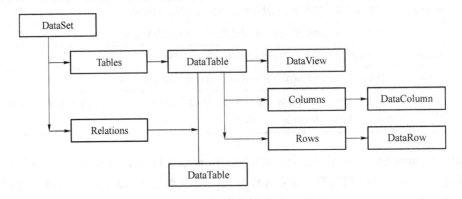

图 13-2　DataSet 组成结构示意图

DataSet 对象是内存中存储数据的容器，是一个虚拟的中间数据源，它利用数据适配器所执行的 SQL 语句或者存储过程来填充数据。

1．创建 DataSet 对象

创建 DataSet 对象的方法有多种，可以利用 DataAdapter 组件通过快捷菜单创建，也可以使用 DataSet 类编写程序代码来创建。DataSet 对象不区分 SQL Server. NET Framework 数据提供者和 OLEDB. NET Framework 数据提供者，不管使用哪个. NET 数据提供者，声明 DataSet 对象的方法是相同的。

编写程序代码创建 DataSet 对象的语法格式如下：

```
DataSet 数据集对象名 = new DataSet();
```

2．Dataset 对象的常用属性

DataSet 对象的常用属性如表 13-9 所示。

表 13-9　DataSet 的常用属性

属性名称	属性说明
Tables	获取包含在 DataSet 中的 DataTable 对象的集合，每个 DataTable 对象代表数据库中的一个表。表示某一个特定表的方法，数据集名.Tables[索引值]，索引值从"0"开始
Relations	获取包含在 DataSet 中的 DataRelation 对象的集合，每一个 DataRelation 对象表达了数据表之间的关系
DataSetName	获取或设置当前 DataSet 的名称
HasErrors	获取一个值，该值指示此 DataSet 中的任何 DataTable 中的任何行中是否存在错误，如果任何表中待在错误，则返回 true；否则返回 false

3. DataSet 对象的常用方法

DataSet 对象的常用方法如表 13-10 所示。

表 13-10　DataSet 的常用方法

方法名称	方法说明
HasChanges()	用于判断 DataSet 中的数据是否有变化,如果数据有变化,该方法返回 true,否则返回 false。数据变化包括添加数据、修改数据和删除数据
GetChanges()	用于获得自上次加载以来或调用 AcceptChanges() 以来 DataSet 中所有变动的数据,该方法返回一个 DataSet 对象
AcceptChanges()	用于提交自加载 DataSet 或上次调用 AcceptChanges() 以来对 DataSet 进行的所有更改,提交后 GetChanges() 方法将返回空
RejectChanges()	回滚自创建 DataSet 以来或调用 AcceptChanges() 以来,对其进行的所有更改。调用此方法时,仍处于编辑模式的任何行将取消其编辑;添加的行将被移除,已修改或已删除的行返回其原始状态
Clear()	清除 DataSet 中所有的数据
Clone()	复制 DataSet 的结构,包含所有 DataTable 架构、关系和约束,但不复制数据
Copy()	复制 DataSet 的结构和数据
Merge()	合并多个 DataSet
Reset()	将 DataSet 重置为初始状态

调用 DataAdapter 对象中的 Update() 方法更新数据库时,如果直接更新数据集中的所有数据会使更新的效率非常低,原因是数据集中可能只有少数的数据有变化,而大多数的数据没有变化,不需要更新。更好的办法是利用 GetChanges() 方法获取所有被修改的数据,并把这些变化的数据提交给 DataAdapter 对象去更新,这样程序的效率便提高了。但如果 DataSet 中的数据没有变化,GetChanges() 方法将返回空,用空的对象去更新数据库会出现异常。为了避免出现异常,可以在更新前利用 HasChanges() 方法判断是否有数据被修改。代码如下:

```
if(数据集名.HasChanges())
{
    DataSet  dsChild =数据集名.GetChanges();
    dataAdapter 对象名.Update(dsChild,"数据表名");
}
```

13.3.3　非连接模式访问数据库应用

【例 13-5】　利用 ADO.NET 访问 SchoolInfo 数据库,将 Student 表信息绑定到 Data-Set 中的 student 表。

【解决方案】

```
string ConnStr = "Data Source = HUANG - PC\\SQLEXPRESS; Initial Catalog = SchoolInfo; User ID = sa;
Password = 123456";
SqlConnection conn = new SqlConnection();
```

```
conn.ConnectionString = ConnStr;
string sql = "select * from student";
SqlDataAdapter adapter = new SqlDataAdapter(sql,conn);
DataSet ds = new DataSet();
adapter.Fill(ds,"student");
```

【例 13-6】 利用 ADO.NET 访问 SchoolInfo 数据库，从控制台输入 Student 表的一条新数据，并将记录插入数据库中。

【解决方案】

```
string ConnStr = "Data Source = HUANG-PC\\SQLEXPRESS; Initial Catalog = SchoolInfo; User ID = sa;
Password = 123456";
SqlConnection conn = new SqlConnection();
conn.ConnectionString = conStr;
string sql = "select * from student";
SqlDataAdapter adapter = new SqlDataAdapter(sql,conn);
DataSet ds = new DataSet();
adapter.Fill(ds,"student");
SqlCommandBuilder cmdBuilder = new SqlCommandBuilder(adapter);
DataRow row = ds.Tables["student"].NewRow();
row["StuID"] = "A00010";
row["StuName"] = "jack";
row["StuBirthDate"] = "1998-01-01";
row["StuSex"] = "男";
row["StuCity"] = "北京市";
row["StuGrade"] = 100;
row["DepID"] = 1;
ds.Tables["student"].Rows.Add(row);
adapter.Update(ds.Tables["student"]);
```

【例 13-7】 利用 ADO.NET 访问 SchoolInfo 数据库，删除 Student 表中"A00010"的记录。

【解决方案】

```
string ConnStr = "Data Source = HUANG - PC\\SQLEXPRESS; Initial Catalog = SchoolInfo; User ID = sa;
Password = 123456";
SqlConnection conn = new SqlConnection();
conn.ConnectionString = conStr;
string sql = "select * from student";
SqlDataAdapter adapter = new SqlDataAdapter(sql,conn);
DataSet ds = new DataSet();
adapter.Fill(ds,"student");
SqlCommandBuilder cmdBuilder = new SqlCommandBuilder(adapter);
foreach (DataRow row1 in ds.Tables["student"].Rows)
{
    if (row1["StuID"].ToString().Trim() = = "A00010")
    {
```

```
            row1.Delete();
            break;
        }
    }
    adapter.Update(ds.Tables["student"]);
```

【例 13-8】 利用 ADO.NET 访问 SchoolInfo 数据库,修改 Student 表中"A00010"的姓名字段的值。

【解决方案】

```
    string ConnStr = "Data Source = HUANG-PC\\SQLEXPRESS; Initial Catalog = SchoolInfo; User ID =
sa; Password = 123456";
    SqlConnection conn = new SqlConnection();
    conn.ConnectionString = conStr;
    string sql = "select * from student";
    SqlDataAdapter adapter = new SqlDataAdapter(sql, conn);
    DataSet ds = new DataSet();
    adapter.Fill(ds,"student");
    SqlCommandBuilder cmdBuilder = new SqlCommandBuilder(adapter);
    foreach (DataRow row1 in ds.Tables["student"].Rows)
    {
        if (row1["StuID"].ToString().Trim() = = "A00006")
        {
            row1["StuName"] = "new name";
            break;
        }
    }
    adapter.Update(ds.Tables["student"]);
```

参 考 文 献

［1］ 邱李华,李晓黎,任华,等.SQL Server 2008 数据库应用教程［M］.2 版.北京:人民邮电出版社,2012.

［2］ 郑诚.SQL Server 数据库管理、开发与实践［M］.北京:人民邮电出版社,2012.

［3］ 郑阿奇,刘启芬,顾韵华.SQL Server 数据库教程(2008 版)［M］.北京:人民邮电出版社,2012.

［4］ 崔群法,祝红涛,赵喜来.SQL Server 2008 中文版从入门到精通［M］.北京:电子工业出版社,2009.

［5］ 刘亚军,高莉莎.数据库原理与应用［M］.北京:清华大学出版社,2015.

［6］ 萨师煊,王珊.数据库系统概论［M］.3 版.北京:高等教育出版社,2000.

［7］ 全国计算机专业技术资格考试办公室.数据库系统工程师［M］.北京:清华大学出版社,2012.

［8］ 刘启芬.SQL Server 实用教程［M］.北京:电子工业出版社,2014.

［9］ 闪四清,邵明珠.SQL Server 2008 数据库应用适用教程［M］.北京:清华大学出版社,2010.

［10］ David M. Kroenke,David J. Auer.数据库原理(第 3 版)［M］.赵艳铎,葛萌萌,译.北京:清华大学出版社,2008.

附录　SchoolInfo 数据库相关表结构

表 1　Department 表（描述学生所在系的信息）

编号	字段说明	属性名	字段类型	宽度	约束	空否
1	系号	DepID	Int		主键	否
2	系名	DepName	Varchar	40		否
3	系总人数	Total	Int		0～500，默认值为 0	否

表 2　Course 表（描述课程信息）

编号	字段说明	属性名	字段类型	宽度	约束	空否
1	课程号	CourseID	Int		主键	否
2	课程名	CourseName	Varchar	40	唯一性	否
3	学分	Credit	Float		0～5，默认值为 0	否

表 3　Student 表（描述学生信息）

编号	字段说明	属性名	字段类型	宽度	约束	空否
1	学号	StuID	Char	10	主键，以 A、B 或 Z 打头，后面跟 5 位数字	否
2	姓名	StuName	Varchar	10		否
3	生日	StuAge	Int			
4	性别	StuSex	Char	2	只能'男'或'女'，默认为'男'	
5	籍贯	StuCity	Varchar	20		
6	入学成绩	StuScore	Float		0～800，默认值为 0	否
7	所在系	DepID	Int		外键	否

表 4　SC 表（描述学生选课考试情况）

编号	字段说明	属性名	字段类型	宽度	约束	空否
1	学号	StuID	Char	10	主键，外键	否
2	课程号	CourseID	Int		主键，外键	否
3	成绩	Score	Float		0～100，默认值为 0	

表5　ReExam 表（描述学生补考情况）

编号	字段说明	属性名	字段类型	宽度	约束	空否
1	学号	StuID	Char	10	主键,外键	否
2	课程号	CourseID	Int		主键,外键	否
3	成绩	Score	Int		0～100	

```
CREATE TABLE Department
(
    DepID int CONSTRAINT pkDepID PRIMARY KEY,
    DepName varchar(40)
    Total int CONSTRAINT chkDepTotal CHECK(DepTotal between 0 and 500)
            CONSTRAINT defDepTotal DEFAULT 0,
)
CREATE TABLE Course
(
    CourseID int pkCourseID PRIMARY KEY,
    CourseNamevarchar(40) NOT NULL CONSTRAINT unqCourseName UNIQUE,
    Credit float chkCourseCredit CHECK(CourseCredit between 0 and 5)
            CONSTRAINT defCourseCredit DEFAULT 0,
)
CREATE TABLE Student
(
    StuIDchar(10)CONSTRAINT pkStuID PRIMARY KEY
    CONSTRAINT chkStuID CHECK(StuIDLIKE'[A,B,Z][0-9][0-9][0-9][0-9][0-9]') ,
    StuName varchar(10) NOT NULL,
    StuAge int,
    StuSex char(2)CONSTRAINT chkStuSex CHECK(StuSexIN('男','女'))
                CONSTRAINT defStuSex DEFAULT'男',
    StuCity varchar(20) ,
    StuScore float CONSTRAINT chkStuGrade CHECK(StuGrade between 0 and 800)
                CONSTRAINT defStuGrade DEFAULT 0,
    DepID int CONSTRAINT fkDepID FOREIGN KEY REFERENCES Department(DepID)
)
CREATE TABLE SC
(
StuIDchar(10) CONSTRAINT fkStuID FOREIGN KEY REFERENCES Student(StuID),
    CourseID int CONSTRAINT fkCourseID FOREIGN KEY REFERENCES Course(CourseID)
    CONSTRAINT pkStuIDCourseID PRIMARY KEY(StuID,CourseID),
    Score float CONSTRAINT chkScore CHECK(Score between 0 and 100)
```

```
)
CREATE TABLE ReExam
(
StuIDchar(10) CONSTRAINT fkStuID1 FOREIGN KEY REFERENCES Student(StuID),
    CourseIDint CONSTRAINT fkCourseID1 FOREIGN KEY REFERENCES Course(CourseID)
                CONSTRAINT pkStuIDCourseID1 PRIMARY KEY(StuID,CourseID),
    Score int CONSTRAINT chkScore1CHECK(Score between 0 and 100)
)
```